KB093110

정비지침서에서도 볼 수 없다!

현장정비사의 비밀노트

Field Mechanic's Secret Notes

시동 불능 / 인젝터 연료분사 / 점화 계통 / 출력 부족 / 엔진 부하 / Engine 부조 · 압축 압력 / 공연비 보정 / ISC · 스텝모터 ETS / 에어컨 /AFS 센서 / 산소 센서 / TPS / Map 센서 · PCSV · PCV · 밸브 파형 분석 / CKP · CMP / 파워 베이스(전압 강하 시험) 차량 관리 항목 / 발전기 / CRDI / 촉매(산화, 환원) · (DPF) 매연 / ABS / 스코프 모드 설정

필자의 고백

세상에는 여러 부류의 사람들이 있는 것 같습니다. 어떠한 것도 관심이 없는 사람들이 있는가 하면, 뚜렷한 목표 의식을 갖고 정진・매진하여 끝가지 목표하는 바를 성취하는 사람들이 있습니다. 또한 목표 의식과 열정은 있으나 해도해도 되지 않는 사람들이 있는 것 같습니다.

그렇다면 나는 과연 어떤 부류에 속할까?

어중간하게 뛰어난 능력을 가진 것도 아니요, 내가 하는 일을 떠나 다른 일을 해 볼 용기가 있는 것도 아닌 경계인(境界人, marginal man)이 아닌가 생각해 봅니다.

자동차 정비 일을 평생 천직으로 삼고 오직 자동차를 하겠다고 결심한 것이 1990년 11월.

그 해 유독 저에게는 혹독한 겨울이 아니었나 싶습니다.

집도 절도 없이 서울이라는 낯선 타향에서 홀로서기란 저에게는 그냥 맨 몸으로 서 있는 것조차 버거운 시작이었으니까요.

우여곡절 끝에 여기까지 왔지만 돌이켜 보면 너무나도 험난한 가시밭길과 같은 삶이 아니었나 싶습니다. 특히나 나처럼 별볼일 없고, 가진 것도 없고, 특별히 내세울만한 능력도 소유하지 못한 나로서는 그저 묵묵히 노력하는 것 말고는 달리 할 수 있는 게 없었습니다.

여기까지 내내 후회와 절망만이 쓰나미처럼 엄습해 오는 걸 견뎌야 했으니까요.

그러나 단 한 가지, 자동차를 정비할 때 만큼은 세상에 모든 잡념이 다 사라지고 근심과 걱정없이 오직 즐겁고 행복한 순간의 연속이었습니다.

혹자는 내게 말합니다.

"너는 사랑의 대상이 그냥 자동차구나"

그렇습니다.

저는 자동차와 사랑에 빠졌던 것 같습니다. 정비를 하는 순간에는 시간이 가는 줄도, 해가 뜨는 줄도, 세월이 가는 줄도 몰랐으니까요.

때로는 정비 기술의 고수를 찾아 전국으로 헤매기도 했지만 진정한 기술의 스승은 내 안에 있었음을 '흠칫' 놀라기도 합니다.

고장난 개소를 작업하다, 해도해도 풀리지 않는 수수께끼는 화두를 잡고 매달린 학승처럼, 그렇게 살아왔고 그렇게 가고 있습니다.

혼자서 묵묵히 걸어가는 무쏘의 뿔처럼...

2022. 5.

이 정 훈

이 책은 이렇습니다!

저처럼 뭔가 더 열심히 노력하려는데 혼자서는 해도해도 안 되고, 하면 할수록 힘만 들고, 소득없이 헛물만 켜는 사람들 …….

좀 더 속 시원하게 분석해 보고 싶은데 어찌해야 할지 모르겠고, 열심히 해 보고 싶은데 어느 방향으로 가야할지 모르겠다는 정비사들에게 분명한 방향과 스킬을 제시해 도움이 되었으면 하는 바람입니다.

여기에 기록한 내용의 정비 방법만이 "절대적이다"라고 말하지 않겠습니다. 오늘도 현장에서 기술의 정보나 툴 그리고 진단기의 숙련도에 따라 다양한 호불호가 있을 수 있기 때문입니다.

◉ 꼬이는 작업을 하다하다 "바로, 이거야!"라고 머리를 때리는 비책만 담았습니다.
◉ '후루룩' 넘기면 다 안다는 사람도 있겠지만 꼼꼼히 뜯어보면 정말 돈되는 팁을 발견할 수 있을 겁니다.
◉ 이 책을 잡는 순간, 당신은 이미 고수의 반열에 들어선 것입니다.

사람의 생명을 다루는 이가 '의사'라면 아픈 차를 고치는 사람은 '정비사'입니다.

보통 사람이 삶의 가치를 보장받는 '자동차 정비사'로서 하늘이 준 선물이라 자임하고 이 또한 배우고 익히면 즐겁지 않을까요?

끝으로 이 책을 편찬하기까지 따뜻한 마음으로 배려해 주신 골든벨 김길현 대표님과 편집자 여러분께 심심한 노고를 치하합니다.

감사합니다.

편집자 註

- 일에 몰입하다 왕왕 새벽닭 울 무렵에야 핵심 일지를 습관처럼 생생히 기록했다는 '장인정신서'라고 보여집니다.
- 초기 정비사의 길은 생계를 위한 삶의 도구였다면, 이제는 이 책이 난해한 작업의 길잡이가 되기를 소원한답니다.
- 현장인의 생리상 핵심 기술을 발설하지 않는 게 통념이지만, 자사의 대표가 직방(直訪)하여 권유 출판한 것입니다.
- 육필 원고 자체를 출판할 용기는 원서 'Fundamental Electrical Troubleshooting'의 형식을 빌려 발행하였습니다.
- 읽다가 이해가 필요한 것은 저자 이정훈 메일 bmwhj745@naver.com에 남겨주세요.

차 례

1. 시동 불능 7
2. 인젝터 연료분사 17
3. 점화 계통 33
4. 출력 부족 97
5. 엔진 부하 107
6. Engine 부조 / 압축 압력 113
7. 공연비 보정 147
8. ISC, 스텝모터 ETS 151
9. 에어컨 175
10. AFS 센서 179
11. 산소 센서 201
12. TPS 239
13. Map 센서 / PCSV / PCV / 밸브 파형 분석 249
14. CKP / CMP 297
15. 파워 베이스(전압 강하 시험) 차량관리 항목 331
16. 발전기(alternator) 363
17. CRDI 409
18. 촉매(산화, 환원) / (DPF) 매연 473
19. ABS 489
20. 스코프 모드 설정(Oscilloscope) 491

01
시동 불능

〈시동 불능〉

※ 시동 불능 차량이 입고 되면 제일 먼저 테스트 한다.

※ 스코프 설정 – ① CKP (max 10V)

Ⓐ ② CMP (max 10V)

③ 인젝터 (max 80V) ⇒ 인젝터의 전원선은 연료모터의 전원선과 같이 나온다.

④ 점화. (max 500V) (1차 or 2차)

◎ 테스트 방법 ⇒ key off ⟶ Key on (20초) ⟶ 크랭킹(5초) ⟶ 정지.

◎ analysis ⇒ A. CKP. CMP 전원이 오는지를 본다.

인젝터 전원 확인 (12V – 1.7S 동안)

→ 메인 릴레이와 연료 모터 릴레이는 작동을 한다는 것이다.

타이밍 동기 확인, 엔진 회전수 확인.

B. 점화에서 파크가 생겼다는 건 점화 에너지가 있다는 것이다.

점화시간이 있다면 불꽃도 튀었다는 것이다.

C. 크랭킹시에 전지가 1.18V (최소값이) 면

시동 지연이 일어날 수 있다는 뜻이다.

※ 스코프 설정 – ① CKP (max 10V) ⇒ 흡입 공기량이 정상적인지 확인한다.

Ⓑ ② CMP (max 10V)

③ AFS (max 5V)

④ ISC (max 25V)

◎ 테스트 방법 ⇒ key off ⟶ key on (20초) ⟶ 크랭킹(5초) ⟶ 정지.

◎ analysis ⇒ 고장코드가 검출되면 작동을 하지 않는다 – 주의※

ECU가 ISC 모터를 제어하지 않으면 시동이 안걸린다.

이때, 악셀을 밟으면 시동이 걸리나.

ECU가 ISC 제어를 하지 않으면 다른 것도 제어하지 않기

때문에 악셀을 밟아도 안걸릴 수 있다 – 주의 ※

※ 시동 불능 일때

<스타팅 모터 테스트>

@ 테스트 방법 ⇒ 세세세세로 테스트 하지 않는다.
틱 틱 틱으로 테스트 한다.

analysis	12V 전원	노크센서 진폭	
	O	X	⇒ 스타팅 모터 불량
	X	X	⇒ 배선 불량

※ ECU 불량 중에
특히 대우차량 (레간자)이
ISC 모터가 작동을 안하는 경우가 많다.

※ 달리다가 중속에서 시동이 꺼지면 ckp일 확률이 높다

※ 《시동 불능 이면》

— A. EGR 밸브 열림 고착.

⇒ 크랭킹시에 흡입 공기량이 절반이하도 않나온다.

⇒ 크랭킹시 흡입 공기량이 줄어 있다.

⇒ 크랭킹시에 흡입 공기량은

B. 엔진 오일량 불량.

⇒ 겨울철에 엔진오일이 없으면 시동 불능 (특히 디젤)

⇒ 압축비가 떨어져서

C. 정확한 시기에 점화가 이뤄지는지 확인.

가솔린 — 정확한 시기에 정확한 불꽃이 튀는지 확인.

디젤 — 정확한 시기에 정확한 연료가 분사되는지 확인.

⇒ 타이밍 동기 확인 — ① CKP

② CMP

③ 트리거

④ 상대 압축 압력 편차 — 대전류

※ 시동의 3대 요건 — ① 적정의 압축 압력

② 양질의 연료 공급 (연료 압력)

③ 정확한 타이밍과 강력한 점화.

※ 머플러에서 들어오는 배기가스는 산소가 거의 없기때문에 착화를 할 수가 없다.

※ 카니발 → 시동불능.

Inj 퓨즈 나감(15A) ⇒ EGR 작동선
⇒ EGR S/V가 코일 단락으로인한 과전류
⇒ EGR S/V 불량.

<냉각수온센서>(가솔린)
※ WTS가 불량하면 (20°C 이하에서는 영향이 크다)
⇒①시동성이 불량하고
②시동이 걸려도 과조중상이 일어난다.
③ −15°C로 인식하면 연료를 적게 주입한다.

※ 시동 지연의 인자 (CRDI)
① 연료 공급압 부족 (초기 시동시 150bar 이상)
② 분사 시기 불량
③ 압축 압력 불량 ⇒ 크랭킹 시 < 30kg/cm² (정상)
270rpm (정상 크랭킹)
듀티가 86% — ECU가 제어 의지가 없다.
듀티가 25% — ECU가 제어할 의지가 있다.

※ IMV 밸브 듀티가.
⇒ 8% 이상 차이가 나면 (max-min의 차)
⇒ 고압 펌프 유량에 문제가 있다.
⇒ 연료 계통의 고압측의 문제가 있다.

※ DRV가 이종사양이 들어가면 반대로 제어를 한다.

※ 시동 지연 ⇒ 지연 되는 동안에는 착화가 안됐다는 뜻이다. — ①간헐적 ②지속적

※ 모든 고장은 — ① 흡기 계통

② 연료 계통

③ 오일 계통 (순환 계통)

④ 점화 계통

⑤ 제어 계통

⑥ 기계 계통 등 포괄적이고, 복합적으로 생각해야 한다.

※ 착화(시동) 조건.

— ① 기계 계통 ⇒ 압축 압력, 타이밍 동기, 밸브 불량, 오일 순환계통.

② 공기 계통 ⇒ 흡입 공기량 (에어 흡입구~배기까지 생각)

흡, 배기 막힘, 흡기 누설, EGR 밸브 열림고착

③ 연료 계통 ⇒ 연료 압력 제어 (목표레일 압력 ; 레일압력)

연료 분사량, 분사 타이밍

④ 점화 계통 ⇒ 점화력이 강한가, 점화시기가 정상인지 확인.

⑤ 오일 순환계통

1. 시동 불량 → 1. 고장코드
2. 이모빌 라이저
3. 센서 불량
4. 타이밍 불량
5. 연료 계통 이상 유무 확인

2. 부조.

3. 출력 가속불량.

4. 매연.

※ 이모빌 라이저 (도난 방지 시스템).
⇒ 제거된 이모 빌라이저 장착 시 → 고장코드 확인 → "Key 등록 상태" 확

① Key 상태(4가지) → ① learnt (정상) ⇒ "L"
② Virgin (신품 Key)
③ Invalid (이종품)
④ Not check (어떤 문제인지 모른다).

② ECU 상태(5가지) → ① learnt (정상)
② Virgin (ECU 교환 후)
③ Neutral (ECU를 초기화를 하고난 후)
④ Not check
⑤ lock. (핀코드를 3번 이상 잘못 입력하면)
⇒ Key on 상태에서 시간을 기다리면
→ 본사 현대에 직접. or 긴급출동을 통해서 해제 (080-600-2000)

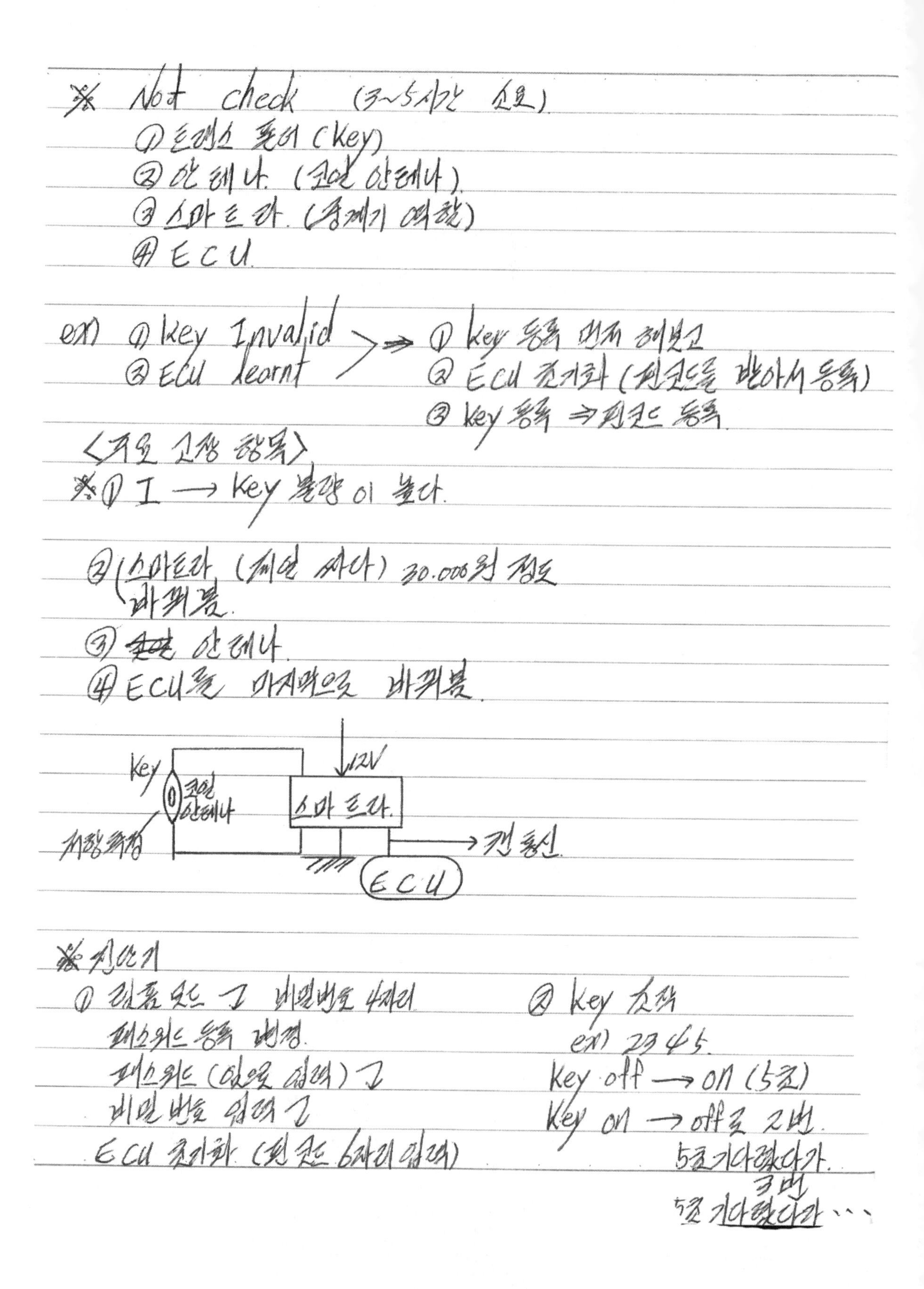

※ Not check (3~5시간 소요)

① 트랜스 폰더 (Key)
② 안테나. (코일 안테나)
③ 스마트라. (중계기 역할)
④ ECU.

ex) ① Key Invalid
② ECU learnt
→ ① key 등록 먼저 해보고
② ECU 초기화 (핀코드를 받아서 등록)
③ key 등록 ⇒ 핀코드 등록.

<주요 고장 항목>

※① I → Key 불량이 높다.
② 스마트라 (제일 싸다) 30.000원 정도 바꿔봄.
③ ~~코일~~ 안테나.
④ ECU를 마지막으로 바꿔봄.

※ 진단기

① 림홈 모드 ⤵ 비밀번호 4자리
패스워드 등록 과정.
패스워드 (임의로 입력) ⤵
비밀 번호 입력 ⤵
ECU 초기화 (핀 코드 6자리 입력)

② Key 조작
ex) 2345.
Key off → on (5초)
Key on → off로 2번.
5초 기다렸다가.
3번
5초 기다렸다가 ...

< 시동꺼짐 >

그랜드 스타렉스 A2엔진

<점검, 테스트>

1. ECU측, 메인 배선 점검
   ① 메인 릴레이 접지선 (메인릴레이에서 ECU로 접지선)
   ② 정션 박스에서 ECU로 들어오는 전원선 3개
   ③ ECU 퓨즈에서 ECU로 들어오는 전원선

2. Key on 상태에서 계기판에 체크엔진 표시가
   점등되는지 확인
   안들어오면 들어오게 만든다.
   ① ECU측 배선 확인 (전원선, 접지선)
   ② 메인 릴레이를 강제로 on 시켜 본다.
   강제로 작동시켰을때 계기판에 경고등이 점등되면
   ⇒ 1. 릴레이부터 전원선, 접지선 등을 점검한다.

3. 오실로 스코프로 테스트
   ① CKP, CMP 신호선
   ② 인젝터 신호선
   ③ ACV 신호선
   ④ 연료 압력 센서 신호선
   ⑤ 메인 릴레이 (전원, 접지, 입력선, 출력선)

※ 시동이 꺼질때 인젝터 신호가 안나오면 ⇒ ECU 불량
ex) (CKP 신호는 정상일때)
시동이 꺼질때 연료 압력은 오히려 올라간다

4. 연료필터
5. 연료돌출펌
6. 메인 릴레이
7. 인젝터

⇒ 주된 용의자.

02

인젝터 연료분사

<인젝터>

※ 인젝터 분사시간 ⇒ ECU가 계산한 흡입 공기량이다.
⇒ AFS를 통과한 공기를 연산한 공기량이다.

ISC 상승 듀티값
+ 흡입력 저하

⇒ 모두 계산을 해서 연료를 분사한 후

산소센서를 가지고
10%씩 빼나가면서 연료를 분사한다.

※ 가속을 하면 4배의 연료를 넣어준다.
ex) 공전시(2~3mS) ⟶ 풀스로틀시 (10~12mS)

※ ① 연료압은 정상인지
② 연료 성상은 정상인지를 확인 한다.
- 신나나
- 옥탄가가 높냐나

※ 예) 73mg/st ⟶ 5mg/st ⟶ 2.8mS로
분사를 하지만
산소센서가 희박하면, 실제로는 연료가 덜 들어가면
⇒ 연료 부족이다.

※ 가속시에
분사시간이 11mS이고 — 희박하면 ⇒ 연료계통 불량
7mS이고 — 희박하면 ⇒ ① 흡기 누설
② 가스킷 누설
③ AFS 불량
④ ECU 불량

⇒ 공기 과잉 이다.

연료 과다 : 73mg/st — 2.8mS (공전시)
⇒ ① PCSV — 플라이어로 잡아본다.
② 연료 압력 레귤레이터 진공호스 누설
— 진공호스를 빼서 냄새를 맡아 본다.
③ 인젝터 누설.

※ 인젝터 누설이 많다.
① LPI (조창기)
② LPGI — 에어로 불면 망가진다
0.7bar 밖에 안된다.

※ 연료 성상은 정상인지 보고
⇒ 신나는 발화성, 무화도가 훨씬 좋다
⇒ 연료를 분사했는데, 무화도가 좋아서 서지탱크 쪽으로 너무 멀리 간다.
재 흡입시에는 연료를 반밖에 흡입하지 못한다.
— 희박하다.

※ 3mS ⟶ 4mS 로 늘었다면
⟹ ① ECU가 공기량이 많이 들어 왔다고 판단을 했는지
② 학습을 해서 늘렸는지 (산소센서 파형을 믿고)

※ ECU는 흡입된 공기량을 모두 산화시킬 수 있는만큼의 연료량을 주입한다.
⇒ 연료 분사시간은 ECU가 계산한 흡입 공기량이다.
⇒ AFS를 통과한 공기를 연산한 공기량이다.
⇒ 흡입 공기량을 연산해서 연료 분사시간을 계산한다.
※ 인젝터 분사시간의 피드백 신호는 산소센서다.

〈연소실로 들어갈 수 있는 연료량〉

- ① 인젝터 누설 (특히 LPI system)
  ② PCSV 불량.
  ③ 연료 압력 레귤레이터가 고장난 진공호스.
    ⇒ 진공호스를 빼서 냄새를 맡아본다. (휘발유 냄새가 나면 불량이다)
  ④ 인젝터로 더 많이 들어갈 수 있다.
    - ① 인젝터 불량 (인젝터 이종사양 포함)
      ② 연료 압력 과다.
  ⑤ LPG - 베이퍼라이저 장치의 진공호스.
  ⑥ LPI - 오로지 인젝터 (연료 압력이 정상이나)

※〈연료 압력 레귤레이터〉(연료 압력 조절기)

- ⑥ 진공호스를 물었을때 분사시간이 줄면 ⇒ 정상 (연료 압력이 상승하기 때문)
- ① 압력 레귤레이터 진공호스를 빼면 0.5bar 상승.
- ② 연료 압력 레귤레이터를 흔들어 본다. - 연료가 샌다
- ③ 진공호스를 빼서 냄새를 맡아 본다 - 휘발유 냄새가 나면 불량이다.
- ④ 차가 멈추면 휘발유 냄새가 나고
  출발하면 안난다.
- ⑤ 진공호스를 물었을때 연료분사 시간이 늘어나면 ⇒ 압력 레귤레이터 불량이다.

※ 연료 펌프 테스트

⇒ 게이지 연결 - 2.8bar에서 살짝 떨고있다가. 진공을 제거하면
  많이 떨면 ⇒ 어디서 연료가 샌다 안떤다.

⇒ 리턴 호스를 잡으면 $6kg/cm^2$로 올라간다. (정상)
  - $4kg/cm^2$가 나오면 펌프 불량이다. (3분이상 리턴 호스를 잡는다)

※ 연료 압력계

계단이 떨면 잘된다 → 스톨시.

⇒ 연료 모터 흡입구 막힘

※ 전압을 압력으로 환산하는 공식.

⇒ (출력 전압 ÷ 공급 전압 − 0.1) × 2000

⇒ ex $\left(\frac{1.6V}{5V} - 0.1\right) \times 2000$

$= (0.32 - 0.1) \times 2000$

$= 0.22 \times 2000$

$= 440\,bar$

$$\left(\frac{\text{출력 전압(신호전압)}}{\text{공급 전압(입력 전압)}} - 0.1\right)$$
× 1875 (D Engine)
× 2100 (A Engine)
× 2200 (KJ Engine)

※ 흡입된 공기량 = 연료 분사량 (14.75 : 1)

※ 공연비 ⇒ 공기 : 연료의 비율 ⇒ $\frac{\text{공기}}{\text{연료}}$ ⇒ $\frac{AFS}{rpm}$
(AFR)

※ 인젝터 전류 — 1500cc ⇒ 0.9A
2000cc ⇒ 1.2A

※ 연료를 분사했을때 바로 연소실로 빨려들어가지 않고 나중에 무화되서 빨려 들어가는 현상 ⇒ 월-핑을 현상이라 한다.
⇒ 흡기 크리닝을 하는 이유
⇒ 흡기 카본의 탄소는 표면적이 넓다.

※ 인젝터 분사시간 기본값 : 2.3 ~ 2.6mS (공전시)

※ 델코 엔진은 분사시간이 3.0 ~ 3.2mS가 정상이다. (공전시)

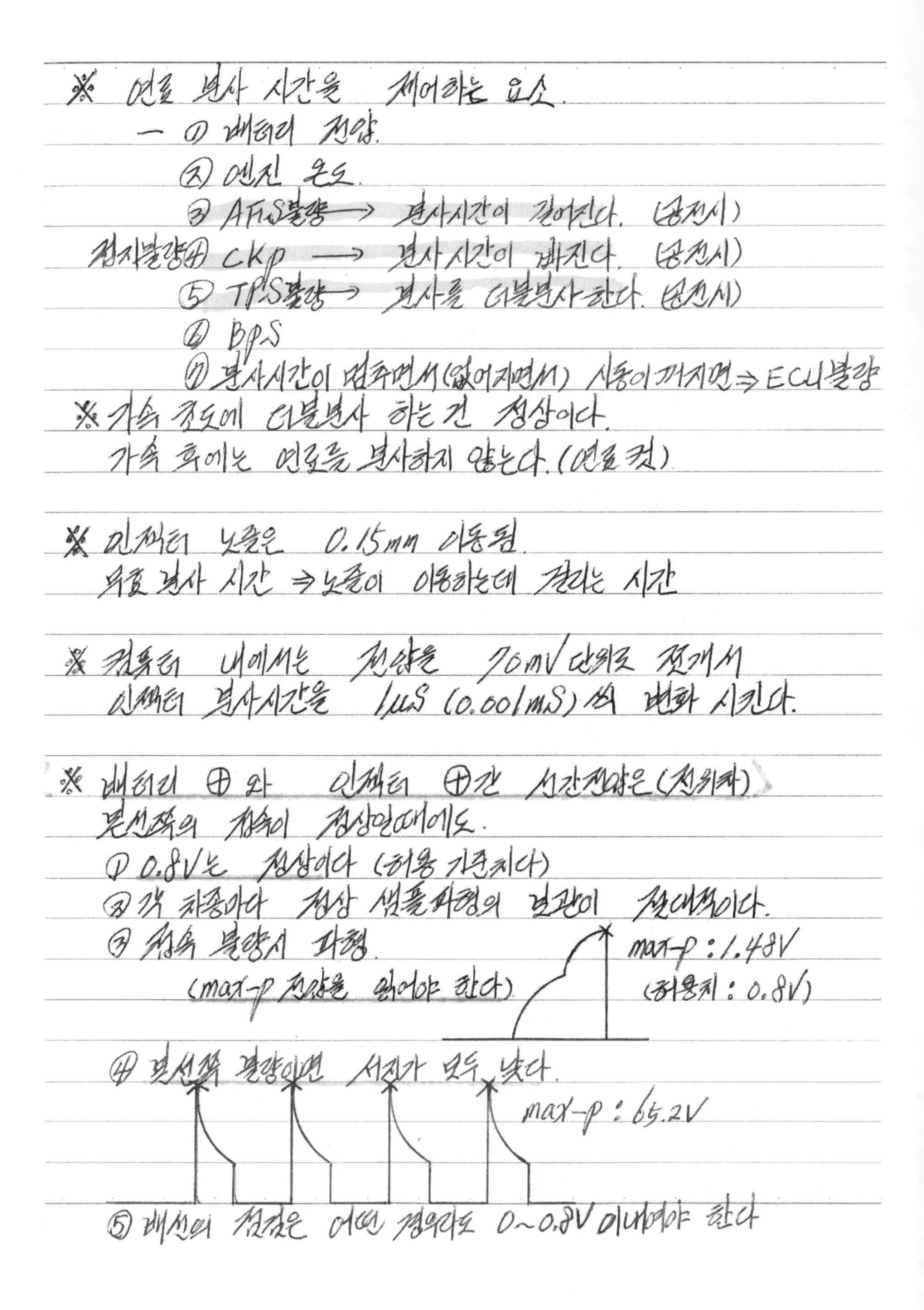
※ 연료 분사 시간을 제어하는 요소.

— ① 배터리 전압.

② 엔진 온도.

③ AFS불량 → 분사시간이 길어진다. (공전시)

접지불량 ④ CKP → 분사 시간이 빠진다. (공전시)

⑤ TPS불량 → 분사를 더블분사 한다. (공전시)

⑥ BPS

⑦ 분사시간이 멈추면서(없어지면서) 시동이 꺼지면 ⇒ ECU불량

※ 가속 초도에 더블분사 하는 건 정상이다.

가속 후에는 연료를 분사하지 않는다. (연료 컷)

※ 인젝터 노즐은 0.15mm 이동됨.

무효 분사 시간 ⇒ 노즐이 이동하는데 걸리는 시간

※ 컴퓨터 내에서는 전압을 70mV 단위로 쟀게서

인젝터 분사시간을 1μS (0.001mS) 씩 변화 시킨다.

※ 배터리 ⊕와 인젝터 ⊕간 선간전압은 (전위차)

본선쪽의 접속이 정상일때에도.

① 0.8V는 정상이다 (허용 기준치다)

② 각 차종마다 정상 샘플파형의 결과이 절대적이다.

③ 접속 불량시 파형.

(max-p 전압을 읽어야 한다)

max-p : 1.48V

(허용치 : 0.8V)

④ 본선쪽 결함이면 서지가 모두 낮다.

max-p : 65.2V

⑤ 배선의 전압은 어떤 경우라도 0~0.8V 이내여야 한다

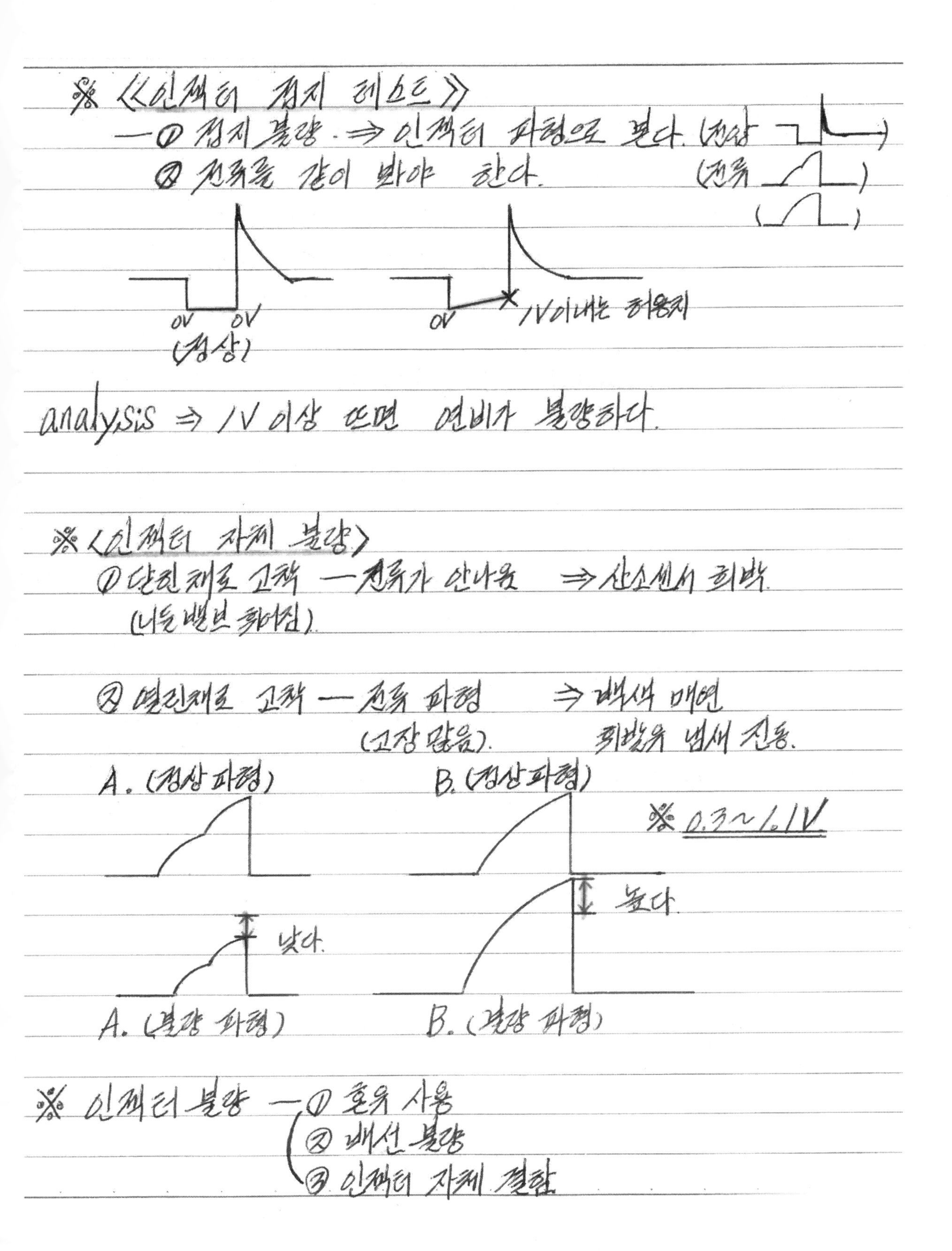
※《인젝터 접지 체크》
— ① 접지 불량 ⇒ 인젝터 파형으로 본다. (정상)
② 전류를 같이 봐야 한다. (전류)
0V 0V
(정상)
0V 1V이내는 허용치
analysis ⇒ 1V 이상 뜨면 연비가 불량하다.
※〈인젝터 자체 불량〉
① 닫힌채로 고착 — 전류가 안나옴 ⇒ 산소센서 희박.
② 열린채로 고착 — 전류 파형
(고장 많음).
매연
휘발유 냄새 진동.
A. (정상 파형)
B. (정상 파형)
※ 0.3~1.1V
높다.
낮다.
A. (불량 파형)
B. (불량 파형)
※ 인젝터 불량 — ① 혼유 사용
② 배선 불량
③ 인젝터 자체 결함.

※ ECU는 분사 시간을 직접적으로 줄이는게 아니고
맵값이은 APS 값을 ⊖학습제어하는 % 만큼 줄여서
연료량을 제어한다.

※ 모든 차량은 노후 될수록 ⊖학습 제어를 한다.

※ 1987. 7. 1 일 부터 ⇒ 유연 휘발유를
무연 휘발유로 바꿨다.
⇒ 그러나 실제로는 현실에서는 그로부터 3년뒤인 1990년
부터 활성화 되었다.

※ 산소센서 파형은 ⟨ ① 전류 파형과 / ② 서지 전압을 본다. ⟩ 같이 본다.
⇒ 현장에서는 별로 의미가 없다.
※ 산소센서 고장의 90%는 ⇒ 막힘 이다. 또는 닫힌채 고착.
열린채 고착.
— 열린채 고착되면 ⇒ 흰 매연이 나온다.
⇒ CO — 덜탄 휘발유
ex) XG 3.0, 에쿠스 3.0

※ 산소센서가 무화가 안되서 분사가 된다면 (소모, 맵센서)
⇒ ① 점화 플러그에 백화 현상이 생긴다.
② 풀 스롤 후에 연료가 농후 해진다. (희박해야 정상이다).
③ 충서 전압이 높아진다. (가끔)
④ 점화 시간 파형이 지저분 하다 (가끔).
⑤ 맵값이 300mmHg 대가 나온다 (정상 250mmHg).
⑥ 가속을 하면 증상이 커진다. (버버벅).
⑦ 엔진이 부조한다.

※ 풀 가속시에
분사량이 늘어나지 않고 산소센서가 희박하면 ⇒ 공기 계통 문제.
분사량이 늘어나고 산소센서가 희박하면 ⇒ 연료 계통 문제다.

※ ECU는 인젝터 분사시간을 직접 계측하지 않는다.
흡입 공기량을 가지고 재면서 학습한다.

※ A. 연료가 농후해서 시동이 꺼지면
— 시동이 "픽" 하고 꺼진다. (PCSV 불량일때)

B. 연료가 희박해서 꺼지면
— 푸득 푸득 하면서 꺼진다.
주행중 울컥거린다.
(⇒ 연료 압력 레귤레이터 불량)

※ 부하를 줬을때 분사량이 줄면 → ECU 버그다.

※ 인젝터 튜닝 — ① 백등 S/W
② EGR S/V
③ 보책 튜닝 (백도어)

※ 스톨시 가솔린 인젝터 분사시간.
⇒ 10mS ~ 11.2mS — 정상치가 가장 많다.
14mS가 나오면 아무문제가 없다.
많게는 17mS도 나온다. (아반떼 구)

※ A.D.U Engine ⇒ 공전시 — 7~8mcc ⟩ 정상 값
KJ Engine ⇒ 공전시 — 4~6mcc

※ 산소와 만나는 표면적이 많아야 연비가 좋아진다.
⇒ 인젝터 홀수를 많게
⇒ 인젝터 분사 홀은 작게
⇒ 연료압력을 높게 하는 이유다
— CRDI 인젝터.

※ 인젝터 홀 수가 많아졌다 ⇒ "저항이 커졌다"는 뜻이다.
⇒ 고로 더욱 높은 고압이 필요하다.

《인젝터 분사 시간》

※ 인젝터 분사시간 기본값 : 2.3~2.6mS

※ 델코 엔진은 공전시 분사시간이 3.0~3.2mS가 정상이다.

※ 베르나 인젝터 분사시간이 3.1~3.0mS가 정상이다 (공전시)

※ ex) 연료 압력이 3.5 Kg/cm^2의 차량이

리턴 호스를 물으면 ① 6 Kg/cm^2로 올라간다 ⇒ 정상

② 4 Kg/cm^2로 올라가면 ⇒ 연료펌프 불량.

※ 그랜저 XG ─ 2.2mS가 정상.

※ 맵값

인젝터 분사시간 ⟩ 한 모드로 봐야 분석이 가능하다.

산소 센서

※ 흡입 공기량을 가지고 기본 분사량을 정하고

보정 계수들을 가지고 연료분사 시간을 정한다.

※ 인젝터 분사시간은 ECU가 연산한 흡입 공기량이다.

─ AFS를 통과한 공기를 연산한 공기량이다.

─ 흡입 공기량을 연산해서 연료분사 시간을 계산한다.

※ ECU는 분사시간을 직접적으로 줄이는게 아니고.

MAP값이나 AFS값을 ⊖학습제어하는 %만큼 줄여서

분사시간을 제어한다.

※ ECU는 흡입된 공기량을 모두 산화시킬수 있는만큼의

연료량을 주입한다.

※ 인젝터 분사시간의 피드백 신호는 산소센서다.

산소센서를 가지고

10%씩 빼나가면서 연료를 분사한다.

※ ECU는 산소센서를 가지고 ⇒ 3mS에서 +50%, −50%를 더하고 뺄수 있다.

⇒ 보정할 수 있는 한계치다.

※ 매그너스 ⇒ 그룹 분사를 한다.

※ NF 쏘나타 초창기 모델.

시동 불량 〉 시동시 6ms 밖에 분사하지 않는다.
시동 지연 /

⇒ ECU 업버전으로 바꿔줌.
(ECU 캠페인)

※ 혼기 다기관 알미늄 type
⇒ 크랭킹시에 25~30ms는 분사해야 한다.

※ 연료 펌프가 불량인데 산소센서 시그널이 각자 틀릴 수는 없다.
⇒ 특정 실린더만 불량일 수 없다.
⇒ 모든 인젝터에 공통으로 가해지기 때문이다.
⇒ 점화 파형에서 끝전압이 올라가면 (4000rpm으로 가속시)
①기계적인 문제는 아니고.
②해당 실린더가 희박하다는 뜻이다.
③ 기통간 희박이 생기고.
④ 점화 시간은 큰 변화가 없다.
⇒ 해당 인젝터가 분사를 하지 못한다는 뜻
⇒ 인젝터 불량.

※ 인젝터의 전원선은 연료모터 전원선과 같이 온다.

※ 연료 펌프가 불량 ⇒ 많이 변화.
연료 필터 불량 ⇒ 3% 이내 10% 이내

※ 인젝터 커넥터 배선의 ⊕, ⊖를 쇼트 시키면.
ECU가 나간다.

※ 가속을 하면 인젝터가 더블 분사를 한다. (가속 초기에)
가속을 한 후에는 연료컷을 시킨다.
※ 공전시 TPS가 움직이면 (불량하면) ⇒ 더블분사를 중간방으로 한다.
CKP 접지에 문제가 있으면 ⇒ 분사 펄스가 빠진다.
AFS에 문제가 있으면 ⇒ 분사 시간이 변화된다. (늘어 난다)
⇒ 인젝터 분사 파형을 보고 분석한다.

※ ECU는 연료량을 바로 연산하지 않는다.

⇒ 프로그램화 되어 있다.

⇒ 공기량을 (값을) 대입하면 연료 분사시간은 자동으로 나온다.

⇒ 공기량값을 ⊕10을 늘리면 연료분사시간을 자동으로 늘린다.

※ 공기량만 계측하면, 연료량은 자동으로 값이 나온다.

100mg/st / 14.75 = 7mg/st

흡입 공기량		분사량
2mg/st	→	1mS
7mg/st	→	3mS

〈가솔린〉

※ 연료 모터 ⇒ 역류 방지 — 체크 밸브 (0.8bar 정도 걸린다).
⇒ 잔압 유지.
⇒ 릴리프 밸브 (최대 압력 유지 밸브 6bar)
⇒ 최대 압력 제한 밸브.

※ 잔압 유지 — 시동성 하고는 연관성이 없다.
오래 세워두면 다 빠진다. (연료 압력이)

※ 연료 압력 조절 밸브 ⇒ 감압 밸브다.
3.3 bar ⟶ 2.8 bar
(스프링 상수는 0.5 bar 다).) 3.3 − 0.5 = 2.8 bar

※ 가솔린은 연료 압력이 변화이 안된다.
(LPI 나 CRDI 처럼)

※ 에쿠스 까지는 ECU가 잘나간다. (PCSV 현상?)
※ 연료 펌프 불량 — ① 2A — 가속 불량이 생긴다 그러면서 시동이 꺼진다.
가속 불량이 생긴다 가끔 시동이 꺼진다.
② 6A — 정상.
③ 8A — 정차시 시동이 꺼진다.

※ 시동이 꺼져서 견인된 차량은
테스트 ⇒ 연료 펌프에 부하(온도)를 주고 테스트 한다
⇒ 풀 가속. 풀스톨 테스트를 한다.
analysis ⇒ 연료 압력 선도가 안정적으로 일정해야 한다.
(연료 펌프 전류의 선도가 ( ))

※ 하론 소화기를 비치해 놓는다.
※ CO_2 소화기 준비

03
점화 계통

<CKP 센서>

① CKP 참자 레벨이 얼마인지를 먼저 본다.

① CKP가 노후되면 될수록 파형 진폭이 커진다.

① CKP를 교환하면 12V 이내로 진폭이 낮아진다.

① max가 17V가 나오면 노후된거다.

① 하이 파형과
로우 파형이 정확하게 같이 나오는지 확인한다.

① 파형이 나오다 안나오다 하면 CKP 불량이다.

① 풀루스 파형에서 피크레벨이나 로우레벨이 작아지면
CKP 불량이다.

① 진폭이 거의 동일하게 규칙적이면 정상이다.

① 크랭킹 해서 시동이 걸릴때까지 시간이 0.5초면 정상
⇒ 1초를 넘어가면 시동성이 불량하다는 것이다.
⇒ 이때 파형이 노이즈가 심하면
열화내지는 지연이 발생한다.

※ 진폭이 커지는데 까지가 시동시간으로 보면 된다.

① CKP가 불량해서 시동이 꺼지면 진폭이 자연스럽게 줄지않고
⇒① 갑자기 안자로 그러면서 시동이 꺼진다.
② 갑자기 진폭이 커지면서 시동이 꺼진다.
③ 갑자기 진폭이 1/3로 줄어도 불량이다.

※ 엔진 rpm이 450rpm 미만이면 시동이
꺼졌다는 것이다.

① CKP는 마그네틱 type은 전원 전압이 없기 때문에
⇒ 진폭이 줄면서 시동이 꺼진다.

① CMP는 5V 전원이 나오기 때문에 시동이 꺼지면
⇒ 파형이 갑자기 없어지는게 정상이다.

<배출 가스 제어 관련 센서 단품>

① APS
② TPS
③ 산소센서
④ AFS
⑤ EGR.

※ PCV 불량
⇒ 주행중 흰연기가 나왔다 안나왔다 하면 PCV 불량이다.

※ 잠바 커버 내의 흡기호스가 막히면 PCV 밸브가 작동시(가속시) 불을 수 있다.
⇒ 대기압 호스

<LPI> <LPG>

<item> LPI 차량 150000km 이상 이면
밸브 뒤에 카본이 쌓인다.
⇒ 무형의 돈이다

펌프가 나쁘면
⇒ 인젝터 불량 파형이 뜬다. (가솔린 찔바처럼)

<item> 연료펌프를 교환하면서
냉각 제품은 반드시 같이 수리해야 된다.
⇒ 열이 덜 받게 파이프를 단열시켜라.
파이프에 보온덮개를 씌워준다.

⇒ 압력 레귤레이터는 치명적인 결함이 있다.

LPG 차량이 가스켓 누설이 심한 이유는
열화 때문이다.

<한실린더 부조.>
※ 트라제 XG LPG V6.
베이퍼 라이저 진공 호스에서 물이 나오면
베이퍼 라이저 냉각통로 가스켓에서 냉각수가 새서
진공 호스로 유입되고 ⇒ 베이퍼라이저 불량
특정 실린더 점화불이거나 연소실에서 부유물질이 있다.
압축 압력이 한실린더만 안나온다.
특정 실린더만 젖는다.

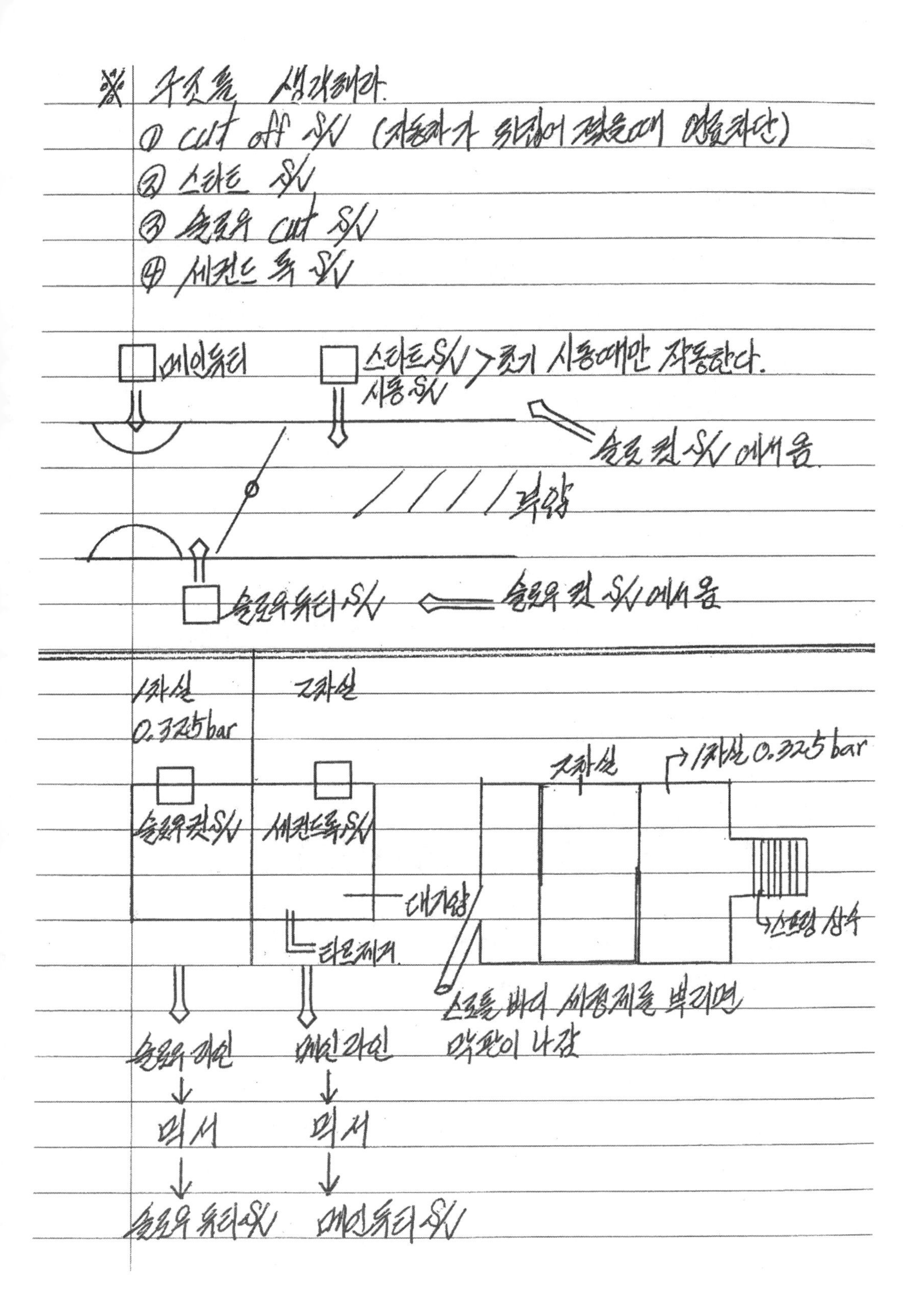
※ 구조를 생각해라.
① cut off S/V (자동차가 외관이 적을 때 연료차단)
② 스타트 S/V
③ 슬로우 cut S/V
④ 세컨드 록 S/V
메인유티
스타트 S/V
사용 S/V
초기 시동때만 작동한다.
슬로 컷 S/V 에서 옴.
과잉
슬로우유티 S/V
슬로우 컷 S/V 에서 옴
1차실
0.325bar
2차실
2차실
1차실 0.325bar
슬로우컷S/V
세컨드록S/V
대기압
타르제거
스프링 상수
스프링 빼서 세정제를 뿌리면
막판이 나감
슬로우 라인
메인 라인
믹서
믹서
슬로우 유티 S/V
메인유티 S/V

※ 메인 듀티 조정
겨울철 — 30~40% 로 조정
여름철 — 50~60% 로 조정.

⇒ Nox 수치가 높으면 엔진이 열받고 있다는 것이다.
⇒ 산소센서가 2000rpm에서 피드백을 해야 한다.
⇒ 차가 잘나가고
⇒ 밟을때도 안정적 이어야 한다.
⇒ CO 가 0.1%이내 이어야 한다.

※ 슬로우를 완전히 박은후
메인듀티를 — 70%로 맞춘다.
⇒ 그런다음 슬로우 조정 스크류로 40%↓로 맞춘다.

※ LPG 차량
① 흡기 누설
② 잘 죽는다.
③ 산소센서가 건강한지 본다 (반응속도).

※ 레조는 흡기 누설시 엔진서 뒷편에 잘 살펴 본다.
⇒ 진공 호스 깨짐, 늘어남으로 인해 흡기누설.

※ 흡기 크리닝을 해주는 이유
라바가스 생성률을 줄이고, 스톨이후의 농후 그래프를 줄여 준다.

※ 엔진 플러싱
⇒ 피스톤 소착을 풀어야 라바가스 생성률을 줄일 수 있다.

※《엔진 프러싱》

⇒ 라바가스가 연료 대체를 해버리기 때문에
라바가스를 줄여야 하는 이유다

⇒ 피스톤 링의 소착을 풀어야
라바가스 생성률을 줄일 수 있다.

※ LPG 차량 스캐너로 듀티를 맞추면 안된다.
(통신 속도 때문)
⇒ 배기 가스의 CO를 보고 맞춘다.

※ LPG 차량이.
링기어가 망가지면 시동시 역화를 한다.

※ Back fire : 역화
⇒ 점화가 일어난 다음 실린더에 일어난다.

※ LPG 차량에서.
액셀 페달을 살짝만 밟으면 시동이 걸리는 차량은.
⇒ 100% 베이퍼 라이저 문제다.

※ LPI 차량.
— 실린더 벽 마모 ⇒ E/O 마모
압축 압력을 반드시 본다 / Kg/cm²
그런 실린더 벽이 망가진다 ⇒ 오일 순환
E/O 오일이 먹으면 엔진 수명이 끝났다.

※ LPI, GDI 차량은 분사시간을 늘려서
정상적으로 운행할수 있도록 해준다. (엔진을 제어 한다)

⇒ 밸브 뒤에 카본이 엄청 쌓인다.

※ 카니발이 여과할때 ⇒ 솔레노이드 콜록스 문제.

※ LPI — 현대. 기아. 삼성 ⇒ 액체로 분사
LPGI — 대우 ⇒ 기체로 분사 (타르가 없다). ⇒ 인젝터 크리닝 불필요

※ 현대, 기아, 삼성.
⇒ 회수 약품 사용 (360mcc. 이용)
⇒ 시동 지연, 공회전 부조시 — 인젝터 크리닝

※ 시동 지연 테스트.
— 엔진 회전수 항목 고정 → 그래프 모드로 전환
→ 크랭킹시 시간을 테스트.

※ 산소센서 파형을 보고. (풀가속시)
① 피드백 여부
② 점화 불량.
③ 연료 불량. 확인.

※ 〈LPI〉 — ① 연료 펌프 불량
② 프로판 + 부탄 + 공기 ⇒ 타르 발생
⇒ 인젝터 불량.

※ 중속에서 펌프 구동률이 35%가 넘어가면.
⇒ 펌프 불량.

※ LPI 구형차에서.
연료 압력이 2.8V대에서 흔들리면
⇒ 연료 펌프 불량이다.

<item> ※ LPI 차량은
80,000 Km 주행후 밸브 뒤에 카본을
크리닝 해 줘야 한다.
⇒ 흡기 크리닝.

※ LPG I는 압력이 낮다. ⇒ 고장이 잘난다
cut off (LPI에 비해서) ⇒ 겨울철에 시동성 불량.
⇒ shut off S/V 불량이 잘남.
⇒ 에어건으로 청소하면 안된다.
※ 충전 밸브에는 ① 액루 차단 밸브
② 과류 방지 밸브가 있다.

※ 충전 밸브 밑에 가스밸브를 풀면
가스만 나온다.

※ LPI ⇒ 무화는 인젝터가 시킨다(1탄만 사용해도 된다)
⇒ 겨울철 시동성 유리.

※ 드라이브 모듈 ⇒ 직류를 교류로 전환시켜주는 장치
⇒ 3상 직류. 교류 전류 모터
⇒ 회전수 제어하기가 용이하다.

이중-격자식. 기상이나 — 처음은 좋지만 잘 탄다.
단상이나 — 힘이 필요하고, 내구성이 필요하면.

※ 부탄 (무해) 모두 유리 (출력, 시동성 등등).
※ 〈 프로판 (겨울) — 기화가 잘되게 하기 위해 섞는 이유

※ LPI system.
⇒ 인젝터 앞까지 액상으로 이송한다.
— ① 온도를 낮춰라 (-40°C 이하) ⇒ 현실적으로 불가능.
② 가압 해라 (가압하면 액화가 된다)

※ 액상으로 있는 LPG 가스는 타르가 발생하지 않는다.

기체 / 액체	액체	액체	
증기압	(겨울)	(여름)	70% 충진율 (20Kg) ⇒ 봄베

LPI 연료압력(공전시) ⇒ 2.7~3.0V

※ LPI 연료압력 (증기압은 외부날씨에 따라 변한다).
⇒ 증기압 + 5bar = 연료압력
⇒ 〈 겨울 1 bar + 5 bar = 6 bar
여름 3 bar + 5 bar = 8 bar

※ LPI 연료 펌프가 잘나가는 이유
⇒ 엔진 온도가 올라가면 연료가 리턴되면서 열을 가지고 리턴되기 때문이다.
⇒ 증기압 때문이다.
⇒ 열관리를 잘해야 한다.

※ 펌프 회전 속도 제어 ⇒ 5단계 (유량 제어)
— 15%, 30%, 45%, 60%, 75%
①단계 ② ③ ④ ⑤

※ 시동시 30% 이상 안올라간다 — 정상일때
크랭킹시 80% 까지 제어하면 ⇒ 펌프 불량.

※ IFB ECU
⇒ 연료 모터 ECU — 연료모터를 제어하는 ECU다.

※ 르노 삼성도 현대에서 로열티를 주고 받아 씀.
LPGI는 대우자체에서 만듬.

※ 연료 계통의 연료모터를 테스트 하려면
IFB ECU로 들어가서 점검한다.

※ ECU는 거의 고장이 없다(요즘차는) 2019년

※ IFB ECU 데이터를 본다
① rpm
② 압력 ⟨ 겨울 — 6bar 이상
여름 — 7bar 이상

※ 펌프는 겨울에는 거의 안나간다.
여름철에 펌프가 잘나간다.

※ 가속할때 압력이 흔들리면 안된다.
(3000 rpm 까지 올려 본다)
⇒ 흔들리면 펌프 성능이 저하된 것임
(전원 전압 18V~9.6V까지)

※ 연료 압력이 5bar 이하가 나오면.
— 오는 도중에 기화 된다. (엔진으로)

※ 연료 압력이 8~9bar가 나오면 — 정상.
인젝터 누설까지는 이상무.

※ 출력 부족한 차량에서
IFB ECU로 들어가서 점검.
가속을 했는데 연료 압력이 흔들리지 않고 9bar 이상이면
⇒ 연료 압력 조절 밸브는 이상무
⇒ MLA 수정(조정).
⇒ 헤드 가스켓 교환

※ ex) 에쿠스 LPGI.
현상 — 외곽 순환도로 반 바퀴 운행하면 오버히트 한다
수리 — ①라지에다 교환
② 써모 스태트 교환
③ 냉각 휀 교환
④ 냉각 프러싱 작업.
— 기포도 안 올라온다., 온도도 안올라 간다.
현상 2 — ① 라바 호스에 압력이 over 됨.
② 실제 온도와 센서 온도가 안 맞는다.
⇒ 파워 베이스 불량
③ 배선 커넥터, 휀모듈 교환
원인 ⇒ 헤드 가스켓 결함.

※ 연료 압력 ⇒ 8.5 bar (공전시) ⇒ 정상일때
풀가속 분사시간 ⇒ 17.5 mS.

※ 가속을 하면 rpm이 죽는다.
⇒ 가속을 하면서 세정제를 뿌렸을때
가속이 되면 → 인젝터 불량.

※ 가속을 하면 푸드득 거리면 ⇒ 가용간 밸런스 문제.
⇒ ① 스캐너로 인젝터 분사시간을 본다.
② 제어를 잘하는지 본다. (ECU가)
A. TPS. (공전시 TPS 값이 0° 이어야 한다. 830mV)
B. 산소센서 (가속하면 농후로 가야 된다 (분사시간 17.5mS)
C. 연료 압력 센서
D. 인젝터 청량.

⇒ 가속할때
APS가 정확히 제어를 해준다면 나머지 모든 책임은
ECU가 진다.

※ 개조 차량 점화 방식.
⇒ DLI
⇒ 구형 엑센트 (코일, 배선) 사용.

※ 점화 코일의 위치는 배선과 연관성이 있다.

※ 스타렉스 디젤 터보 → LPI로 개조
⇒ 엔진룸

※ LPG 개조차 — 회사종류 — ① 이름
② 엔진룸.

※ LPG 차량 정비시 가장 주의해야 할 항목.

⇒ 에어크리너 에어덕트를 연결하고, 정비 및 테스트를 한다.

※ 캐비테이션(cavitation) 공동현상

물이나 유체가 고속으로 흐를때.
국부적으로. 저압이 되면서
물이나. 액체가 기화되고, 기포가 발생되는 현상을
캐비테이션이라 합니다.

이렇게 발생된 캐비테이션 기포는
금속을 쉽게 산화시키고, 이로 인해 마모가 심하게
발생하는데.
이러한 현상을 통틀어 캐비테이션이라 합니다.

선박의 프로펠러
엔진 워터펌프의 임펠러
냉각수 통로등에서 발생하기 쉽습니다

디젤엔진의 경우, 특히 습식라이너를 갖고있는 엔진에서
라이너 주위의 냉각수 흐름이 좋지않아 국부적으로
캐비테이션이 발생할 경우 라이너가 부식되어
구멍이 발생할수 있습니다.
이를 방지하기 위해 라이너 외벽에 크롬도금을 하기도 한다.

기본적으로 냉각수 흐름을 좋게 하여
국부적으로 캐비테이션이 발생하지 않도록 설계하는 것이
최선이다.

※ 펌프 막힘 현상으로
가속시 기름속에 포함된 공기가 빠질(에어발생) 모이는 현상
흐르는 유체속에 압력이 낮은 곳이 생기면 유체속의 기체가 빠져나와 압력이 낮은곳으로

《냉각 계통》

ECU는 96°C 가 되면 냉각휀을 작동하고,
91°C 가 되면 저속휀이 멈춘다.

저속 휀이 한번 돌면 계속 돈다면
⇒ 냉각 계통에 문제가 있는 것이다.

⇒ 엔진을 껐다 키면 휀이 안돈다.

⇒ 냉각수 비중 관리를 잘해야 한다.

⇒ 스캔 데이터의 96°C는
실제 수온이 96°C가 아닐 수도 있다.
⇒ 파워 베이스 문제.

※ 냉각 수온 센서의 접지.
배터리에서 발전기까지 굵은 선으로 매줘야 한다.
배터리에서 엔진
배터리에서 차체
냉각 수온 센서의 ⊖접지를 차체에 매줘라.

※ 차체 접지는 페인트 도장 접지 주의.
접지 볼트는 일반 볼트와 다르다.
접지용 볼트가 따로 있다.

※ 휀 고속 — 103°C 이상일때 작동한다.

※ 구형 스타렉스 ⟩ ⇒ 라지에다 휀이 안돈다.
LPG V6 차량 ⟩ — 정상이다. (103°C 이상)

① 냉각 프리싱
② 휀 클러치
③ 휀 S/W를 합선시켜. (에어크리너 통 빼고 보면)

※ 구형 카니발 엔진
— ① Low로 돈다.
② 늦게 돈다.
③ A/C를 켜야 돈다.
⇒ 릴레이를 달아서 Hi로 돌게 해줌.

※ 대우 자동차 ─① 냉각계통 잘못 만들어 졌다.
② 정지 레벨이 너무 빨리 뜬다.
③ 캡보브 스프링 상수가 너무 작다.
④ 오일 순환제 결함.

※ 냉각 계통 문제.
⇒ 외서액통 기준으로 2cm 미만으로 올라가야 한다.

item 중요 ※ <냉각 계통 검사> ─ 스코프 설정
─ 냉각 휀 전류 (max 25A)
(전류가 흐르는 동안의 시간을 잰다.)
(휀이 도는 시간을 확인 한다).

A. analysis ⇒ 정상일때 ─ 여름 ⇒ 40초
겨울 ⇒ 30초.

─ 보통 45초를 넘으면 ⇒ 냉각계통 불량이다.

B. Diagnosis ⇒
- ① 냉각 프리싱
- ② 냉각 호스 교환 (라바호스, 히터호스, 바디호스)
- ③ 써모스테트 및 라지에다 캡 교환.
- ④ 부동액 교환 (비중 -30°C로 맞춤)
- ⑤ 냉각 수온 센서
- ⑦ 센서 점지
- ⑧ 파워 베이스 개선
- ⑨ 라지에다 교환
- ⑩ 히터 코어 교환
- ⑪ 냉각 펜 교환 (실린더 블럭 및 헤드)

※ 《냉각 프러싱》A. 테스트. B. analysis C. Diagnosis.

① 스캐너 연결. (자동분석 — 활성화 시킴).
② 에어컨 냉각계통 검사 (자동진단).
③ 새차인 경우 샘플링을 한다
④ 4월 ~ 9월까지가 냉각프러싱 기간이다.
⑤ 한 여름에도 45초를 넘지 않는다
⑥ (8만) 80,000km 이후 차량은 무조건 냉각계통이 망가져 있다.
⑦ 모든 폐 부동액을 모두 새 부동액으로 바꾼다.
⑧ 자동진단 검사를 진행하는 동안 다른 점검을
체크 리스트에 적는다
⑨ 않하던 일을 한다 ⇒ 냉각계통 검사는 무조건 한다.
⑩ 작업 지시서에 냉각계통 검사를 양식화 한다.
⑪ 냉각 휀 도는 시간만 체크한다.
45초 이상 돌면 무조건 불량이다.
⑫ 타석(타율)을 높여라.
— 입고 차량은 무조건 해라.
⑬ 부동액 교환 후 처음에 도는 휀이 가장 짧은 시간이다.
⇒ 30초이상 돌지 않는다. — 설득력 한다.
~~⑭~~ ⇒ 2~3회 돈 후 정상적으로 시간이 동일하게 돈다.
⑭ 서모 스태트 교환.
⑮ 3가지 이상의 패턴을 정해 놓는다.
⑯ 광학식 비중계 — 사진으로 찍는다.
— 온도별로 사진을 찍는다.
① 25°C이하 ② 25~30°C ③ 30°~40°C ④ 40°C이상.
⑰ 욕심을 과하게 부리지 마라.
⑱ 우선 배려(고객) ⇒ 견적을 낮추는 (낮춰주는 배려).
⑲ 냉각 계통 견적 — 15~200,000원.
⑳ 비용을 맞춰 주는 작업을 먼저 한다는 배려

② 다작을 높여라 ⇒ 입고차량은 무조건 해라.

※ 순서.

① 스캐너를 들고 간다.

② 차량을 리프트에 올린 후 V1 연결.

③ 점검(테스트)하고. E/o을 교환해주겠다고 고객에게 고지한 후 점검.

④ 다른 점검하고.

⑤ V1을 빼서 나와서 다른차에 연결 한다.

⑥ 손님을 차별하지 않는다.

⑦ 에어콘 검사까지 한다.

⇒ 에어콘 프러싱.

⇒ 10대 점검중 9.5대는 정상이다.

⇒ 정상인 차량에 중점을 둔다.

멘트 ⇒ 지금 까지는 정상이지만 앞으로는 못 버틴다.

한번 에어콘 작동할때 부하량이 큽니다.

콤프 가격은 3배이상 올랐습니다.

⇒ 냉매오일을 좋은걸로 교환한다 (한단계 만이라도).

⇒ 냉매 오일을 교환한다

(5년이상 된 차량은 특별히 교환한다.)

※ 냉매오일 회수 방법.

프러싱 장비를 사용 할때는 100~150cc 이상 오일을 넣어준다.

① 에어콘 on , 회수 대기 상태

② 창문 내림

③ 2500rpm 으로 5분 레이싱을 한다.

(저압이 올라간다 ⇒ 오일가스가 자동으로 증발한다.)

④ 에어콘 가스 회수 한다. ─ 냉매오일이 보통때보다 훨씬 잘빠진다.

⇒ 2번 정도 반복해서 빼주면 훨씬 시원하다.

⑤ 냉매 오일은 50cc이상 넣어준다

《연료 계통》

※ 인젝터 분사시간은 ECU가 계산한 흡입 공기량이다.

〈① 연료가 희박하다①〉

① 연료펌프 기능 저하 ⇒ 릴리프 밸브 불량

② 인젝터 불량

A. 인젝터 이종품 확인

B. 인젝터 막힘

③ 인젝터 회로 접속 불량

④ ATS 불량

① 이종품 확인

② 센서 가스켓 손상 or 미장착 확인

⑤ 진공이 샌다.

특히 공전상태에서 누설치 확인

⑥ 냉각 수온 센서 불량 확인

⑦ 대기압 센서 불량 확인

⑧ 연료 필터 내부 막힘

⑨ 연료 호스 일부 부분이 꺾여있는지 확인

⇒ 펌프에서 Engine까지 확인

〈② 연료가 농후하다 ②〉

① 연료펌프 기능 저하

② 인젝터 불량

A. 인젝터 크리닝으로 인한 불량

③ ATS 불량

④ 냉각 수온 센서 부품번호 확인

⑤ 연료리턴 호스가 꺾여있는지 여부 확인

⑥ ECU가 전기 충격으로 인젝터를 계속 분사 시키는지 확인

⇒ 분사시간 확인

ex) 싼타페 CM — 워터펌프 불량이 많다.
※ 동와셔가 뜨면
⇒ ① 오일 순환계가 문제가 발생하고,
시동성에 영향을 준다 (메탈 베어링 고착, 무거움)

⇒ ② 오일 스트레이너 입구가 막힌다.
(KJ엔진은 스트레이너가 막히지 않는다)

※ 연료 계통의 연료 호스는
꺾기지 않는 연료호스로 하는게 좋다.

CRDI. ※ 고압펌프 갈색과 검정색은 호환성이 있다.
갈색 — 1,070.000원 (신형)
검정색 — 700.000원 (구형)

※ 저압 펌프
ex) 연료 색상이 우유빛이면 (30분도 안되서)
(기포가 올라오면)
⇒ ① 에어가 들어감
⇒ ② 부압이 많이 걸리는 차량이다 (높게 걸린다)
⇒ ③ 저압펌프가 연료탱크의 찌꺼기로 오작동

※ 연료필터 확인
A. 증상이 있는 차는 연료 필터를 빼서
거꾸로 뒤집어서 연료상태를 본다.

B. 증상이 없는 차는 연료 필터를 빼서
밑에서 연료를 받아 연료 상태를 본다.

※ 수분, 이액상 물질 — 쇠가루 알미늄가루, 검정고무가루
(KJ. A Engine 계열)
자석에 붙지 않는다.

※ KJ. A Engine 계열에서 알미늄가루는
⇒ 고압펌프의 베어링베어링이 망가진것이다.
⇒ 반드시 연료탱크를 확인 한다.

※ D 엔진은
연료 필터에서 감압을 한다. (6bar → 3~4bar로)
(연료 필터의 오버플로우 밸브) (6.5 → 2.5bar).

※ 저압 라인의 1bar 압력은
고압라인의 100bar 정도가 영향을 준다.

※ 기포가 빨려 들어오면 저압라인에 문제가 있다.는 뜻이다.

※ 고압 펌프에서 흡입이 빠른데
저압에서 연료를 못 밀어주면 기포가 발생한다.

※ 캐비테이션 현상 (Cavitation)
: 물이나 유체가 고속으로 흐를때
부분적으로 저압이 되면서 물이 기화되고
기포가 발생되는 현상을 캐비테이션이라 합니다.

<분사시간을 제어하는 요소>

— ① 배터리 전압
② 엔진 온도.
③ AFS — 분사시간이 길어진다.
④ BPS
⑤ CPS(CKP) — 분사시간이 빼진다.
⑥ TPS — 더블 분사

※ ECU는 전압을 20mV 단위로 잘게서 신력이 분사 시간을 $1\mu s$ (0.001ms)씩 변화 시킨다.

※※ 급가속시
분사시간이 늘어나지 않고 희박하면 ⇒ 공기계통 문제다.
분사시간이 늘어나고 산소센서가 희박하면 ⇒ 연료 계통 문제다.

〈그랜저 TG〉

※ 인젝터 검사 — 해당 실린더 제어가 되느냐 또는 안 되느냐?

~~TG 그랜저는 구조적으로~~ 5번 실린더가 문제다.
ECU 커넥터가 실린더이다.
ECU 쪽에서 배선이 당겨진다.

인젝터 파형

↳ 접지가 뜬다.

※ 서지 전압의 예)

① 스텝 모터 ⟶ 약 30V

② 릴레이 ⟶ 약 120 ~ 200V

③ 인젝터 ⟶ 약 70V

④ 점화 코일 ⟶ 약 500V

⑤ 각종 배선 스파크시엔 약 20~40V 정도가 생긴다.

※ 회로 점검 요령.

① 전원의 상호관계 조건 파악.

② 회로를 다이어그램을 통한 커플의 위치 파악.
점검에 가장 편한곳 선택 ⇒ 릴레이 쪽.

③ 도선의 단자 위치와 색상에 치중하지 않는다.

④ 동력선과 신호선을 구별한다.

⑤ 적정한 공구를 선택하고 용량을 생각한다.

⑥ 고장 부위별 현상이 다르다 (현상 = 고장부위)

※ 오실로 스코프는 — 너무 오버 스펙(overspecialize)
처럼 느껴지고.

멀티는 — ① 사용법이 어렵고
② 액츄에이터를 직접 구동하기 어렵다
③ 신호라인에 신호를 제공하기 어렵다.

테스트 램프 사용 — 발광 다이오드 테스트램프는 제외
(내장형.)

※ 테스트 램프 1 — 5W
2 — 20W
3 — 10W
각각 2개씩 준비.

※ 예)

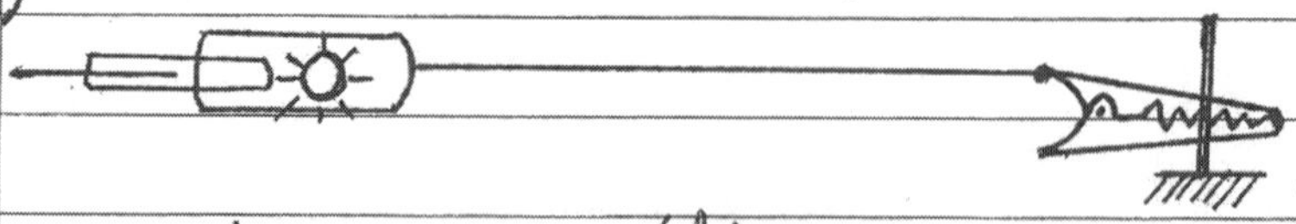

※ 서지 전압 (surge voltage).
: 임의의 코일에 전류를 흘리다 갑자기 회로를 차단하면
원래의 전류의 흐름을 방해하는 방향으로
역 전기가 생성 된다.
이것을 역기전력 (서지 전압) 이라 한다.

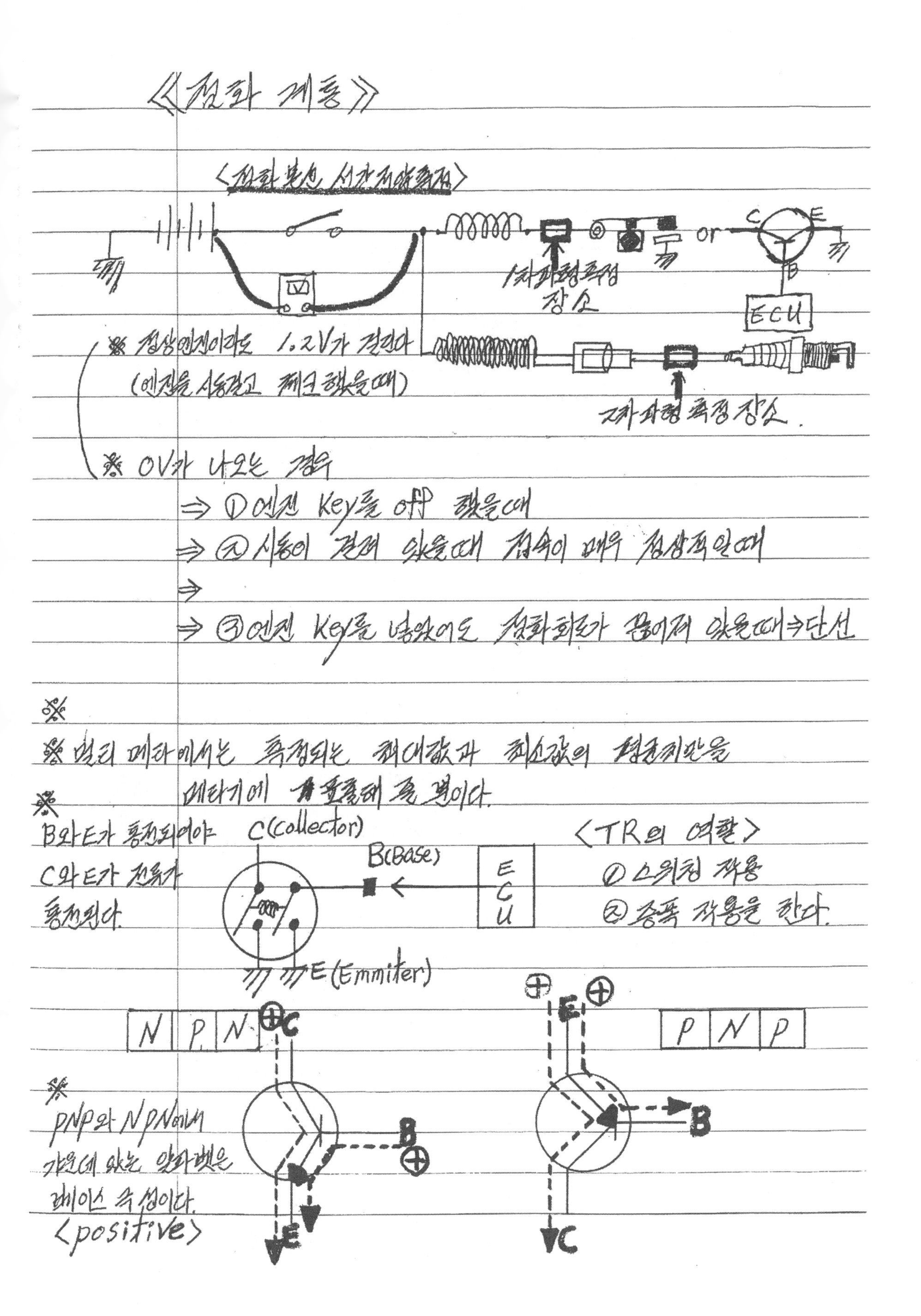

《점화 계통》
1차 파형 측정 장소
C
E
B
ECU
※ 정상엔진이라도 1.2V가 걸린다
(엔진을 시동걸고 체크했을때)
2차 파형 측정 장소
※ 0V가 나오는 경우
⇒ ① 엔진 Key를 off 했을때
⇒ ② 시동이 걸려 있을때 접속이 매우 정상적일때
⇒ ③ 엔진 Key를 넣었어도 점화회로가 끊어져 있을때 ⇒ 단선
※ 멀티 메타에서는 측정되는 최대값과 최소값의 평균치만을 메타기에 표출해 준 것이다.
B와 E가 통전되어야 C와 E가 전류가 통전된다.
C(Collector)
B(Base)
E(Emmiter)
ECU
〈TR의 역할〉
① 스위칭 작용
② 증폭 작용을 한다.
N P N
P N P
※ PNP와 NPN에서 가운데 있는 알파벳은 베이스 극성이다.
〈positive〉

※ 베이스와 E 사이에는 항상 0.65V 이상의 전위차를 두어야 한다.

※ B(베이스)라인에 약 1KΩ 이상의 저항을 삽입하는 이유는
TR의 동작 신호에 의해 TR이 파손되는 것을 방지할 목적 때문이다.

C
B
5V
1KΩ 이상
E

C
B
5V
E

B와 E 사이에 바이패스 저항을 삽입하는 이유는 **노이즈에 의한 TR의 오작동을 방지 하기 위해서다.**

※ 차량용 TR.

— 파워 TR
- A. 외장형
- B. 내장형 — ① ECU
  - ② 점화코일

	① 배전기 type	② DLI type	③ DIS type
점화1차 측정	(O)	(O)	(X)
점화2차 측정	(O)	(X)	(X)
			베이스 파형 측정(O)

※ 점화 코일이 열화로 인한 노후는
아무리 좋은 전압과 큰 전류를 공급하더라도
높아지지 않는다.

※ 점화 코일은 개조피 LPG V6 점화코일로
개조 한다
⇒ 1.5A 정도 더 먹는다 (일반 코일 보다)
⇒ 전류 제어를 1.5A 더 크게 사용한다.

※ 레조
레간자) 점화 코일은 ⟶ 에스페로 점화코일로
매그너스 개조 한다.
⇒ 점화 코일 전류값을 측정해 본다.

3.6V
2.5V

※ 파워 TR 신호 = EST 신호 (대우차 에서는)

※ 파워 TR 베이스(B) 신호 전압
⇒ 3.2V ~ 3.6V (베이스의 최대 전압)

※ 인젝인 ⇒ TR 역할을 못함.
※ 드라이버로 1.5CM 띄워 놓고 불꽃을 본다.
드라이버로 불꽃시험을 하되 1.5CM이상 띄워놓고
불꽃 상태를 측정한다.

※ 트리거 type — ① TR 베이스 type
② 점화 1차 파형 type.
※ trigger (기준) ⇒ 기준을 잡는다.

※ ① 압축 압력 순서 ⇒ 1 3 4 2
② 점화 순서 ⇒ 1 3 4 2
③ 흡입 압력 순서 ⇒ 4 2 1 3 (밸브 파형순서)
④ 크랭크 케이스 압력 순서 ⇒ ⓶.③ ①.④ ⓶.③ ①.④

※ 점화 순서의 목적.
⇒ "집중 되는 응력을 분산 시키다" 다

※ V6 Engine 의 점화 순서
① 현대 차량. ⇒ 1 2 3 4 5 6

② 기아 차량(구형) ⇒ 1 6 5 4 3 2 카니발(구), 엔터프라이즈(구)

③ 대우 차량. ⇒ 1 5 3 6 2 4
1 4 2 6 3 5

※ DLI 점화 방식의 맹점.
⇒ 접지에서 중심전극으로 전하가 이동하기 때문에 열이 많이 받는다.
⇒ 점화 플러그 수명이 1/3로 짧아진다.
⇒ DLI는 백금 플러그를 사용해야 된다.

※ 백금 플러그 — ① 수명 연장
② 산화가 안됨
— 백금이 0.05mm 도포.

※ 이리듐은 전도성이 좋다 (차량이 정상이어야 한다).

※ 백금 플러그의 중심 전극 ⇒ 0.7mm (에너지의 집중)

※ 단기통 구조는 점화시기로 보상을 한다 (가솔린. LPG).

※ 점화계통 보다는 연료계통 결함가 더 많이 차지 한다.

※ 차가 노후 할수록 점화시기 차이가 심해진다.
※ 점화시기 정상편차는 3° 미만이다 (공전시).

※ 점화 1차나. 2차나 점화시간(연소시간)은 같다.

※ 점화 1차 파형에서 서지전압 (peak 전압) 이 안나오면 TR 불량이다.

※ 점화 계통 트러블은 풀가속때 (급가속) 두드러져 나타난다.
차가 노후되면 ⊖학습을 하는게 정상이다.
⇒ 연료가 농후해진다는 것이다 (분사량이 많아진다).

※ 점화 플러그 간극은 좁은것 보다 큰것이 낫다.

※ 차령이 5~7년이 지나면 점화에너지가 떨어진다.

※ 프라즈마 현상
⇒ 전자의 이온화 현상 (전기의 길을 만드는 것).
⇒ 열이 많으면 나타나는 현상.

※ 점화 코일을 교환해도 점화코일 본선에 저항이 걸리면 (접지가 뜨면) 점화 전압이 낮아진다.
⇒ 본선을 릴레이를 달아 개조하는 방법이 있다

※(점화 코일 ⊕ 본선 서지전압 측정)

① 점화 코일 본선 ⊕ — ⊖ 프로브 연결
② 발전기 B⊕단자 — ⊕ 프로브 연결

※ 차가 힘이 부족한 차량
① 점화 코일의 본선 서지전압 측정
⇒ 시동걸고 테스트 — 정상치 1.2V

② 점화 1차 전류를 잰다

③ 점지 테스트를 한다.(파워 배이스 검사)

※ 점화 1차 전류 ⇒ 5~6A 정도 흐른다 (정상일때)
인젝터 전류 ⇒ 1500cc — 0.9A
2000cc — 1.2A

※ 대우차가 현대차 보다 1차 전류값이 높다.
(약 30% ↑)

※ 예) 그랜저 XG V6
점화 회로 이상 (14. 25. 36) 고장코드가 뜨면
⇒ 인젝터를 분사하지 않는다.

현대 차량
※ V6에서 DLI 플러그 배선 연결 : 1 2 3 4 5 6.

※ 점화 코일 — 1, 4 / 2, 5 / 3, 6 ⇒ (1,4) (2,5) (3,6)

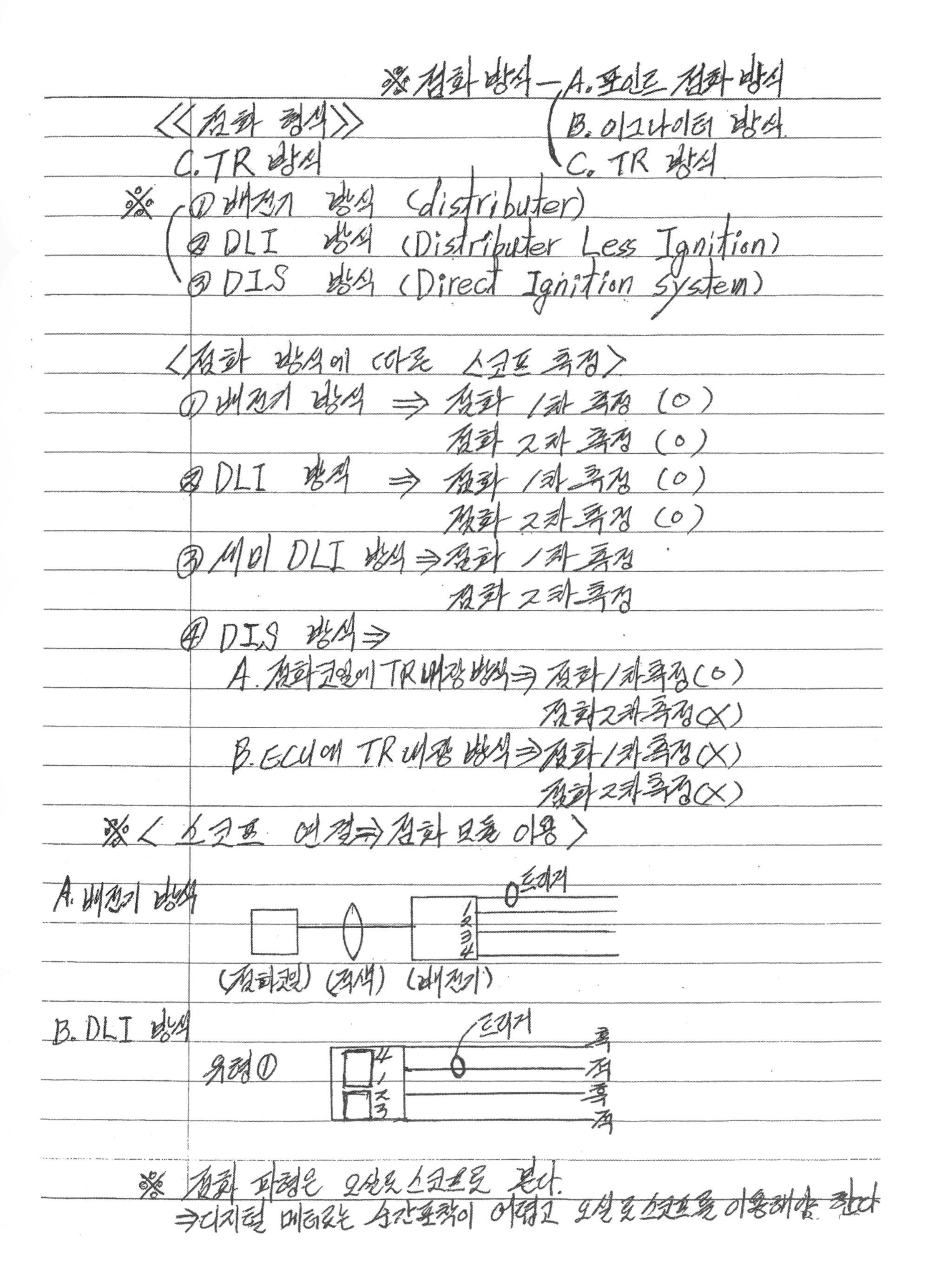
※ 점화 방식 — A. 포인트 점화 방식
B. 이그나이터 방식
C. TR 방식
《점화 형식》
C. TR 방식
※ ① 배전기 방식 (distributer)
② DLI 방식 (Distributer Less Ignition)
③ DIS 방식 (Direct Ignition system)
〈점화 방식에 따른 스코프 측정〉
① 배전기 방식 ⇒ 점화 1차 측정 (O)
점화 2차 측정 (O)
② DLI 방식 ⇒ 점화 1차 측정 (O)
점화 2차 측정 (O)
③ 세미 DLI 방식 ⇒ 점화 1차 측정
점화 2차 측정
④ DIS 방식 ⇒
A. 점화코일에 TR 내장 방식 ⇒ 점화 1차 측정 (O)
점화 2차 측정 (X)
B. ECU에 TR 내장 방식 ⇒ 점화 1차 측정 (X)
점화 2차 측정 (X)
※ 〈스코프 연결 ⇒ 점화 모듈 이용〉
A. 배전기 방식
트리거
(점화코일) (축새) (배전기)
B. DLI 방식
트리거
유형①
※ 점화 파형은 오실로스코프로 본다.
⇒ 디지털 메터로는 순간포착이 어렵고 오실로스코프를 이용해야 한다

※ DLI — ① TR이 코일과 격리된 외장형
(TR과 코일 사이에 배선이 있다)
② TR이 코일 안에 내장형

《DLI 방식(점화코일)

유형①

1 흑, 적, 2 흑, 3 적

※ 같은 코일에서는 실린더가 바뀌어도 상관이 없다.

유형②

4 적, 1, 3, 2 적

<Semi DLI>
(Semi : 절반)
ex) EF 쏘나타, 옵티마

유형③

2,5 — 2 흑 적
1,4 — 4 흑 적
3,6 — 6 흑 적

에쿠스 3.5 (2005년식)
그랜저 XG 3.0
에쿠스 3.0
아반떼(구) — 배선 2가닥 type
⇒ 점화 1차를 본다.
⇒ 크레도스도 1차파형을 본다.
ex) 올뉴마티즈

유형④

2 적, 4 적, 6 적

유형⑤
산타
SM5(구)

배전기 — 적, 적, 적, 적

(중심 선의 배선이 배전기 안에 내장되어 있다.)

유형⑥
쉐보레

적, 적, 적, 적

(점화 코일 일체형)

※ 점화 순서의 목적 ① 내구성 때문(폭압의 극대화를 피함)
② 파워 밸런스의 균형 (응력 분산 작용)
: "접촉되는 응력을 분산시키다." 다.

V6 차량 점화 순서 ⇒ 현대 차량 : 1 2 3 4 5 6
기아 구형 : 1 6 5 4 3 2 (카니발(구), 엔터프라이즈)
대우 차량 : 1 5 3 6 2 4
1 4 2 6 3 5

5 ※ 삼성차 DIS type — 점화 1,2차 측정 불능
CKP, CMP 측정 불능

《DIS 방식》⇒ 가장 점화효율이 좋다.
= cop type (coil on plug)

유형① 점화 코일 안에 TR이 내장되어 있는 type

유형② ECU 안에 TR이 내장되어 있는 type

소전류 프로브 연결 (6A정도나옴)
점화 코일 — 전원선 ⊕ — 메인 릴레이
신호선 — ECU
적색
(점화모듈의 적색 프로브 연결)
점화모듈
적색선에 트리거 연결.

① 휠 스피드 센서를 이용 (간접적으로 본다)
② 점화 2차 리드선 이용
③ 드라이버 이용
④ TPS, 산소센서 파형을 보고 판단
※ 점화가 불량하면 — 산소센서가 희박으로 뜬다.
완전연소하면 — 농후로 뜬다
※ DIS type은 현대, 기아차량은 모두 점화 1차 측정이 가능하다.

※ 점화 파형은 궁극적으로 점화를 보는 것이다.
※ 삼성차 DIS type 파형 보는 법
① 스코프 ⊖ 프로브 ⟶ 배터리 ⊖단자에 연결
② ⊕ 프로브 ⟶ 드라이버에 물린다.
③ 드라이버 끝을 점화코일 중앙에 갖다 댄다.

※ <점화 파형을 보는 조건>

: 점화를 측정할때는 미션부하를 제외한 줄수 있는 모든 부하를 주고 측정한다.

① 모든 부하를 걸고 본다 (비용. 라이트. 라이트 상향, 에어콘, 열선 등등)
(미션 부하를 제외한)

② 병렬로 놓고 본다.

※ DIS는 직렬 파형에서 본다. (각기 직렬이나 종합적으로는 병렬이다)

③ 3000~4000rpm 까지 서서히 가속하면서 본다

⇒ 가 대 반 을 은 직렬로 놓고 끝전압을 본다.

⇒ 중저전압 (서지전압) 본다. 끝전압이 올라가면 안된다.

⇒ 끝전압이 올라가는지 본다. ⇒ 올라가면 → 연료계통 불량.

※ 끝전압이 올라간다는 것은 ⇒ 그 해당 실린더가 희박하다는 것이다.

<스코프 연결>.

A. ① CKP
② 점화 1차.
③ 트리거
④ 실린더 흡입압력.

B. ① TPS
② 산소센서
③ 트리거
④ 점화 1차.

<테스트 방법>

AT ⇒ 공회전 30초 ⟶ 1500rpm 스톨 (5초) ⟶ 풀스톨 (5초)
MT ⇒ 빠른 가속 3회 반복

※ 피크 전압이 높으면

⇒ 점화 플러그 간극이 멀어졌다. ⟶ 고정적으로 피크전압이 높다

⇒ 플러그 배선 저항이 커졌다 ⟶ 피크전압이 높아졌다 낮아졌다를 반복한다.

※ 모든 부하를 주고 <0.8mS 이면 점화불량이다>

"최소 번 타임" 을 본다.

병렬로 놓고 보는데 가장 짧아질때 dt를 보면

① 1000 → 2000 → 3000 — 4000rpm으로 서서히 가속한다

⇒ 점화 플러그 ⟶ 1~1.2mS (정상) 부하시 (on)

⇒ 점화온 ⟶ 1.5mS (정상) 부하시 (on) ⇒ 1.3mS (정상)

⇒ 그랜저 XG ⟶ 2~2mS (정상)

※ Dignosis : 진단　　self-Dignosis : 자기 진단.
analysis : 분석

《 점화 파형 》※ 인버터 기능: 점화파형을 뒤집는 기능을 한다
　: 양쪽 압력이 동일 조건
　: 점검다리의 원리

A.　　　　　　　　B.　　　　　　　　C.

① 제작불량
② 파손　　　　　　　정상　　　　　　　노측
③ 이종품

A. ① 피크 전압이 낮다.　B.　　　　　C.　　　① 피크 전압이 높다.
　② 연소시간이 길다.　　　　　　　　　　　② 연소시간이 짧다.

※ 점화는 중속점으로 점화를 보는 것이다.　　　　낮다
　　　　　　　　　　　　　　　③ 뱅브가 모세 않으는 저항값이
⟨analysis⟩ A. ① 통의 간격이 좁다. B. 정상 C. ① 통의 간격이 넓다
　　　　② 압측 압력이 낮다.　　　　② 노측(통의)

　　　　　　　　① 피크 전압 = 방전 종지 전압 ─ ※ 화상한 범위가지는
※ 분압은　　　　　② 서지 전압 = 역기전력　　　　점화시간이 종지않다
　전차를 보는 것이다.　　정상: 22~24KV　　　⇒ 뱅브가 모세 않으면
※ 전차의 이동은

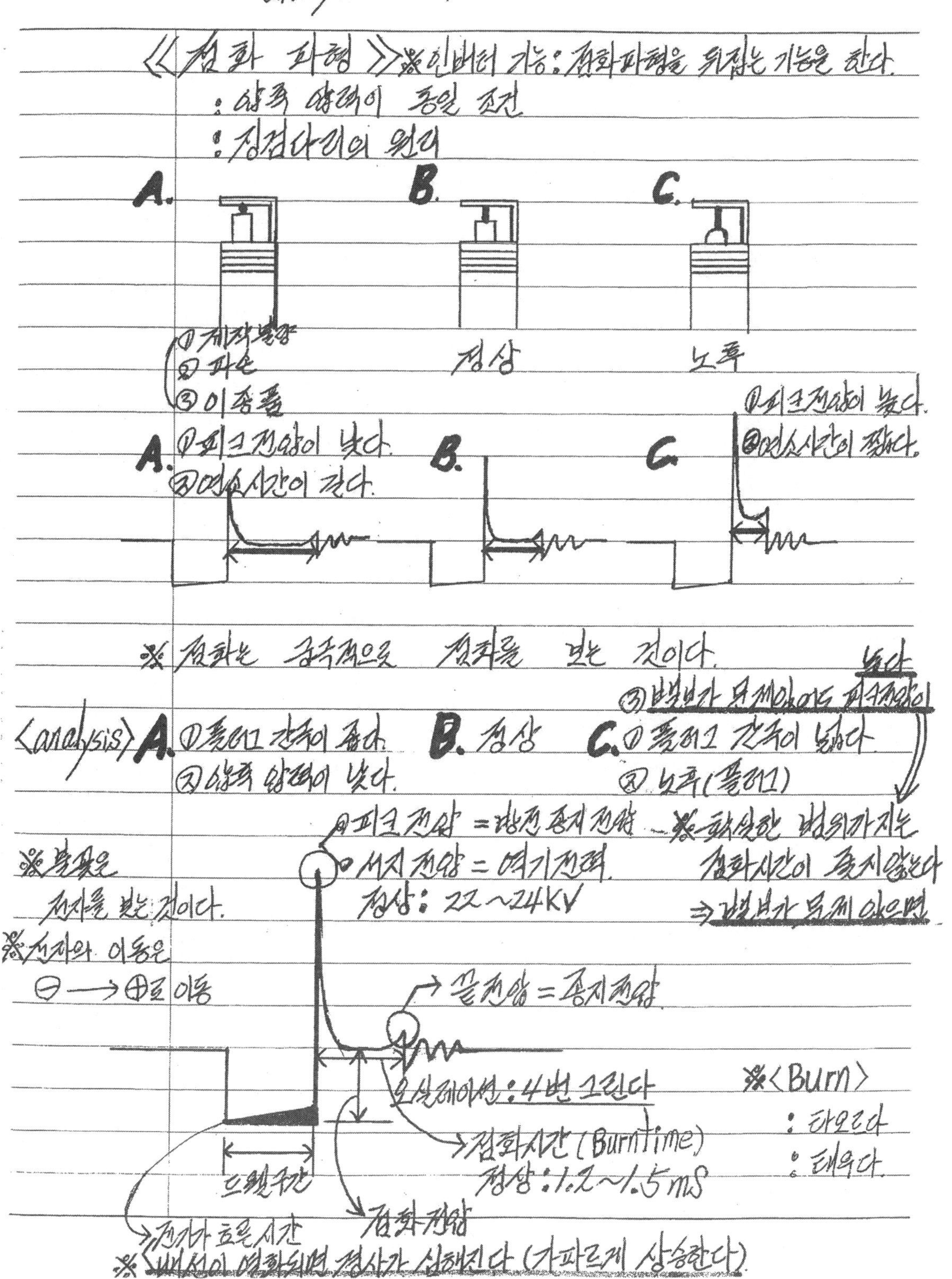

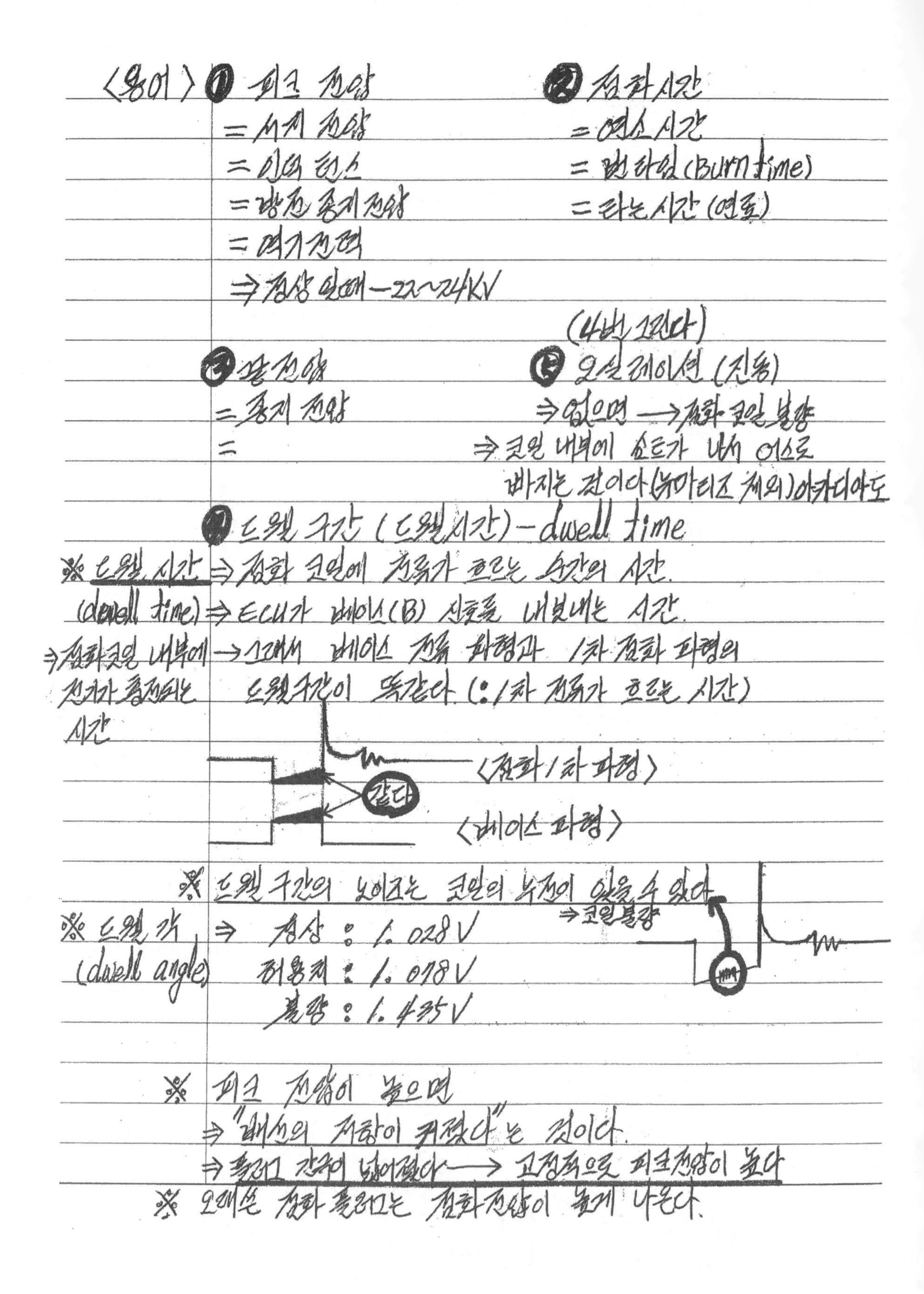

〈용어〉 ① 피크 전압
= 서지 전압
= 이온 턴스
= 방전 종지 전압
= 여기 전력
⇒ 정상 일때 – 22~24KV

② 점화 시간
= 연소 시간
= 번 타임 (Burn time)
= 타는 시간 (연료)

③ 끝 전압
= 종지 전압
=

(4번 그린다)
④ 오실레이션 (진동)
⇒ 없으면 ──> 점화 코일 불량
⇒ 코일 내부에 쇼트가 나서 어스로 빠지는 것이다 (뉴마티조 체외) 아카디아도

⑤ 드웰 구간 (드웰 시간) – dwell time

※ 드웰 시간 (dwell time) ⇒ 점화 코일에 전류가 흐르는 순간의 시간.
⇒ ECU가 베이스(B) 신호를 내보내는 시간.
⇒ 점화코일 내부에 전기가 충전되는 시간
──> 그래서 베이스 전류 파형과 1차 점화 파형의 드웰구간이 똑같다. (∵ 1차 전류가 흐르는 시간)

〈점화 1차 파형〉
같다
〈베이스 파형〉

※ 드웰 구간의 노이즈는 코일의 누전이 있을 수 있다
⇒ 코일불량

※ 드웰 각 (dwell angle) ⇒ 정상 : 1.028V
허용치 : 1.078V
불량 : 1.435V

※ 피크 전압이 높으면
⇒ "배선의 저항이 커졌다"는 것이다.
⇒ 플러그 간극이 넓어졌다 ──> 고정적으로 피크전압이 높다

※ 오래된 점화 플러그는 점화전압이 높게 나온다.

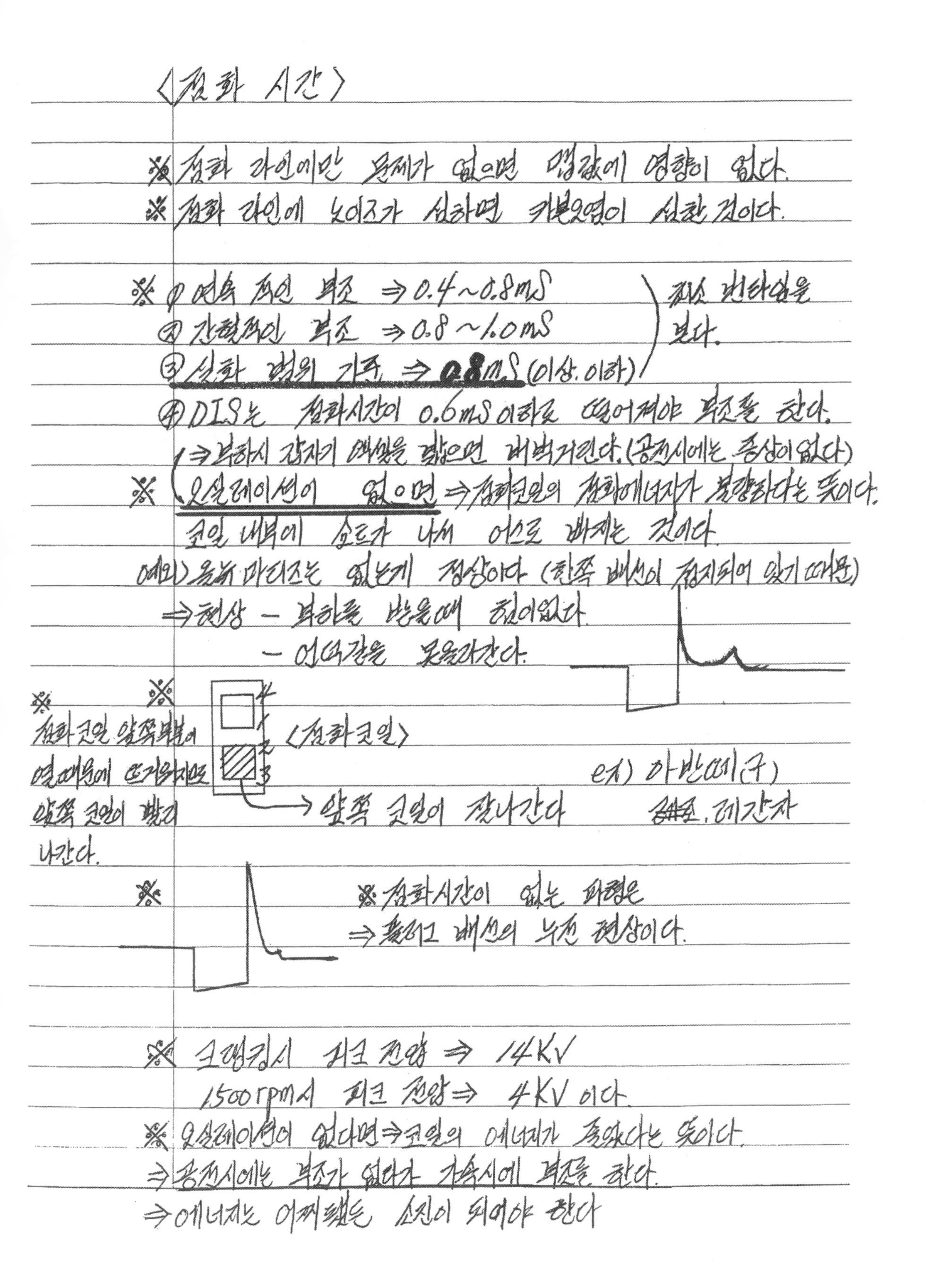

〈점화 시간〉

※ 점화 라인에만 문제가 없으면 엔진에 영향이 없다.

※ 점화 라인에 노이즈가 심하면 카본오염이 심한 것이다.

※ ① 연속적인 부조 ⇒ 0.4~0.8mS
② 간헐적인 부조 ⇒ 0.8~1.0mS
③ 실화 점의 기준 ⇒ 0.8mS (이상. 이하)
(①~③: 최소 번타임을 본다.)

④ DIS는 점화시간이 0.6mS 이하로 떨어져야 부조를 한다.
⇒ 부하시 갑자기 액셀을 밟으면 떠버거린다. (공전시에는 증상이 없다)

※ 오실레이션이 없으면 ⇒ 점화코일의 점화에너지가 불량하다는 뜻이다.
코일 내부에 쇼트가 나서 어스로 빠지는 것이다.

예외) 옵티마 디젤은 없는게 정상이다 (한쪽 배선이 접지되어 있기 때문)
⇒ 현상 - 부하를 받을때 힘이없다.
- 언덕길을 못올라간다.

※ 점화코일 앞쪽부분의 열때문에 ...기 때문에 앞쪽 코일이 빨리 나간다.

※ 〈점화코일〉 → 앞쪽 코일이 잘나간다

예) 아반떼(구), 레간자

※ 점화시간이 없는 파형은
⇒ 플러그 배선의 누전 현상이다.

※ 크랭킹시 피크 전압 ⇒ 14KV
1500rpm시 피크 전압 ⇒ 4KV 이다.

※ 오실레이션이 없다면 ⇒ 코일의 에너지가 좋았다는 뜻이다.
⇒ 공전시에는 부조가 없다가 가속시에 부조를 한다.
⇒ 에너지는 어찌됐든 소진이 되어야 한다

※《점화 파형으로 볼 수 있다》

① 점화 불량 (병렬로 놓고 본다. 모든 부하를 주고 본다)

직렬로 놓고 본다 ⇒ ② 인젝터 불량 (4000rpm까지 서서히 가속해서 점화전압을 본다)

③ 헤드 가스켓 불량 (피크 전압이 좋고 점화 시간도 약간 줄면)

④ 밸브 불량 (AC, peak로 놓고 본다) ⇒ 밸브파형을 볼 때

⑤ 타이밍 불량 (전체적으로 점화시간이 짧아진다)

※ 타이밍이 불량하면 (1~2코가 넘었다)

⇒ 전체적으로 점화시간이 짧아진다. (정상 범위 안에서)

⇒ 인젝터 분사시간이 늘어난다

《단선 여부 테스트》

점화코일 — S — ECU — 12V 전원 — (8W 전구 사용) → 코일 쪽 커넥터 빼고

점화 1차 측정

접지 — (8W 전구를 사용) → ECU 쪽 커넥터 빼고 측정

※ 점화가 불량하면

⇒ 일단은 부조한다.

⇒ 심하면 점화시간 자체가 없어진다.

① 피크 전압이 높고
② 점화 시간이 짧아지면
⇒ 플러그, 배선 ⇒ 노후현상 ⇒ 엔진 부조는 안 한다

⇒ 전형적인 점화불량이다

※ 직렬 점화파형 ⇒ 피크 전압을 상대 비교 하기 위함이다.

⇒ 1차 파형에서 중요하다 — 똑같이 나와야 한다.

⇒ 2차 파형에서는 의미가 없다

(피크 전압이 들쑥 날쑥해도 크게 영향이 없다)

※ 공전시 부조를 한다.
이때 점화파형을 보니 피크전압이 많이 올라가 있었는데,
2000rpm 이상으로 가속을 하니 → (부조를 안하면서)
① 피크 전압이 줄면서
② 점화 시간이 줄어들면 (약간)
⇒ **흡기 가스켓 불량이다** — 고수만 본다

약간 짧아짐 (점화시간)

※ 피크 전압이 22~24KV면 정상이다 ex) 34KV면 높다
※ 엔진이 부조하는데
피크 전압이 낮아지면 → (압축압력이 낮아진거다)
① 압축 압력을 의심하고 압축 압력이 정상이면
② 무조건 점화 불량이다.
③ 점화 시간은 길어진다.

크랭킹시 14K
1500rpm시 4K) 압축압력 낮다.

※ 엔진이 부조하는데
어느 한기통에서 점화라인에 노이즈만 많이 끼면
가속시 끝전압도 안올라가고,
⇒ 헤드 밸브 불량일 가능성이 크다 (해당 실린더)
⇒ 부동액이 연소될 가능성이 많다.

※ 트리거가 깨지면 → 점화가 불량한 것이다.
〈조건〉 ※ 점화 파형에서 특정 실린더의 끝전압이 올라간다면 ⇒ 인젝터 불량
4000rpm으로 서서히 가속 (직렬파형으로)
⇒ 해당 실린더가 희박하다는 뜻이다.
⇒ 점화 시간은 큰 변화가 없다.
⇒ 해당 인젝터가 분사를 하지 못한다는 뜻이다.

max-p

※ 소염작용을 줄이는 방법
— ① 플러그 간극을 넓힌다.
② 중심 전극을 가늘게 한다
③ 내구성이 좋아야 한다

※ 소염 작용
⇒ 화염 핵의 에너지는 전극에 흡수되어
화염을 끄는 작용을 하는데 이러한 작용을
소염 작용이라 한다.

※ 그래서 점화플러그 간극은 좁은것보다 큰것이 낫다.

※ 점화 플러그는 카본으로 인한 오손이 90%다.
※ 카본으로 인한 오손은
① 점화 2차 에너지를 누전시킨다
② 점화 라인에 노이즈가 심하다.

※ 2차선이 열화하면 가파르게 상승

※ 오실레이션이 생기는건
자력선이 많아진 것이고,
오실레이션이 없어지면 자력선이 없어졌다는 것이다.

※ 코일에 흐르는 전류가 높다고 해서
점화를 정상으로 판단하는건 위험하다 (오판일 수 있다)

※ 화염 전파 속도 ⇒ 20m/s

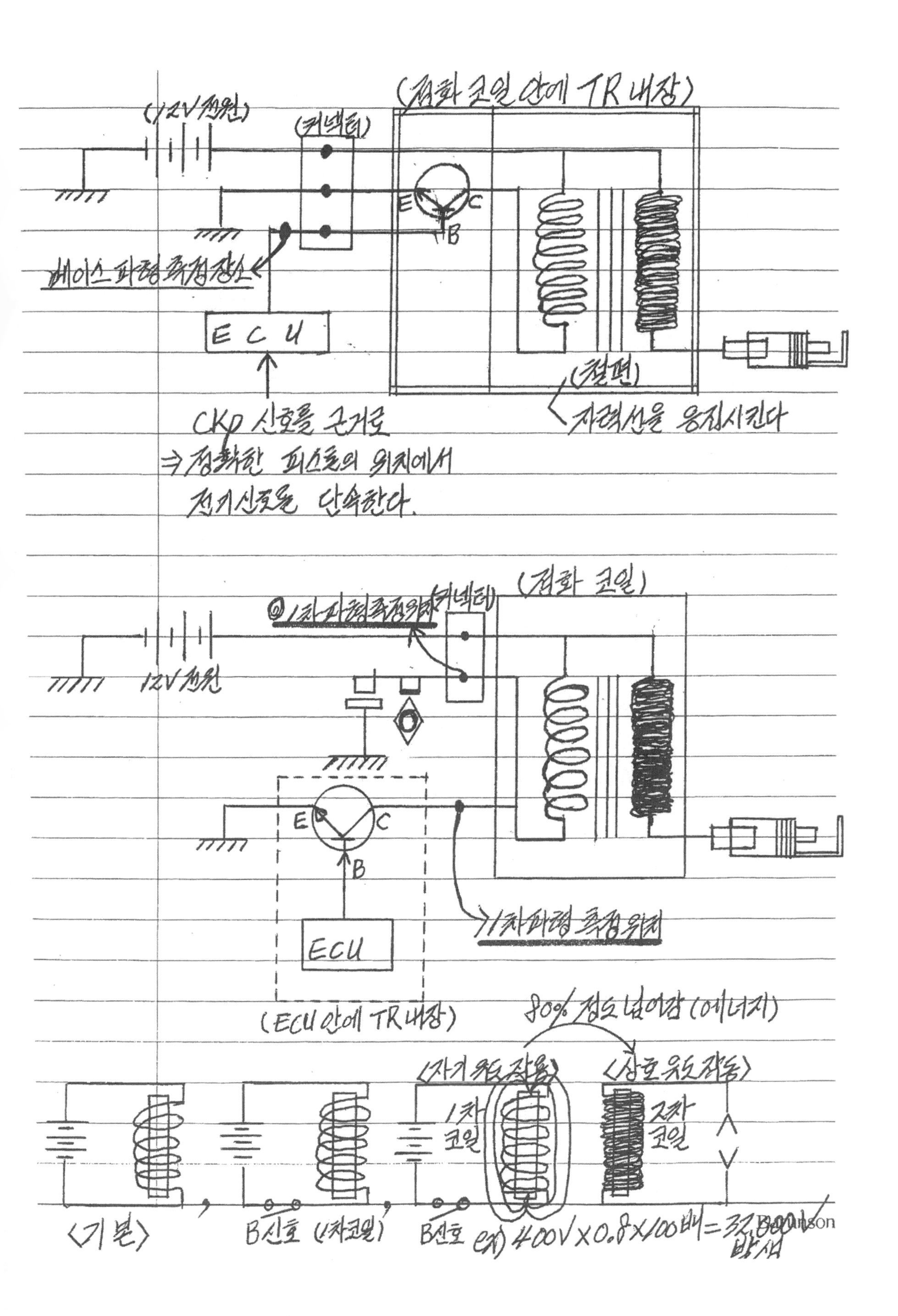

(점화 코일 안에 TR 내장)
(12V 전원)
(커넥터)
E
C
B
베이스 파형 측정 장소
ECU
(철편)
자력선을 응집시킨다
CKP 신호를 근거로
⇒ 정확한 피스톤의 위치에서
전기신호를 단속한다.
(점화 코일)
ⓐ 1차 파형 측정 위치
(커넥터)
12V 전원
E
C
B
ECU
1차 파형 측정 위치
(ECU 안에 TR 내장)
80% 정도 넘어감 (에너지)
<자기 유도 작용>
<상호 유도 작용>
1차 코일
2차 코일
<기본>
B신호 (1차코일)
B신호
ex) 400V×0.8×100배=32,000V 발생

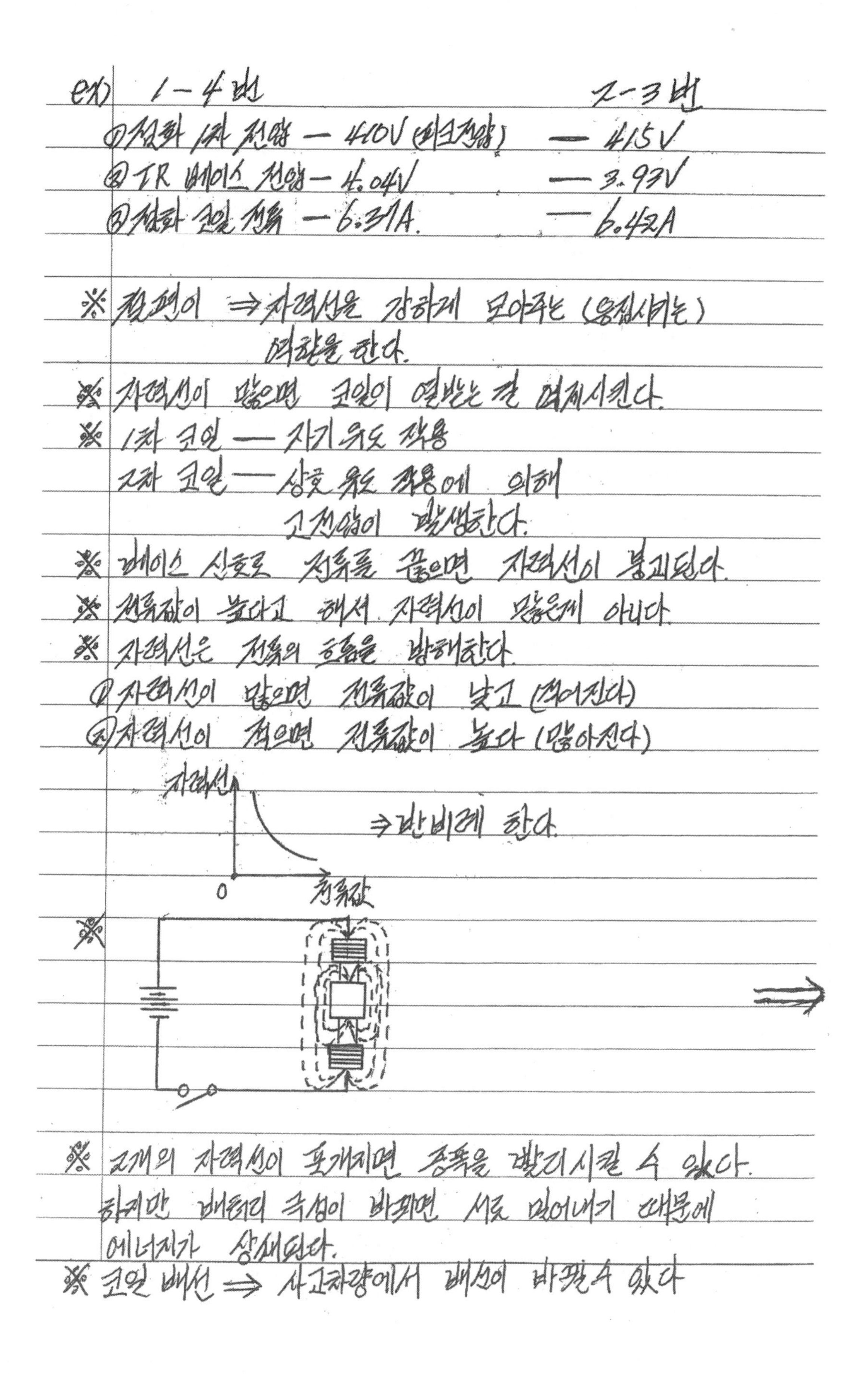

ex) 1-4번 　　　　　　　　　　　　　　2-3번

① 점화 1차 전압 — 410V (피크전압) 　— 415V

② TR 베이스 전압 — 4.04V 　　　　　— 3.93V

③ 점화 코일 전류 — 6.31A. 　　　　　— 6.42A

※ 철편이 ⇒ 자력선을 강하게 모아주는 (응집시키는) 역할을 한다.

※ 자력선이 많으면 코일이 열받는 걸 억제시킨다.

※ 1차 코일 — 자기 유도 작용

2차 코일 — 상호 유도 작용에 의해 고전압이 발생한다.

※ 베이스 신호로 전류를 끊으면 자력선이 붕괴된다.

※ 전류값이 높다고 해서 자력선이 많은게 아니다.

※ 자력선은 전류의 흐름을 방해한다.

① 자력선이 많으면 전류값이 낮고 (적어진다)

② 자력선이 적으면 전류값이 높다 (많아진다)

자력선

⇒ 반비례 한다.

0

전류값

※

⇒

※ 2개의 자력선이 포개지면 증폭을 배가시킬 수 있다. 하지만 배터리 극성이 바뀌면 서로 밀어내기 때문에 에너지가 상쇄된다.

※ 코일 배선 ⇒ 사고차량에서 배선이 바뀔수 있다

A. 배전기 — 병렬이다.
B. DLI — 병렬이다.
① 정극성 ⇒ 전자가 중심전극에서 → 접지전극으로 된다
② 역극성 ⇒ 전자가 접지전극 → 중심전극.

※ 서지 전압이 높으면 — 역극성.
서지 전압이 낮으면 — 정극성이다.

C. DIS는 직렬에서 봐야된다.
⇒ 각기 직렬이나 종합적으로 보면 병렬이다.

※ 헤드는 30.000V 에서 도선이 된다.

※ 엔진 부조가 ① 점화에 있느냐?
② 밸브에 있느냐?

A. ① 트리거 파형 or CMP.
② 점화 1차 — 1CYL
③ 파워 TR 베이스 — 1CYL
④ 점화 코일 전류 — 1CYL

B. ① 트리거 파형
② 점화 1차 — 2CYL
③ 파워 TR 베이스 — 2CYL
④ 점화 코일 전류 — 2CYL.

⟹ ※ 전원 (배터리의 극성)이 바뀌면 에너지가 상쇄된다.
— ① 자력선 넓이가 반으로 준다.
② 전류값은 많이 흐르고 (↑상승하고)
점화 시간이 준다 (↓준다)
③ 플러그 수명이 주는것 외에는 특별한 증상이 없다.
④ 차에는 아무문제가 없다.
⑤ 파형이 바뀐다.

※ 베이스―정상 전류값 상승
⇒ 회로의 +, -가 바뀐 것이다

※ 베이스가 길어지고 전류값이 상승하면
⇒ ECU 불량

※ 메인 배선은 100% 수작업을 한다.

ex) 에쿠스 GDI ― 플러그, 배선, 교환 후.
① 20분이 지나고 코일이 탔다.
② 15분이 지나고 코일이 탔다.
③ 10분이 지나고 코일이 탔다.

원인 ⇒ 베이스 파형을 찍으면 드웰시간이 2배로 길어진다.
⇒ ECU 불량으로 코일이 탔다.

※ <코일이 타는 것 (열나는 것)>
⇒ 베이스 전류를 늘리면 코일이 탄다.

DIS type에서 특정 실린더의 코일이 탄다면
―① 접지 문제
② 그 해당 실린더의 흐르는 전류의 시간이 길다.
⇒ 드웰시간이 길어진다 (길다)
⇒ 코일에 흐르는 전류가 많아진다
⇒ 해당 실린더가 부조한다.
⇒ 베이스 전류가 망가지는 경우

※ $J = \underset{계수}{0.24} \times \underset{전류\ 저항\ 시간}{I^2RT}$

열이 발생하는 것은 즉 J열은 전류값 자승에 비례한다.

ex) ① $2 = 1^2 \times 2 \times 1$
② $2 = 1^2 \times 1 \times 2$
③ $4 = 2^2 \times 1 \times 1$

※《점화 전류 파형》

※ 최 세대 점화 전류 파형은

① 전압 제어형 코일 ( )

② 전류 제어형 코일 ( ) ⇒ 내구성이 좋다.

두가지 뿐이다.

※ 전류 프루브는 전류 흐름 방향으로 연결한다.

※《점화 1차 전류 측정》

⇒ 점화 코일 본선에서 측정한다.
⊕선 or ⊖선 둘중 하나에 연결한다.
다만 전류의 흐름방향을 맞춰 측정.

dt dt

A. (정상) B. (코일 불량 일수 있다).

※ 점화 1차 전류 ⇒ 5~6A

※ 파워 TR 베이스 신호 전압 ⇒ 3.2~3.6V (베이스의 최대전압)

※ ECU에서는 베이스 전압이 12V가 나온다 (현대 12V로 공급, 대우차량은 5V로 공급되는 경우도 있다.)

※ ECU는 점화제어를 B신호로 한다.
얼마큼 신호를 주다가 끊느냐가 드웰구간이다.
⇒CKp를 보고 끊는다
(피스톤의 위치 파악을 할수 있다 -CKp)

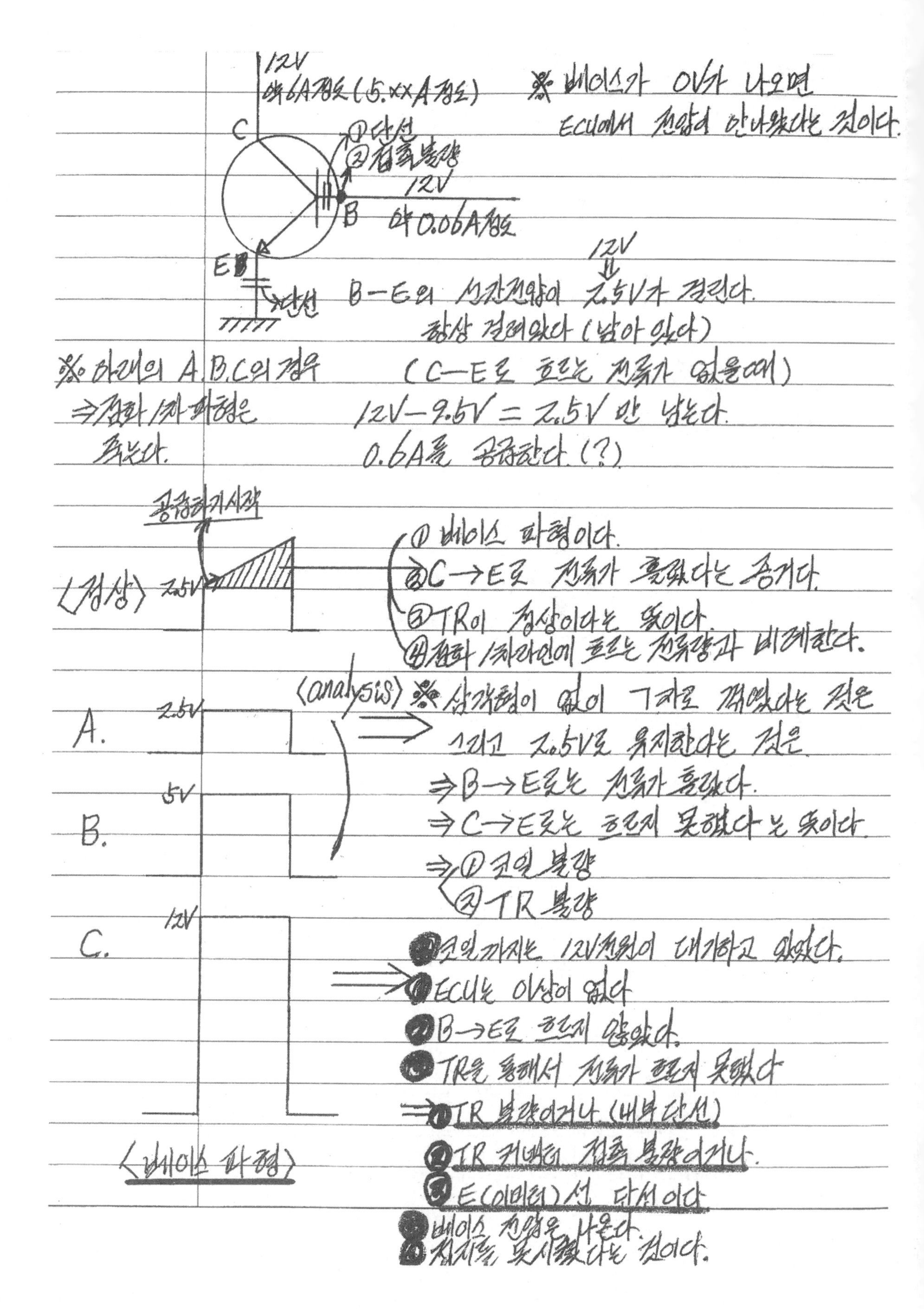
12V
약 6A 정도 (5.XX A 정도)
※ 베이스가 0V가 나오면
ECU에서 전압이 안나왔다는 것이다.
C
① 단선
② 접촉불량
12V
B
약 0.06A 정도
E
단선
12V
B—E의 선간전압이 2.5V가 걸린다.
항상 걸려있다 (남아있다)
※ 아래의 A.B.C의 경우
⇒ 점화 1차 파형은
죽는다.
(C—E로 흐르는 전류가 없을 때)
12V—9.5V = 2.5V 만 남는다.
0.6A를 공급한다. (?)
공급하기 시작
〈정상〉 2.5V
① 베이스 파형이다.
② C→E로 전류가 흘렀다는 증거다.
③ TR이 정상이라는 뜻이다.
④ 점화 1차라인에 흐르는 전류량과 비례한다.
〈analysis〉 ※ 삼각형이 없이 ㄱ자로 꺾였다는 것은
그리고 2.5V로 유지한다는 것은
⇒ B→E로는 전류가 흘렀다.
⇒ C→E로는 흐르지 못했다는 뜻이다.
⇒ ① 코일 불량
② TR 불량
A. 2.5V
B. 5V
C. 12V
① 코일까지는 12V전원이 대기하고 있었다.
② ECU는 이상이 없다
③ B→E로 흐르지 않았다.
④ TR을 통해서 전류가 흐르지 못했다
① TR 불량이거나 (내부 단선)
② TR 커넥터 접촉 불량이거나.
③ E(이미터)선 단선이다.
④ 베이스 전압은 나왔다.
⑤ 접지를 못시켰다는 것이다.
〈베이스 파형〉

A형. 5.5A 2.5A B형. 6.5A 2.5A

※ 베이스 파형은 2종류다.

※ 점화 1차 파형을 대변하는 건 베이스 파형이다.

※ 점화 1차 파형의 드웰구간의 상승 모양은

① 전류의 모양을 대변한다. (전류 파형과 동일하다)

② 베이스의 모양을 대변한다. (베이스 파형과 동일하다)

(점화 1차 파형과 동일하다)

※ ECU는 일정 전류이상이 흐르면 제한한다 (깎인다).

※ 파형이 ① 12V로 끝나냐

② 2.5V로 끝나냐

③ 삼각형 뿔이 생기느냐 를 보고 분석한다.

※ 위의 B형은 6.5A를 채웠으면 전류를 제한한다.
(왜냐면 TR이 열받으니까)
그다음 부터는 유지 시킨다. ⇒ 6.5A가 모두 찼다는 것이다)
⇒ 내구성이 좋다.
⇒ A형은 6.5A를 못채울 수도 있다.

※ 정상인 베이스 파형을 알아야 점화가 정상인지 비정상인지를 판단할 수가 있다.

※ 베이스 전압이 높게 뜬다고
점화가 불량이라고 하는건 잘못된 것이다.

선간전압을 모두 낮춰 놓으니 오히려
베이스 전압은 높아진다.

— ① 코일로 들어가는 본선 ⇒ 릴레이를 거쳐
② 어스선 ⇒ 파워 TR로 가는 접지선을 새로 매줌
③ TR에서 — 어스로 빠지는 배선을 다시 매줌.

그랬더니 ⟶ 5.5A 에서 6.5A로 증가하면서
선간전압(베이스 전압이 오히려 높아 졌다.

베이스 전압
3.6V
2.5V

⇒ 베이스 전압이 높으면 TR 불량이 아니다.

※ 경사각이 높아질 수록 흐르는 전류량이 많아진다는 것이다.

〈예시〉 ex) 시동 불능 ⟶ 점화 1차를 찍은
차량 점화 2차를 찍는다.
⇒ 코일 입구에서 찍었는데 (점화 1차)
점화 1차 파형이 안나오고 12V를 긋는다.
⇒ 베이스를 찍는 순간 시동이 걸리면

12V

— ① 커넥터 접촉 불량이다.
탐침을 꽂는 순간 수술이 된것이다.
(접촉이 정상으로 돌아온 것이다.)

※ 뉴그랜저에서 많았다.
엔진이 벅벅벅벅 걸다가 커넥터를 흔들면 정상으로 돌아온다.

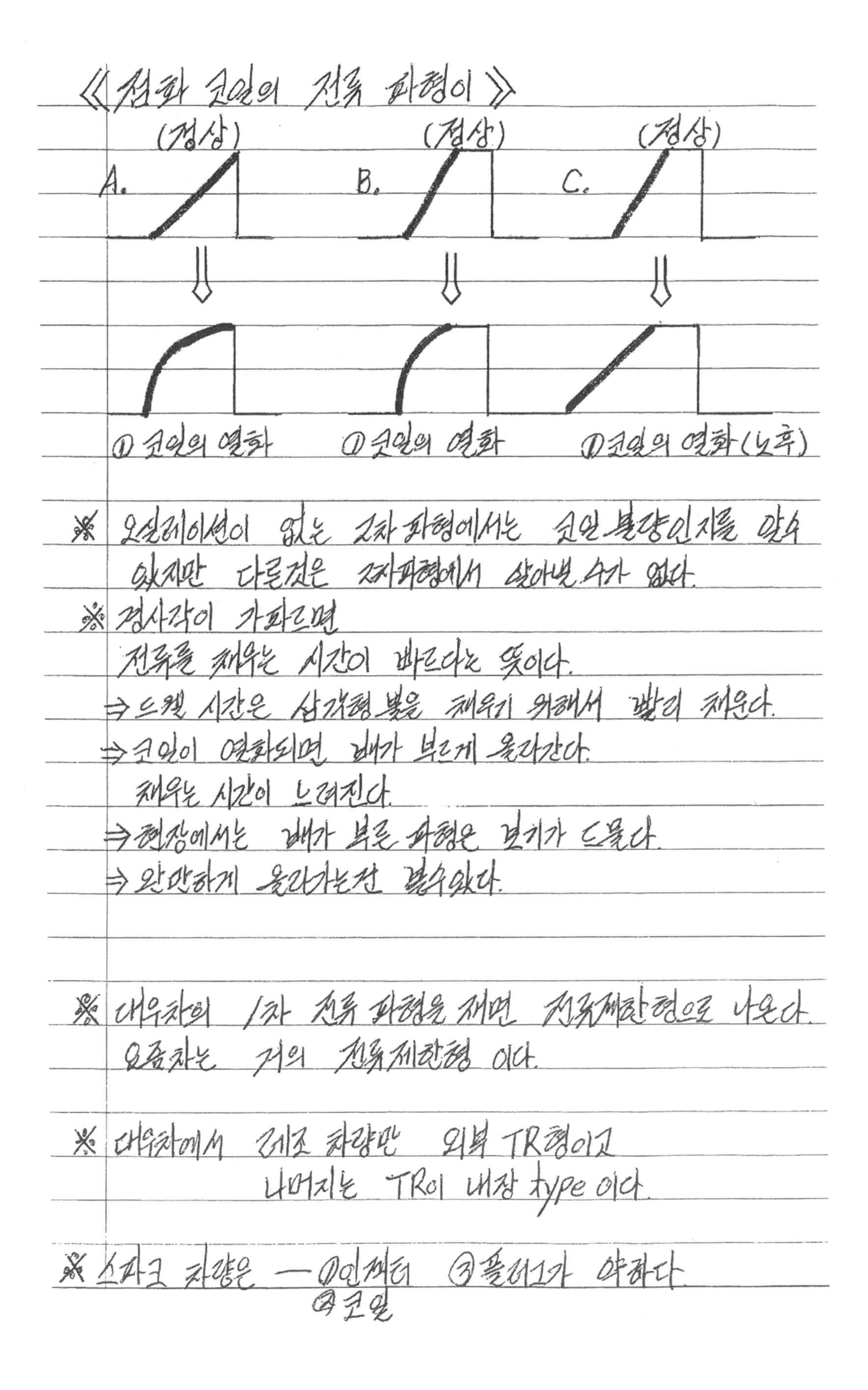
《점화 코일의 전류 파형이》
(정상)
A.
(정상)
B.
(정상)
C.
① 코일의 열화
① 코일의 열화
① 코일의 열화(노후)
※ 오실레이션이 없는 2차 파형에서는 코일 불량인지를 알수 있지만 다른것은 2차파형에서 찾아낼 수가 없다.
※ 경사각이 가파르면
전류를 채우는 시간이 빠르다는 뜻이다.
⇒ 드웰 시간은 삼각형 부분을 채우기 위해서 빨리 채운다.
⇒ 코일이 열화되면 배가 부르게 올라간다.
채우는 시간이 느려진다.
⇒ 현장에서는 배가 부른 파형은 보기가 드물다.
⇒ 완만하게 올라가는건 볼수있다.
※ 대우차의 1차 전류 파형을 재면 전류제한형으로 나온다.
요즘차는 거의 전류제한형 이다.
※ 대우차에서 2개조 차량만 외부 TR형이고
나머지는 TR이 내장 type이다.
※ 스파크 차량은 — ①인젝터 ③플러그가 약하다.
②코일

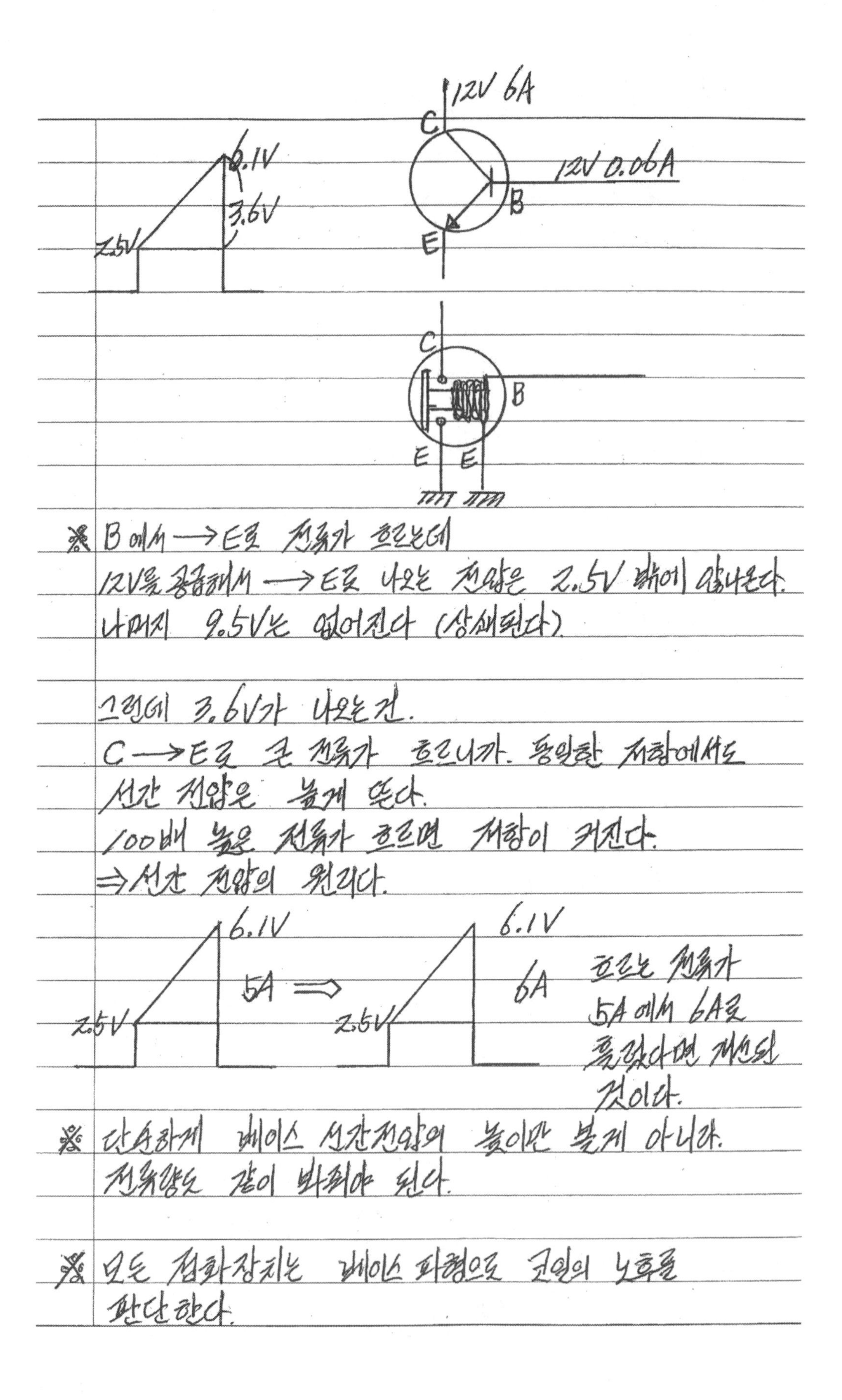

※ B에서 → E로 전류가 흐르는데
12V를 공급해서 → E로 나오는 전압은 2.5V 밖에 안나온다.
나머지 9.5V는 없어진다 (상쇄된다).

그런데 3.6V가 나오는 건.
C → E로 큰 전류가 흐르니까. 동일한 저항에서도
선간 전압은 높게 뜬다.
100배 높은 전류가 흐르면 저항이 커진다.
⇒ 선간 전압의 원리다.

흐르는 전류가
5A 에서 6A로
늘었다면 개선된
것이다.

※ 단순하게 베이스 선간전압의 높이만 볼게 아니라.
전류량도 같이 봐줘야 된다.

※ 모든 점화장치는 베이스 파형으로 코일의 노후를 판단한다.

베이스 파형은.
TR이 외장 되어 있으면 찍을 수 있지만
TR이 내장 되어 있으면 볼 수가 없다.
⇒이럴땐 점화 1차 파형의 드웰구간을 확대해서 보면 된다.
(베이스 파형을 찍을 수가 없기 때문이다.)

6.5A ⟹ 9.5A ⟹

~~①EGR 포트~~
~~②흡입 실린더가 부조하면~~

극성이 바뀌었다.
→ 점화 에너지가 적다.
→ 플러그가 새까매진다.
→ 그개가 새까맣다.

같은 위치에 극성이 같다.
⊕
⊕ > 극성이 바뀌면 코일이 탄다.

예) 베라타스 SI엔진 → 3번 코일이 탄다.
(호주차)

원인 ⇒ ECM 불량 ⇒ 리프로그램을 다시해야 한다.
ECM, 코일, 플러그 모두 교환을 해도 1년후면 다시 탄다.

※ 점화 코일의 전류파형에서 오실레이션이 생기면 무조건 코일을 교환해야 한다.

⇒오실레이션을 분해능 할수 있으면 점화코일을 정확하게 알 수 있다.

※ 메이커에서는 하드웨어를 바꾸지 않는다.
리프로그램으로 대체 한다.

고장 코드 — 실화를 감지하면
리프로그램이 고장코드를 안 띄운다.
고장 코드가 뜨면 고장반복 횟수를 5회 → 10회로 늘린다.
※ 실화 경고등이 뜨면 — 계속 보조를 한다.

※ 접지를 해 놓고
점화 코일의 ⊕ 선간전압이 더 높아진다.
흐르는 전류가 많아지면
접점 저항이 더 커지기 때문에
코일의 ⊕ 선간전압이 높아진다.

※ 발전기 콘덴서
점화 코일 노이즈 콘덴서
실드 접지 — 노이즈 방지용
※ 고주파용 노이즈 콘덴서 ⇒ 220µ를 최소 사용.

※ 점화 코일에서 누전되는 저항 계수와
플러그에서 방전되는(불꽃) 저항 계수가 같으면.
점화 파형이 정상으로 나올 수 있다.

※ 모든 베이스 신호는
CKP. CMP 신호가 나오는 조건이다.

※ ex) 에쿠스 3.5 V6.
엔진 부조.
CKP. CMP 타이밍 동기 정상.
맵값 — 285mmHg.
점화 파형 — 한 실린더가 점화시간이 길다.
압축 압력 편차. 확인

원인⇒ 헤드 불량 — 헤드가스켓이 터졌다.
⇒ 헤드 교환후 물을 뺀적이 있는지 물어본다.

※ 신형차. 점화 노이즈가 거의 없다
점화 2차 파형을 볼 수가 없다.
하여
스톨 공연비 검사를 해서 산소센서 파형을 보면.
풀스톨 구간에서 희박을 그리면 — ① 인젝터 불량
② 공기 계통 불량은
인젝터 분사시간으로 알수 있다.

※ 점화 문제라면 산소센서가 피드백을 한다.

※ 서비스 데이터를 숫자로 보면 바보다.
⇒ 그림으로 본다.
① 에너지 용량이 중요
② 화염핵의 크기가 중요(점화간극)
③ 에너지의 집중이 중요(중심전극)
(백금: 0.7mm)

정상
BTDC
ATDC
실제
압축압력

《직렬, 병렬, 3D, 개별 점화 파형》

① 직렬 (720°) 점화 파형
- 피크 전압을 상대 비교 하기 위함
- 1차 파형에서 중요 - 드웰각이 나와야 한다.
- 2차 파형에서는 흡착 부착 해도 크게 영향이 없다.

② 병렬 (parallel) 점화 파형.
- 배전기. DLI type 점화파형을 볼때

③ 3차원 (3D) 점화 파형
- 겹쳐 보기 위함

④ 개별 (singile) 점화 파형
- 노이즈 부분을 보기 위함.

※ 콘덴서 — ① 순간 전기 저장 역할 ⇒ (급속 충전)
(서지 전압 저장)
② 순간 필요 전기를 주기 위함⇒(급속 방전)

※ ECU 안에 콘덴서 때문에 인젝터 볼트가
70~80V로 상승할 수 있다. ⇒ CRDI 인젝터.

※ 병렬 파형 ⇒ 실린더 별로 연소선을 비교하기 위함
⇒ 연소 시간이 줄어드는지 본다.
(가장 연소시간이 짧은 것을 기록한다)

※ 직렬 파형 ⇒ 4000rpm으로 서서히 가속할때
종지 전압이 피크전압을 넘으면 ⇒ 연료계통불량
⇒ 해당 실린더가 희박하다는 뜻이다.

※ 점화 1차 파형 ⇒ 직렬 파형으로 본다.

— 피크 전압이 중요하다. (500V~280V)

(피크 전압만 본다).

max-p

ex) 피크 전압이 낮으면, 점화 에너지가 낮다는 것이고, 힘이 없다.

⇒ 코일 저항이 증가 했다는 것이다.

※ 피크 전압 : 자기장이 만드는 역기전력이다.

※ 점화 2차 파형

— 병렬에서만 본다 ⇒ ① 점화시간이 똑같아야 한다.

② 오실레이션이 나타나야 한다.

없으면 — 코일 불량

※ 점지. 점화. TPS 불량 문제를 한개번에 볼 수 있다.

① 트리거

② 점화

③ TPS ⇒ 최대한 확대해서 본다 (가속시)

④ 산소센서

analysis, ⇒ ① 가속할때만 푸드득 하면

② 켤 때 TPS 값이 상승하면 — 점지 불량

※ 점화시간 구간에 노이즈가 끼면 (30%까지 나오면)

200μS ⇒ 플러그 문제다 ⇒ 이리듐을 사용한다

30%

100%

※ (15%는 정상)

뒷부분이 중요.

※ 코일의 성능은 점화의 성능이다.

1차에서는 나오는데 2차에서는 안나온다

⇒ 오실레이션이 없다 ⇒ 점화 코일 불량이다

※ DIS 차량은.

차체 접지 성능이 떨어지면 ⇒ 출력이 떨어진다.

⇒ ECU 동력 접지가 차체에 매져 있기 때문이다.

⇒ 시내 운전만 하는 차량은 플러그가 검댕이가 낀다.

⇒ 연료가 농후 하다는 뜻이다.

※ 접지에 문제가 생기면

시그널 전압 레벨이 높아지는 문제가 있다.

⇒ ① APS

② TPS

③ 수온 센서 등등

각종 센서류의 시그널 전압이 높아짐으로 인해.

실제 작동 값의 보다 늦게 작동을 한다

⇒ 엔진의 온도가 올라가고.

⇒ 가속시에 응답성이 떨어지고.

⇒ 오토밋션이 울컥거린다.

※ 공연비 극대화를 높이고 싶으면

플러그와 배선은 교환하지 않는다.

※ 점화 파형의 피크전압이 높으면.
⇒ ① 플러그 간극이 멀어졌거나 - 고정적으로 높다.
② 배선 저항이 커졌다 - 높아졌다 낮아졌다를 반복

※ 점화 파형의 오실레이션이 없으면
⇒ 코일의 에너지 불량.

⇒ 올뉴 마티즈는 한쪽 배선이 접지되어 있기 때문에
원래 오실레이션이 없다.

※ 점화 파형을 볼때
- 모든 격화를 주고 본다 (멀선 격화제외).
- 병렬로 놓고 본다.
- 가장 짧았을때의 시간을 본다 (최소 번타임) (minimum Burntime)
- 보쉬 ⇒ 1~1.2 mS
NGK ⇒ 1.3~1.5 mS
챔피온 ⇒ 1.5 mS
⟩ 정상일때
→ 이하면 불량.
- 실화 범위의 기준 ⇒ 0.8 mS
- DIS type은 ⇒ 0.6 mS 이하일때 격조를 한다.
- 연속적인 부조 ⇒ 0.4~0.8 mS
- 간헐적인 부조 ⇒ 0.8~1.0 mS.
- 피크 전압은 22~24 kV가 정상이다.
⇒ 이상이면 점화 불량이다.
- 직렬로 놓고 보는건 끝전압이 피크전압 보다 올라가는지를
보는 것이다 (3000~4000 rpm으로 서서히 가속할때).
⇒ 끝전압이 올라가면 → 연료계통 불량이다.
• 해당 실린더가 희박하다는 뜻이다
• 인젝터 불량이다.
⇒ 점검의 기준을 분류하는 테스트다. (계통별 분류)

※ 가속 할때 (끝 천장이 올라가고)
따바바박 거리면 → 신체러 불량
우~우~웅↗ 하고 소리가 나면 ⇒ 연료 펌프 불량이다.

ㅡ 점화 시간이 왔다갔다 하면 ⇒ 점화 불량이다.

※ 끝천장은 사지천장의 1/3 위치다.

※ 자동차 제조회사에서 중점을 두는건 정화쪽이다.
연료쪽에 비하면 3배를 더 투자한다.

04
출력 부족

※ <출력 저하, 부족>

※ 평소에 출력 부족 및 부조 차량이 입고되면

— ① 진단 필수 항목 검사.

② 급가속 2초 (900~2300rpm) > 응답성 확인.
급스롤 3초

③ 흡입 효율 계산 (4000rpm 영역, 급가속시)
60~70% ⇒ 정상.
⇒ 터보검사.

④ rpm 영역대별 진동 <공기 / 연료> 구분 ⇒ 인젝터 검사.

⑤ 수리후 반드시 응답성 검사를 다시 한다 ⇒ ATUS 검사.

<출력 부족>

※ 타이밍 문제 — ① 가속은 잘되고,
② 맵값은 올라가고,
③ 엔진 부조는 않하고,
④ 급가속 3회 했을때
산소센서 파형이 농후로 가고 파임이 심하지 않으면

※ 산소 센서 파형이 파임이 있다는 것은 실화를 한다는 것이다.

사례) 포터2. 2008년식 120,000km 주행.

1) 증상 : ① 출력 부족.

② 2880 rpm으로 출력 제한 (림폼걸림).

③ 시동은 잘걸림.

④ 고장코드 ⇒ "연료 압력 낮음".

2) 테스트 : ① 연료 휠터 에서 연료흡입 압력 테스트.

⇒ A. -0.8 cmHg.

B. 연료 호스에 잔기포가 많이 일어난다.

② 풀 스톨시 max-min의 차이가.

110bar 차이가 남. ⇒ 선간 전압의 원리

3) 원인 : 연료 휠터 막힘.

※ 싼타페 (WGT) — 출력 부족.

1. 응답시간

2. 흡입 공기량

3. EGR 작동 유무.

4. 흡입 효율 계산.

5. 인젝터 ⇒ 연료 문제.

※ 출력 부족 — AFS 값이 낮아짐. (흡입 효율이 낮다)
매연 안나온다.
원인 ⇒ AFS 와 터보 사이의 공기누설.

※ 출력 부족 — AFS 값이 높아짐 (흡입 효율이 높다)
검은 매연 배출

원인 ⇒ 터보와 ACV사이에 공기누설
(터보이후의 공기누설)

※ 출력 부족 — 검은 매연
쓰로틀 플랩 확인 ⇒ ① 크랭킹 하면서 / ② 가속 하면서 > 닫히는지 여부 확인.
⇒ 특히 포터2, 쏘렌토에서 빈번함
⇒ 승용디젤도 잘망가진다.

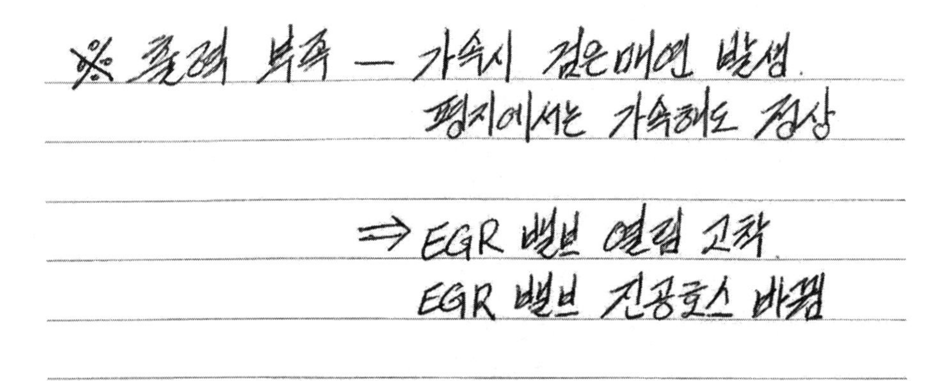

※ 출력 부족 – 가속시 검은매연 발생.
평지에서는 가속해도 정상

⇒ EGR 밸브 열림 고착.
EGR 밸브 진공호스 바뀜

<rpm 제한> limp-home.mode

⇒일정상황에서 시동유지가 힘들어질때. 일정속도이상으로
운행이 안되게 제한을 건다.

※ 부스트 압력 과다 고장코드.
⇒ 3000 rpm으로 출력 제한.

※ APS 불량 ⇒1250 rpm으로 출력 제한.

※ 레일 압력 센서 (KJ엔진, 델파이) 고장.
Fail Safe 기능 D엔진 - 450bar 고정
A 엔진 - 0bar 고정
⇒시동 꺼짐.(운행중)
⇒커넥터 탈거시 2000bar 고정, 시동 가능.

※ APS 불량 → 1200 rpm으로 출력제한.

※ 연료 온도 센서 불량 → 2100 rpm으로 출력제한.

※ 출력 부족
브레이크 오일 Dot3와 Dot4의 열에 의한 팽창압력이 다르다.
⇒ 브레이크가 잡히는 현상이 → 출력부족으로 이어짐.

※ 냉간시에는 정상이지만 열받으면 출력부족인 차량.
⇒ 냉각수 온도를 먼저 본다.

※ 2시간 정도 운행후 가속력이 현저하게 떨어짐.
⇒ 공사 현장에 다니는 차량
⇒ 탱크 위에 흙이 꽉 차있다.
⇒ 탱크 위에 대기압 호스 막힘 때문.
⇒ 연료 탱크 안의 내압이 음압으로 바뀐다.

※ 출력 부족인 차량에서.
⇒ 고속 주행 에서는 ①문제가 없으면 ⇒ WTS 불량
②출력 부족 현상이 일어나면.
⇒ AFS or BPS 가 불량.

※ 출력 부족 차량에서 반드시 봐야 하는 데이터
⇒ 연료 온도 센서다.

※ 전세계의 흡기온 센서의 전압값은 똑같다.
온도 센서 평균 전압값 ⇒ 2.7V 정도 된다.
⇒ 2.5V ± 0.3V (정상).

※ 연료 온도가 높아지면 ⇒ 냉각계통 불량이다.

※ 노킹의 조건

A. 기계적인 측면
- ① 압축비의 상승 (헤드 교환 때문)
- ② 실린더의 내벽이 먹으면.
- ③ CKP. CMP의 동기가 진각적으로 틀어짐.
- ④ 점화시기의 빠름 (예화)
  조기 점화 시기가 맞느냐?

B. 연료 – 고급 휘발유를 넣으면 해결된다.
(옥탄가가 많이 높다 95.)

C. 냉각 계통 – 과열.

출력 부족 발생 차량 점검 순서

1. 스캐너로 고장코드 확인

2. 냉각 수온 확인 (103℃ 이상 출력제한)

3. 유온 센서 확인 (60℃ 이상 출력제한)
(오토밋션)

※ 연료 온도 센서 고장시 45℃ 페일 세이프 된다.
40~65℃로 유지 ⇒ 정상

05
엔진 부하

〈엔진 부하량〉 $\frac{AFS \cdot TPS}{rpm} \times 100$ = 부하량 계산법
(road) (변하지 않는 값은 1로 본다)

※ { 18~20% 미만이 정상이다 (공전시)
〈고유의 Engine 저항이다〉

※ ISC에 카본이 많이 끼면 부하량이 높아진다

※ 스톨을 걸면 4배가 증가한다 (엔진 부하량이)

※ 회전수가 낮아지면 부하량이 커진다
※〈item〉 오토미션이 불량이면, A/C 부하 > 미션부하 비율이 커진다.
소3 이후 차량부터 미션부하 때문 ⇒ 주행중 정차시 시동 꺼짐.

P → R → N → D → 2 → L
20초 30초 30초 20초 30초

① R > D
② 에어컨 부하 > D
③ 에어컨 부하 > R > D

ex) 에어컨 부하(38%) < D(45%) ⇒ 이면 미션불량이다.
〈엔진 부하 토크 검사〉 그랜드 카니발(구) 여기서 미션 부하 트러블 많이 생김.

※ 〈주행 rpm〉
에어컨 콤프를 작동시켰을 때 650rpm 이하로 드롭되면 cut 시킨다.

냉각수온 98℃ 미만이어야 콤프를 작동시킨다.

※ 교통사고 전체의 80%가 앞, 뒤방 사고다.
에어컨 상태 ⇒ 에어콘 릴레이 작동 상태 여부.

※ 엔진 시동이 꺼질때
부하를 주고 본다.

※ 엔진 부하.

⇒ 엔진 회전수와 TPS와 흡입공기량을 가지고
엔진 부하를 연산한다.

⇒ 공전시 19% ~ 24%가 정상
⇒ 고부하인 경우 값이 커진다.

※ <<파워오일, 밋션오일을 교환 하려면>>
— 엔진 부하 토크 검사를 한다. (그외에 합당한 이유, 근거가 없다)
⇒ 부하량 테스트 — 케미컬 작업 및 교환.

anl<analysis>

※ ① CRDI 엔진은 A/C 부하 보다 D 부하가 크다.
② 가솔린, LPG는 D 부하보다 에어컨 부하가 크다.
③ R 부하 보다는 D 부하가 적어야 된다.

※ 대우 차량 — 후진기어를 넣으면 시동이 꺼진다.
⇒ 토크 컨버터, 밸브 바디.

※ 상태가 좋을때 유지 관리 해주어야 한다

※ 레조 LPG ISC 듀티 값이
D 레인지에 놓았을 때 보다. A/C을 켰을때
ISC 값이 높아야 정상이다.
⇒ D > A/C ⇒ 이면 오토밋션 불량이다.

※ 허브 베어링의 노후는 구름 저항이 커지는 것이고
출력의 30%를 차지하는 매우 중요한 부분이다.

— ① 정숙성
② 출력 향상
③ 연비 향상.

※ 6단 미션 — 컨버터 문제 시동꺼짐 많이 발생.
엔진 부하 ⇒ 18~20% (정상).
ECU가 측정 해주는 것이다.
D레인지를 놓았을때 부하량을 본다.

※ 가솔린 부하 ⇒ A/C > R > D.
CRDI ⇒ A/C < D

※ 뉴 그랜저 2.5 출력 부족
3종 — 2.5 / 3.0 / 3.5 ⇒ 컨버터 용량이 다르다.

※ 풀스톨때 — 2500rpm ⇒ 정상.
⇒ 컨버터 용량을 3.0 ⇒ 2100rpm
3.5 ⇒ 1900rpm.

※ 압축 압력 / 연료 압력 / 점화 세기 ⇒ ECU가 못 본다.
⇒ 미션은 엔진을 가지고 빼나가는 정비를 해야 한다.

⇒ 기계적인 문제는 고속 영역에서 영향을 주지 않는다.

※ 믹서 부하 체크

P → R → N → D

전환 전환 전환.

06

Engine 부조 / 압축 압력

※ 기동간 공연비 불량

⇒ 전자 제어 포로되기.

《부조》(점화)(엔진 트러블).

: 폭발력이 각 기통별로 다르다는 것이다

: 폭발력의 차이에 의해서 생긴다.

※ 발전기가 약하면 엔진이 떤다.

※ 차가 부조하면 정상적인것부터 떼어 내면서 정리 한다.

※ 엔진의 잔진동은 거의 점화 불량이다. ⇒ 파워 페이스 불량

※ 카본 퇴적으로 흡입공기량이 줄면 엔진이 떤다.

※ 모든 기계적인 문제는

스톨을 걸어서 가속을 하게되면 부조증상이 줄어든다.

⇒ 중속이후에는 증상이 사라진다 ⇒ 기계적인 불량으로 본다.

※ 4기통 엔진에서 CVVT가 불량하면 한기통만 부조 할 수 없다.

※ 단기통 부조는 < 가솔린 — 점화시기로 보정을 한다 (10°이상 차이가 난다)

CRDI — 연료분사량으로 보정을 한다.

※ 점화 계통 보다는 연료계통 점화가 더 많이 부조한다.

※ 타이밍이 틀어졌을 때 보다 점화 플러그가 망가졌을때가 더 많이 부조한다.

※ 차량이 부조하면 할수록 점화시기 차이가 심해진다.

① 점화

② 진동(맥동)

③ 바이브레이션

④ 떨림

⑤ 부조.

※ <가속시 부조 차량 테스트>

⇒ 스코프 설정: ① 점화

② TPS

③ AFS

④ 인젝터

※ 단기통 부조는 해당실린더라는 문구가 반드시 들어가야 한다.

※ 단기통 부조에서는

점화시기 max-min의 편차가 10° 이상 차이가 난다.

⇒ 점화시기가 다르면 부조라는지를 알 수 있다.

※ 노후 차량은 점화시기를 빠르게 해준다.

※ 노크 센서의 진동폭이 한계치 이상이 되면.
점화시기를 당긴다 (지각을 시킨다)

※ 진동은 점화를 한후에 나타나야 되는데 이전에 나면
노크센서 체크등을 띄운다.

※ 모든 센서는 피드백 신호다. (ECU 입장에서)

※ ISC의 피드백은 공기유량이다.

※ 점화시기의 피드백은 — CKP. CMP. 베이스 출력 (베이스 제어)
엔진 회전수다.
노크 센서다.

※ 점화시기 제어는 한사이클 내에서는 같은시기에 제어를 한다.

※ 인젝터 분사시간의 피드백 신호는 산소센서다.

※ 초기 점화시기는 BTDC 5°C에 맞춘다.
⇒ 시동걸지 말고 Key on 한 상태에서 점화시기를 보면
초기 점화시기를 알수 있다.

※ 부하 유.무에 따라 엔진 부조 상태를 체크한다.

※ 《엔진이 부조 하면》 Engine 트러블이 생기면,
trouble : 골칫거리, 문제.

※ 먼저 자기 진단을 한다. – 고장코드 확인

※ 서비스 데이터 – 진단 필수 항목 검사.

① 파워 밸런스 검사. ⇒ ① 단기통 부조인지
② 다기통 부조인지 확인

※ 단기통 부조인데 파워 베이스를 보면 알 된다.
⇒ 얼마나 ⊖되고 있는지를 본다.

② 맵값 검사 ⇒ 기계적인 문제인지 확인
⇒ 점화, 연료, 밸브, 압축압력 등 총체적인 검사

※ ex) 400mmHg 이상 → 밸브 불량 or EGR 열림 고착.
⇒ 맵값을 보고 정상이면 넘어가는게 많다.

③ 스톨 공연비 검사 ⇒ 연료 계통인지
점화 계통인지
공기 계통인지 확인

※ 풀 스톨시.
인젝터 분사시간이 늘어나지 않고 희박하면 ⇒ 공기계통 문제
인젝터 분사시간이 늘어나고 산소센서가 희박하면 ⇒ 연료계통 문제다.
⇒ 응답성 검사
⇒ 흡입 효율 검사.
단) 연료분사량이 공전시의 4~5배를 분사 했을시.

④ 점화 1차, 2차 파형 ⇒ 점화 불량
⇒ 점화 코일 불량
⇒ 연료 계통 불량 확인 (직결)

〈조건〉 ① 차량의 모든 부하를 준다.
② 4000 rpm 까지 상승을 시킨다.
③ 이때 파형을 보고 → 오실레이션 구간이 없거나 매끄러우면
⇒ 점화 코일 불량
→ 종지전압이 피크전압보다 올라가면
⇒ 연료 계통 불량

→ 점화 시간이 0.8ms 이하면
※ 점화 범위 : 0.8ms　　⇒ 점화 불량.

⇒ 진공의 변화 파형
⑤ 밸브 파형 검사 ⇒ 헤드 문제 인지 확인
⇒ 흡입 선도 파형.

※ 각조할 때 테스트하면 더 정확히 볼 수 있다.

※ 냉간시 테스트하면 더 정확히 볼 수 있다.

※ 스코프 설정 ⇒ ① AC로 놓는다, peak로 놓는다.
② 바이폴라로 놓는다.
③ 트리거 파형을 잡는다.

A. (파형: ① 높이가 같다) ⇒ 밸브 밀착 불량
⇒ 하단 부분이 또 만큼 올라간다.

B. (파형) ⇒ 헤드 가스켓 불량.
⇒ 연이은 실린더가 상호이 안나오면

C. (파형) ⇒ 정상
~~4 3 2 1~~
4 2 1 3
위 꼭지점 높이가 같고
밑 저점 높이가 같아야 된다.

※ 진공 연결 방법
① 연료 압력 호스를 빼고 T자 연결
② 라바가스 호스 빼고 연결 (PCV 호스)
(다만 연료호스를 연결하고 10cm 미만으로 잘라서 연결)
③ 하이드로 백 진공호스에 연결
④ 특정실린더에 영향을 주지않는 곳에 연결
⑤ 서지 탱크 뒤쪽에 연결하는 게 좋다.
⑥ 서지 탱크의 진공 포트에 연결

⑥ 실린더 압력 검사 ⇒ 피스톤 문제인지 확인

※ 대전류로 배터리 전원선에 연결 한다.
※ 파형에 노이즈가 많이 끼면 — ① 접지 불량
② 스타팅 모터 불량
(마그네틱 S/W 불량)

⑦ 흡기 누설 검사.
※ map센서 노트에 정리됨
⇒ 바디 서지탱크를 때리면 인젝터 분사시간이 줄어든다.
⇒ 가버너가 많은 차량은 반드시 흡기누설 검사를 한다.

⑧ PCV 밸브 누설 검사

⑨ PCSV 누설 검사.
⇒ 롱호우스로 물으면
①산소센서
②연료분사 시간 — 줄어 있다.
⑩. EGR 밸브 누설 검사.

※ 특정 실린더의 오일 소모계에 문제가 있으면 부조를 한다.
※ Engine trouble이 나면 — ① 규정 rpm인지 확인
② 산소센서가 피드백을 하는지 확인.
③ 냉각수 온도는 정상인지 확인.
④ 맵값이 정상인지 확인
⑤ 스톨을 걸어 본다.
⑥ 무부하 상태 인지 확인

※ 엔진의 부조 중 — ① 점화
② 인젝터
③ 피스톤
④ 밸브 — 가장 부조가 심해진다.

※ 가속도. 파워 밸런스 검사.
단일기통 부조는 점화시기로 보상을 한다.
점화 계통 보다는 연료계통 쪽이 더 많이 부조한다.
엔진은 실린더 부조냐 아니냐 — 헤드 가스켓을 생각한다.
"아는 자의 힘"
점검에는 반드시 순서가 있다.
밸브 파형을 보기 전에 진공도를 먼저 본다
일관성 있는 고장이냐 아니냐
중속 이하에는 엔진이 요동 친다. — 흡기 누설, 헤드 가스켓.
중속 이상 급가속에 푸드덕 거린다 — 점화 계통 불량.
단일 기통 부조는 ISC로 보상을 하지 않는다.

※ 냉각 계통 크리닝은 만병의 근원을 치료하는 것이다.

※ 점화 계통 보다는
연료 계통 부조가 더 많이 부조한다.
하지만. 밸브 불량 쪽이가 가장 심해진다.

※ 노킹 발생. 원인.
⇒ 피스톤이 TDC 도착전에 폭발하면 ⟨ex) BTDC 30°⟩
피스톤이 실린더 블록을 치는 현상.

※ 노킹 제어 상태 on, off → 노킹 발생 on, off.
⇒ 아니면 불량 (센서)
⇒ 노킹센서가 불량하다는 뜻
⇒ 노킹센서 불량.

※ 실린더간 불균형 검사 ⇒ 부조, 진동, 잔진동.

주요원인 ① 연료 불균형
② 공기 흡입 불균형
③ 실화.
④ 각종계통. (ISA. PCS. EGR).
⑤ 설계 미스.

※ 부조 ─ ① 공전시 부조.
② 스톨시 부조.
③ 풀스톨시 부조.

※ 맥동이 극단적으로 생기느냐 or 잔잔한 맥동이냐?
V6가 4기통 엔진 보다 안정적인 이유는 맥동이 낮아지기 때문이다.
⇒ 아무리 낮아도 결국은 맥동이다 (pulse)

※ 부조. 출력부족. 간헐적인 시동꺼짐.
① Sound ─ 노크 센서 활용.
② CKP. CMP 동기 검사.
③ 특정 실린더 ─ 2번 파형을 본다.
④ 다기통 실린더 부조.
⑤ 맵 센서 ⇒ 역화의 근간이 된다 ⇒ 맵값이 상승한다.
기통 판별 ⇒ CKP. CMP 연결.

ex) 노비라 ┬ 연료모터 ⇒ 희박하면서 불량
└ 퍼지 ⇒ 농후 하면서 불량.

※ 구) 마티즈

초정 rpm – 960 rpm
PCV 밸브가 불량이면 – 1100 rpm – item 설정

브레이크 밀림 현상.
– ① 브레이크 패드 확인
② 맵값을 보고 높으면 브레이크가 밀린다.

※ Engine trouble (부조 차량) – 검사.
– ① 맵값 (공기량) 확인.
② 흡기 누설 (퍼지, EGR 검사)
③ 풀 가속, 스톨 공연비 제어 검사

※ 부조하는 차량에서는 맵값이 무조건 높아진다.

※ ① 냉간시에는 정상이다.
② 열 받고 2~3분만 있으면 부조를 한다.
⇒ 전형적인 대우차 오일라인 막힘현상이다.

ex) 사례1

<소나타3, 맵센서 type>

증상: 엔진이 부조하는 차량.

① 연료가 희박한 것 같음

② 2기통이상이 실화하는 것 같음

③ 맵값이 공전시, 무부하시 300mmHg → 기계적인 문제로 추정

정상 ⇒ ~max 일때 – 240mmHg

보편 차량 – 260mmHg

④ 위 차량은 가속을 하면 부조증상이 커진다 (재버벅하고)

⇒ 기계적인 문제라면 결편적으로 가속을 하면 증상이 사라진다.

⑤

<TPS>

<산소센서>

⇒ 풀스롤 후에 연료가 농후해진다.

⇒ 정상차량의 경우에는 풀열긴 때문에 희박해져야 한다.

⑥ 점화 파형을 보면 정상이다.
- 피크전압 – 13.3 KV
- 점화시간 – 1.48mS

⑦ 공전시 부조

1500 스롤시 부조

풀스롤시 부조 ⇒ 전구간에서 부조를 한다. ⇒ 점화나

⇒ 점화 플러그에 백화현상이 있다.

⑧ ISC도 34%로 높아 있다.
- ○ 연료계통 문제다.
- ○ 기계적인 문제는 아니다.

⑨ 단기통 부조는 아니고 다기통 부조를 한다.

⑩ 중속구간의 점화 파형을 보면

끝전압이 한번씩 쑥, 쑥 올라간다 ⇒ 연료계통 불량이다.

점화구간(화이어링 라인)이 굉장히 지저분 하다. (스코프로 본 점화파형)

⑪ 산소 센서 파형이 농후로 가면서 실화파형을 그린다.

⑫ 압축 파형 – 정상 / 밸브 파형 – 정상

점화파형 – 정상 / 연료 압력 – 정상

흡기누설 – 없다

⑬ 산소센서 파형이 0.3Hz 나옴

⇒ 0.3Hz

0 1S

정상치: ⇒ 1Hz

0 1S

⇒ 결론 :

인젝터가 무화가 안되서 결사가 된다 ⇒ 플러그에 백화현상

⇒ 인젝터 불량 ⇒ 연료 정상의 문제

⇒ 유사 휘발유 문제

※ 플러그가 검게 그을렸다 ⇒ AFS 불량

※ 소나타 2.

⇒ EGR 포트가 3번쪽으로 편중되어 있다.

⇒ 공기와 오일가스 비중이 커지면 그 해당실린더의 파워 밸런스가 커진다.

ex) 사례 3.

<소나타2. 2.0 SOHC. AFS type>

증상: ① 간헐적 냉간시 시동불량
② 시동 후에도 공회전 부조
③ 가속 불량

※ 가속시 부조 차량 테스트.

⇒ 스코프 설정 — ① 점화
② TPS
③ AFS
④ 인젝터 분사시간

※ <AFS 불량 원인>

— ① 공전시 AFS 신호주기가 규칙적이지 않고
(−)듀티가 넓어져 있으며

~~②~~

② 가속시 유지구간에 주기가 일정하지 않으며
공기량 증가에 따른 주기가 조밀해야 하나 넓어져 있다.

③ 인젝터 분사도 급가속시 동시분사가 이루어져야 하는데
동시분사를 하지 않았다

④ 가속 유지구간에는 고회전에 따른 역효과 현상이
발생하는게 정상이다.

⑤ 급 감속시에는 AFS 파형의 주기가 넓어져야 정상이다.

※ 산소 센서 반응이 좋으면서 엔진이 떨면
매값이 정상인데 진동이 심하면
⇒ 엔진 마운트를 점검한다.

※ 엔진 마운트 교환 순서 <순서>

— ① 엔진 마운트 ③
② 센터 마운트 A ②
③ 센터 마운트 B(뒤) ①
④ 미션 마운트 ④

⇒ 엔진을 살짝 들어올린 상태에서 조인다.
5mm 이상 벗어나면 안된다.
⇒ 크로스 멤버 부싱 고무가 조지 않으면 모든 마운트가 틀어진다.

⇒ 미미가 깨진것은 깨졌으니까 교환한다고 해야 한다.
— 고객에게.

※ 지피지기면 백전백승. —우리의 적은 증상이다.

《노킹 조건》

A. 기계적인 측면 — ① 압축비의 상승 (헤드 교환 때문)

② CKP, CMP의 동기가 진각쪽으로 틀어짐.

※기계적인 문제는 파형으로 진폭으로 본다.

③ 점화 시기의 빠름 (역화)

(초기 점화 시기가 제대로 맞느냐?)

④ 공기 누설로 인한 희박

⑤ 실린더 벽이 먹으면 가속시 노킹소리가 난다.

B. 연료 — 고급 휘발유를 넣으면 해결된다.

옥탄가가 많이 높다 (95)

※ 옥탄가 1 상승은

점화시기 1°가 지각된거와 같다.

C. 냉각 계통 — 과열.

※ 점검 테크닉 중 가장 중요

A. 단기통 부조 — ① 해당 실린더 흡기누설.

② 점화시기 빠름

B. 다기통 부조 — ① 과열

② CKP, CMP 동기

③ 압축비 상승.

④ 연료 불량

※ 엔진의 막값을 낮추지 않고.
엔진의 잔떨림을 잡을 수 없다.

대우차는 산소센서가 반응이 늦으면 격조한다.
누비라 II 까지.
라세티부터 개선됨.

※ ETS 모터 type D레인지에서 격조를 약하게 한다 (현대 계열).
ETS 모터 type D레인지에서 격조를 크게한다 (대우 계열).

※ 피스톤에 문제 있으면 무조건 부조를 한다.
— ① 밸브 부조의 1/4 정도 부조를 한다.
② 톡톡톡 하는 정도의 부조를 한다.
③ 부조량이 경미하다.
④ 중속이상으로 가속하면 정상으로 돌아온다.

※ 피스톤의 랜드가 깨지면 부조하는데
— ① 경미한 부조를 한다. (크게 부조를 하지 않는다).
② 상측이 새니까 부조를 한다.
③ 거의 정상에 가깝게 흡입을 한다.
(오일을 긁어 내리면서 흡입을 하기 때문이다).
(밸브 파형에 영향을 끼치지 않는다).
④ 진공도에 영향이 없다.
⑤ 상측 압력은 낮다.
⑥ 진공도는 절대 높으면 안된다.
⑦ 밸브 파형 선도에 영향이 없다.

※ 상측 압력이 낮고 밸브파형의 선도에서도 높다면.
⇒ 밸브 문제다.
⇒ 멈값이 높아진다.

※ 밸브 파형 문제에서도 오일을 조금만 많이 넣어도 (연소실에)
상측 압력이 좋아진다.
⇒ 일반 숟가락 1스푼 반 정도만 넣는다. (10ml) (10cc).

※ 파워 밸런스 검사

⇒ 실린더간 불균형 검사

⇒ 시간당 CKp 파형 늘어짐을 이용해서 파워밸런스를 도출한다.

⇒ ① CKp
② 트리거 파형 〉 스코프 설정.

⇒ 단기통 부조인지
다기통 부조인지를 알 수 있다.
어떤 실린더가 불량인지를 알수 있다.

조건 — ① 정상.
② 지속적으로 3번만 불량
③ 불규칙 적으로 각 실린더별 불량

※ 부조를 하는데 시동꺼짐
— 단기통 부조에서는 시동이 꺼지지 않는다.
다기통 부조에서 시동이 꺼진다.

※ 〈점검 테크닉 중 가장 중요〉
① 단기통 부조 — 해당 실린더 흡기누설.
점화시기 빠름.

② 다기통 부조 — 과열
CKp, CMp 동기.
압축비 상승.
연료 불량

※ 노후 차량은 점화시기를 빠르게 한다

※ 기계적인 불량.

ex) 밸브 불량

⇒ 4000 rpm까지 서서히 가속하라

⇒ rpm이 올라갈수록 증상이 호전된다.

※ rpm이 올라갈 수록 심해지면 — 가스켓 누설.

계속되면 — 점화 불량

인젝터 불량.

※ 파워 밸런스

⇒ 실린더 별 엔진 회전수의 균형.

실린더 별 피스톤의 가속도를 맞추는 작업

⇒ 실린더간 피스톤 가속도의 불균형 검사

※ 부조 판별 검사 — ① 공통적인 요인 부조

② 특정 실린더 요인 부조.

※ 파워 레이스 검사 — 점지 검사.

※ 기계적인 문제는 중속이후 부터 정상으로 돌아온다.

※ 점화나 연료의 문제는 흡기에는 영향을 주지 않는다.

※ 기계적인 문제

① 압축 압력
② 밸브 불량
③ 타이밍 동기 불량 (점화시기 불량)
④ EGR 밸브 불량 (열림 고착)
⑤ 흡기 막힘
⑥ 배기 막힘 (촉매 막힘)
⑦ 흡기 누설로 인한 희박
⑧ 오일 순환계통 불량
⑨ CKP. CMP 불량

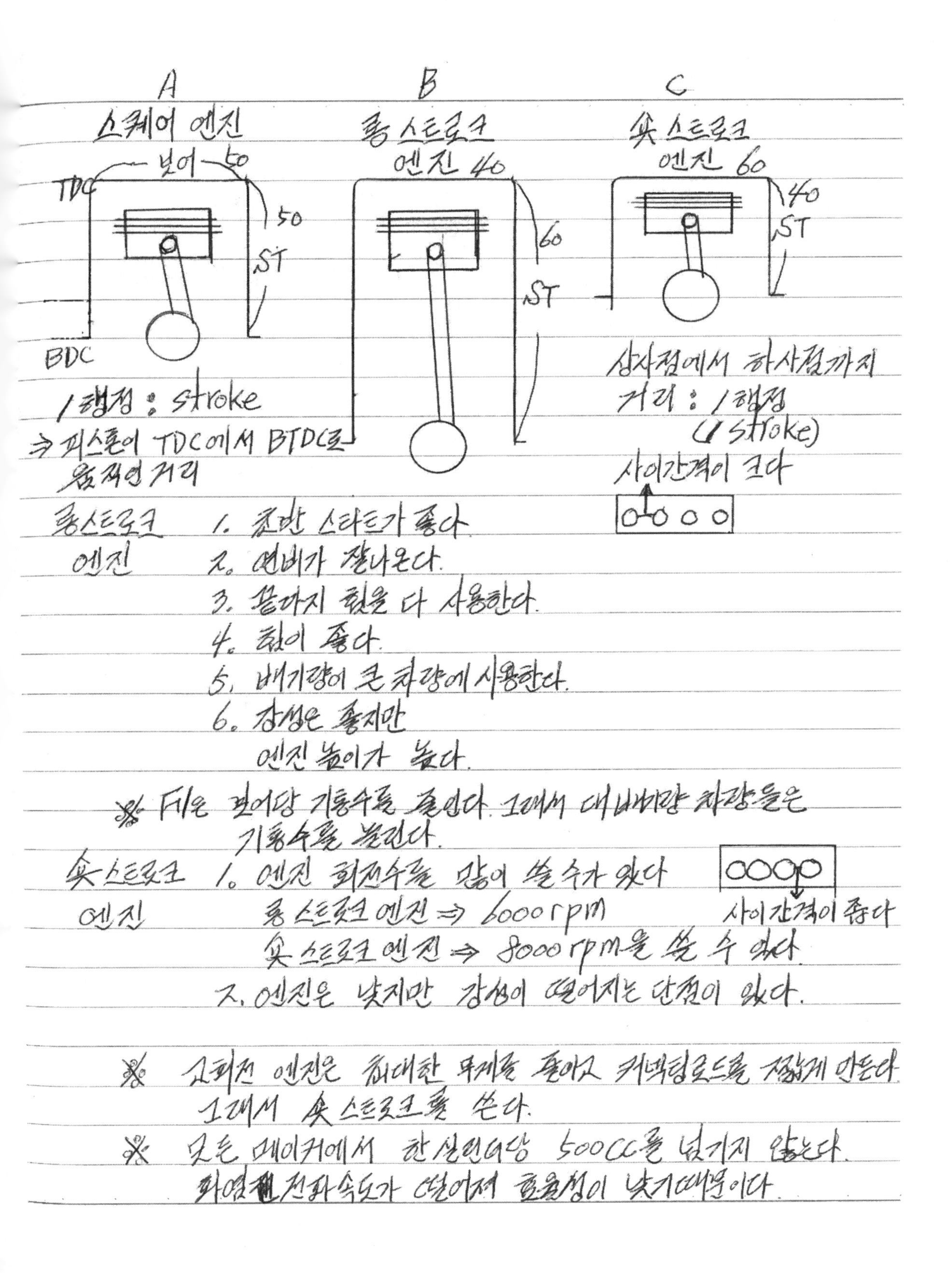
A
스퀘어 엔진
보어 50
TDC
50
ST
BDC
B
롱 스트로크 엔진 40
60
ST
C
숏 스트로크 엔진 60
40
ST
1행정 : stroke
⇒ 피스톤이 TDC에서 BTDC로 움직인 거리
상사점에서 하사점까지 거리 : 1행정 (1 stroke)
사이간격이 크다
롱스트로크 엔진
1. 초반 스타트가 좋다
2. 연비가 잘나온다.
3. 끝까지 힘을 다 사용한다.
4. 힘이 좋다.
5. 배기량이 큰 차량에 사용한다.
6. 강성은 좋지만 엔진 높이가 높다.
※ F1은 리터당 기통수를 줄인다. 그래서 대배기량 차량들은 기통수를 늘린다.
숏 스트로크 엔진
1. 엔진 회전수를 많이 쓸 수가 있다
롱 스트로크 엔진 ⇒ 6000 rpm
숏 스트로크 엔진 ⇒ 8000 rpm을 쓸 수 있다.
2. 엔진은 낮지만 강성이 떨어지는 단점이 있다.
사이간격이 좁다
※ 고회전 엔진은 최대한 무게를 줄이고 커넥팅로드를 짧게 만든다 그래서 숏스트로크를 쓴다.
※ 모든 메이커에서 한 실린더당 500cc를 넘기지 않는다. 화염전파속도가 떨어져 효율성이 낮기 때문이다.

※ 요즘은 (2022년도)

1500cc 4기통 엔진에 터보를 장착한 엔진을 많이 사용한다.

실린더 사이 간격이 작아서 가스켓이 잘 터진다.

⇒ 숏스트로크 엔진의 특성

※ 《압축 압력》

⇒ 피스톤 문제를 보는 것이다.

파형 분석 /.

⇒ 작은 값이더라도 규칙적이면 반복적인지를 본다.

⇒ 상단과 하단의 진폭과 높,낮이를 본다.

※ 압축 압력이 낮으면 ─ ① 실린더 밸브
　　　　　　　　　　　 ② 피스톤.

※ 피스톤 및 실린더 내벽의 스크레치.

— ① 면으로 난것 ⇒ 완전 불량.

② 줄로 난것 ⇒ 사용해도 된다.

※ 흰 연기가 많이 나오고 오일이 레벨게이지로 뿜으면 ⇒ 보링.

※ 압축 압력이 안나오면

① 엔진오일을 10cc 정도 연소실에 주사기로 넣는다.
(일반 수저로 1스푼 반 정도의 양). (오일 사시로 3번 정도)
⇒ 습식 측정 방법 ─ 실린더에 오일을 넣고 압축압력을 잰다.

② 오일 레벨 게이지에 (압력계) ~~진공계~~ 장착. (진공계 설치).
⇒ 크랭크 케이스 압력 파형 검사.

③ 진공계를 보면 ⇒ 1) 규칙적으로 바늘이 떨면 ⇒ 밸브문제
2) 압력만 낮고 떨지 않으면
⇒ 피스톤 문제다.

※ 밸브 불량일때에도 연소실에 오일을 조금만 많이 넣어도 압축 압력이 높아진다.

※ 압축 압력이 저하 된 경우
— ① 타이밍 벨트가 파손된 경우
② 실린더 헤드 및 밸브, 가스켓이 파손된 경우
③ 피스톤 간극 과다. 및 파손된 경우

※ 압축 압력의 전류값이 상승하면 엔진이 무겁게 상승하는 것이다.
⇒ 기복도 심하다.

※ 인젝터 백리크가 많이 나오면 압축압력이 안나올 수 있다.

※〈압축 압력 검사 모드 설정〉(스코프 설정)

A. ① CKP
② CMP
③ AFS, map 센서
④ 압축 압력(대전류)

B. ① CKP
② CMP
③ 점화 트리거
④ 실압

C. ① CKP
② CMP
③ 실압
④ 맵값

D. ① CMP
② 트리거 픽업
③ 실압
④ 맵값

E. ① CKP
② CMP
③ 상대 압축 압력 편차(대전류)
④ 맵값 - 흡기매니폴드 압력

F. ① 트리거 픽업.
② 압축 압력 - 실압 / CYL
③ 상대 압축 압력 편차 (대전류)
④ 실린더 흡입편차.

※ 압축 압력이 낮고
밸브 파형의 선도에서도 높다 면
⇒ 밸브 불량이다.
⇒ 맵값이 높아진다.

※《 압축 압력 검사 》
⇒ 스타팅 모터 소모 전류를 이용. (크랭킹 시)
⇒ 압축압력 검사는 5분이상 걸리지 않는다.

A. 스코프로 측정 — ① CKP　　B. 스캐너 연결 설정
〈연결〉　② CMP　　⇒ 시동 지연 불량 검사.
〈설정〉　③ 상대 압축 압력 편차. (대전류)
④ 흡기 매니폴드 압력 — 맵값

테스트 방법 — ① 크랭킹 10초씩 3회 반복 (반드시 중간에 10초씩 쉰다)
② 배기 막힘은 쪽에 장착 위치에 따라.
10초씩 3회 이상을 해야 나타날 수도 있다.
③ 모든 부하를 끄고 테스트 한다. (무부하 상태)

테스트 조건 — ① 모든 인젝터 커넥터 탈거 (배선 탈거)
⇒ 시동이 걸리지 않게 하는 조건.

② 악셀페달을 밟지 않고 크랭킹 한다.
⇒ 흡기막힘을 보기 위함.

※ 알수 있는 것들 — ① 압축 압력 검사.
② 타이밍 동기, CKP.CMP 불량 유무
③ 흡기 막힘. ( ) ⇒ 맵값 선도가
④ 배기 막힘. ( ) ⇒ 맵값 선도가.
⑤ 맵값 (정상 : 210 ~ 230 mmHg)
⑥ OCV 불량 유무.
⑦ 시동 지연 및 불량 검사. (정상 : 1초)
⑧ 점지 불량
스타팅 모터 불량 ⇒ 압축 압력 선도에 노이즈가 끼면
⑨ 헤드 가스켓 불량 ⇒ 옆이은 실린더의 압축압력이
⑩ 메탈 베어링 불량 유무 같나오면

※ 타이밍 룰기로 알수 있는 것들

— ① 타이밍 점검.

② 센서 감도 문제 (ckp, cmp 불량 유무)

③ 배선 트러블 (접지 노이즈)

④ 플라이 휠 톱니 변형 (슬리드 판 변형)

⑤ 에어 갭 이상 (CMP 톱니 변형)

⑥ 엔진 회전수 계산. ($\frac{60,000}{한사이클 주기시간}$ X 2)

⑦ 파워 베이스 불량 유무

⑧ 배터리 불량 유무 (압축압력 선도가 뒤집혀서 나옴)

⇒ CMP 파형 :

※ 압축 압력 검사는 10분이상 걸리지 않는다.

※ <크랭킹시 스타팅 모터의 소모전류를 보고>

⇒ 엔진의 무거움을 알수 있다.

⇒ 압테이 수가 높거나 낮으면.

⇒ 디젤 — 240A 정도가 정상이다 (무부하 크랭킹시)

⇒ 메탈 베어링이 무거우면 350A 정도 ⇒ 불량하면 100A이상 올라간다.

가솔린 — 180A 정도가 정상이다 (무부하 크랭킹시).

⇒ 메탈 베어링이 무거우면 230A 이상 ⇒ 불량하면 50A이상 올라간다.

※ 압축압력 선도가 낮아지면 — ① 흡기 막힘.

(크랭킹 10초). ② 배기 막힘 이다.

⇒ 막히면 줄어든다.

※ CRDI 스캐너로 압축압력 테스트
⇒ 압축 압력 및 연료계통 검사.

— A. 압축 압력 테스트.

B. 아이들 속도 비교 테스트

C. 분사 보정 목표량 비교 테스트.

※ ex) 압축 압력은 이상이 없고.
아이들 속도 비교 테스트는 편차가 10rpm 이상이고,
분사 보정량이 1.5 이상이면
⇒ 밸브 밀착 불량 (헤드불량이다)
⇒ AFS 출력선에 스코프를 연결
AC로 놓고 밸브 파형을 본다.
⇒ 부스트 압력 센서 출력선에 스코프를 연결
AC로 놓고 밸브 파형을 본다 (실린더 흡입 편차).

※ 밸브 파형이 불량.
압축 압력 정상
⇒ 헤드 문제

※ 밸브 파형 정상
압축압력 불량
⇒ 피스톤 문제

※ 압축 압력이 높아야 피스톤의 각속도가 느려진다.
⇒ 시동 불능, 크랭킹 시에

※《정밀 압축 압력 검사 및 점화시기 검사》

A. 스코프 연결 — ① 트리거 픽업
② 압축 압력 — 실린더 1CYL
③ 상대 압축 압력 편차.
④ 실린더 흡입 편차.

B. 스캔 자동 설정
⇒ 자동 차단, 불량 진단 검사.

※ 테스트 조건 — ① 인젝터 모든 커넥터 탈거 (통합 커넥터 탈거)
⇒ 시동이 걸리지 않게 하는 조건.

② 악셀 페달을 밟지 않고 크랭킹.
⇒ 흡.배기 막힘을 낮기 위함.

※ 테스트 방법 — ① 크랭킹 10초씩 3회 반복 (중간에 10초씩 반드시 쉰다)
② 모든 부하를 끄고 테스트 한다.
(무부하 상태에서).

※ 알수 있는 것들 — ① 압축 압력 (실린더)
② 점화 시기.
③ 밸브 검사 (실린더 흡입편차)
④ 흡.배기 저항
⑤

※ ① 압축 압력 순서 ⇒ 1 3 4 2
② 점화 순서 ⇒ 1 3 4 2
③ 흡입 압력 순서 ⇒ 4 2 1 3 ⇒ 밸브 파형 순서
④ 크랭크 케이스 압력 순서: (2.3) (1.4) (2.3) (1.4)

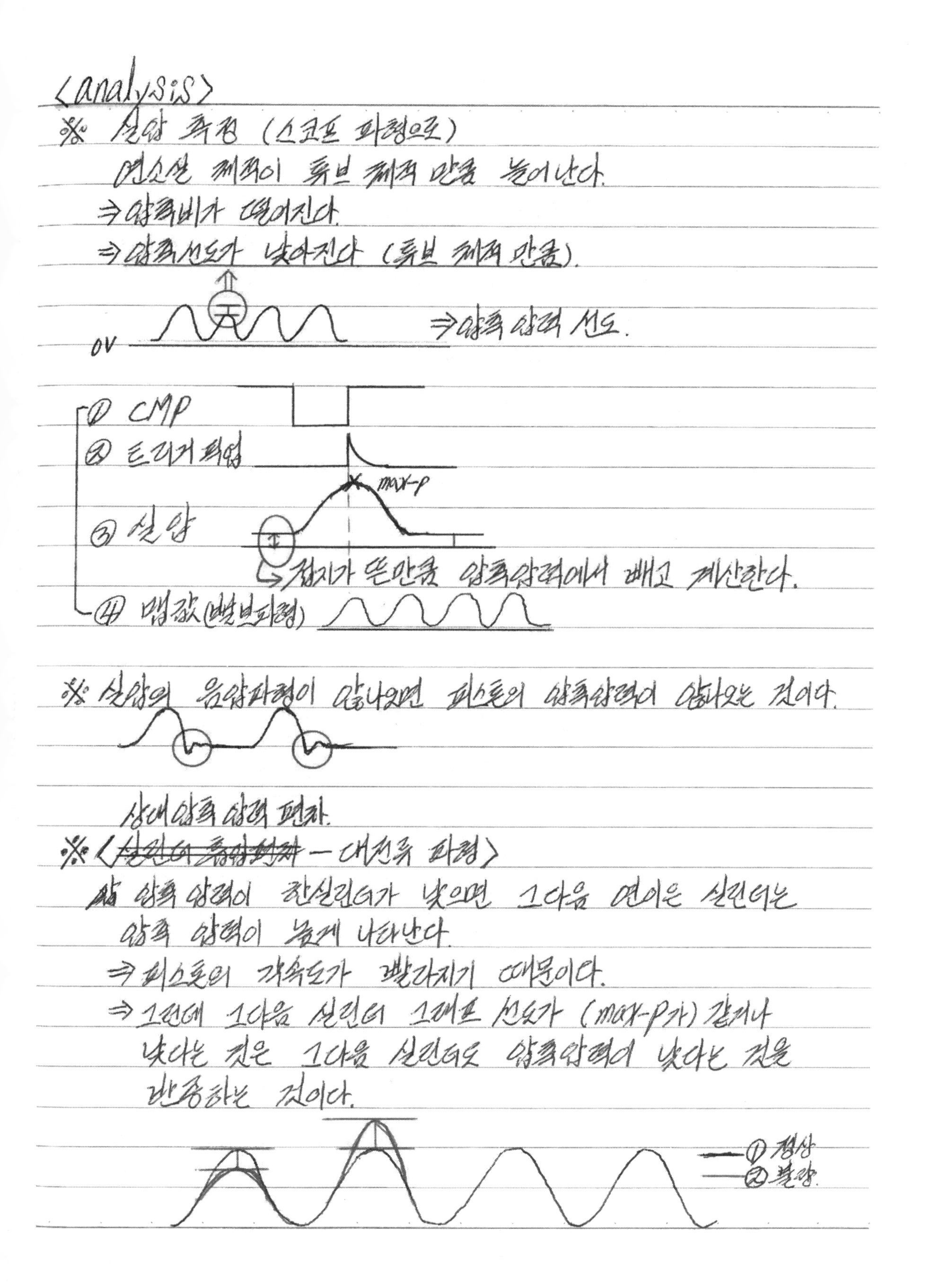

<analysis>
※ 실압 측정 (스코프 파형으로)
연소실 체적이 흑브 체적 만큼 늘어난다.
⇒ 압축비가 떨어진다.
⇒ 압축선도가 낮아진다 (흑브 체적 만큼).
0V
⇒ 압축 압력 선도.
① CMP
② 트리거 파형
max-p
③ 실압
점지가 뜬만큼 압축압력에서 빼고 계산한다.
④ 맵값
※ 실압의 음압파형이 안나오면 피스톤의 압축압력이 안나오는 것이다.
상대압축 압력 편차.
※ <실린더 흡입체적 — 대전류 파형>
압축 압력이 한실린더가 낮으면 그다음 연이은 실린더는
압축 압력이 높게 나타난다.
⇒ 피스톤의 각속도가 빨라지기 때문이다.
⇒ 그런데 그다음 실린더 그래프 선도가 (max-p가) 같거나
낮다는 것은 그다음 실린더도 압축압력이 낮다는 것을
반증하는 것이다.
① 정상
② 불량.

※ 압축 압력 파형 분석

analysis ⇒ 압축 압력 선도에 노이즈가 크면 ① 접지 불량.
② 스타터 모터 불량.
(마그네틱 S/W 불량)

⇒ CRDI는 흡, 배기가 막히면
파형 선도가 좋아진다.
⇒ 정유은 걸지 않는다.
⇒ 진폭이 줄어들면
진폭이 커지면
진폭이 줄었다가 커지면

A. 배기 막힘 ─ ① 압축 압력
② 맵값

B. 흡기 막힘 ─ ① 압축 압력
② 맵값

※ 맵값 선도가 많이 떨어지면 흡기 막힘이다.
※ 맵값이 초기 맵값에서 50~60 mmHg 정도 떨어지면 ⇒ 정상
1 이상 떨어지면 ⇒ 흡기 막힘
(초기 맵값 ⇒ 754~720 mmHg)

※ 흡기 (선로를 바디) 막힘이 있더라도
압축 압력은 1 Kg/cm² 정도 밖에 차이가 안난다.
⇒ 맵값이 떨어지면
압축 압력은 1 Kg/cm² 정도 상승한다.

※ 압축 압력이 떨어져도. 인젝터 백리크가 많이 나온다.
그 다음 실린더도 백리크가 많아진다.
⇒ 인젝터 백리크만 보고.
인젝터 불량유무를 판단해서는 안된다.

※ ① 압축 압력 — 피스톤 검사.
② 밸브 파형 — 밸브 검사.
③ 진공도 — 피스톤, 밸브 총체적 검사.
④ CKP.CMP — 타이밍 문제

<analysis>

※ 실화를 본다.
짧게 10초만 크랭킹 한다.
캠 신호 다음부터 압축실린더가 1 3 4 2 다.

※ 압축 압력 파형이 높은이유
⇒ 압력이 낮은 실린더의 가속도가 빠른 이유로.
그 다음 실린더의 압축 압력은 높아진다.

1 3 4 2

※ full 화면을 먼저 보는 이유.
⇒ 추세와 경향을 먼저 본다.

※ 압축 압력 테스트 에서
압력은 피스톤의 속도(가속도)에 비례한다.

※ 파형을 볼때 제일 중요한 것은
규칙성이 있는지를 보는 것이다.

※ 〈V6 실압 테스트〉

기존 방식은

"뒤 뱅크 점화 플러그를 모두 뺀다" 다.

①CMP

②실압 연결 : 16.7 kgf/cm² (max) — 2번 CYL

③크랭킹 10초씩 3회 (중간에 10초씩 쉬고)

analysis ⇒ 처음은 낮고 높은 선도가 그대로 유지되면 ⇒ 정상.

⇒ 압축 압력 선도가.

높았다 낮아졌다 하는 이유는

→ 밸브가 돌면서 밀착이 불량하기 때문이다.

※ 밸브가 도는 이유

⇒ 스프링의 끝과 끝의 장력이 틀리니까 밸브가 돈다.

※ 트리거 픽업 설정(연결).

⇒ 점화 코일의 3P중 맨가의 저색 배선에 잡는다.

※〈점화시기, 정밀압축 압력 검사〉

스코프 설정 ⇒ ① 트리거 픽업 (10V)

② 압축 압력 실압 (16.7kgf/cm²)

③ 상대 압축압력 편차. (250A)

④ 실린더 흡입 편차. (760mmHg)

스캐너 설정 ⇒ 시동 지연.불량 진단 검사

테스트 조건 ⇒ 모든 인젝터 배선 탈거, 악셀을 밟지않고 크랭킹

테스트 방법 ⇒ 크랭킹 10초씩 3회 반복 (10초씩 쉬고) 중간에)

analysis ex) 옆에 실린더 압축 압력이 안나오면

⇒ 헤드 가스켓 불량

※ 코일 — 소전류연결 / 트리거연결 / ⊕프로브 연결

※ 점화 시기.
⇒ 타이밍 라이트로 댐퍼풀리의 노킹 마크를 본다.

※ 스캐너 에서는 CKP를 보고 연산한 점화시기 여기 때문에 믿을 수가 없다.

07
공연비 보정

농후	①공기 부족 ②연료 과다	공연비보정 ⊖ 보정	학습 ⊖ 학습
희박	①공기 과잉 ②연료 부족	⊕ 보정	⊕ 학습

※ 중부하 학습이 123% 이면
⇒ 100 + 23
⇒ 중부하 영역에서 연료량이 많이 부족한 것이다.
⇒ 공연비 보정은 ⊖보정을 할 수도 있다.

※ 정상 > 현재값 + α
정상 ≤ 현재값 + α

마지막에 피냈다.

중간값

※ 희박
①공연비 보정 100% 97%
②중부하 학습 100% 123%

※ 중간값을 찾는 방법 — ⊖ 터미널을 15분 탈거

보정값

산소센서 보정량 부분 (학습)

공기유량을

※ 산소센서 출력값을 기준으로 실시간 공연비 제어
⇒ 공연비 순시 보정 (short term – 단실 보정)

운전 영역에서 공연비 순시보정값을 학습한 값
⇒ 공연비 학습 제어 (Long term – 공설 보정)

※ 공연비 관련 점검 방법

⇒ 공연비 순시 보정값과 공연비 학습 제어값을
서로 합하여 0 이상의 경우와
0 이하의 경우로 나눠서 분석

⇒ 공연비 학습 / 이상 출력시
— 연료 분사량에서 증량 제어 실시
— 산소센서 희박으로 감지

⇒ 공연비 학습 / 이하 출력시
— 연료 분사량에서 감량 제어 실시
— 산소센서 농후로 감지

08

ISC,
스텝모터 ETS

ISC 종류 — ① ISA
② step < 1, 2
③ MTAI (대우)
④ MPS
⑤ ISC 서보 (델코)
⑥ ETS (ETC)
⑦ ISC + 스텝모터
⑧

※ SAS 스크류 — 바이패스 조정 스크류.
※ 공전 S/W (idle switch).
※ ISC를 과도하게 열면
⇒ 어느 특정 실린더의 문제는 아니다를 반증한다.
⇒ 흡기 누설은 아니다.
⇒ 산소센서가 희박하면 — ISC를 과도하게 연다.
※ ISC에 카본이 끼면 부하량이 올라간다 ⇒ item
스톨을 걸면 엔진 부하량이 4배가 증가한다.

엔진 부하량이 18~20% 미만이 정상이다.

※ 흡입된 총 공기량 = 분사량이다 (14.75 : 1)

※ 엔진 부하량 $\frac{AFS \cdot TPS}{rpm}$

※ 점화시기가 1° 틀려지면 ⇒ 15~30rpm이 빨라지거나 늦어진다
예) 10°가 틀려지면 ⇒ 300rpm이 틀려진다
⇒ ISC를 과도하게 열 수밖에 없다.
⇒ rpm이 떨어질 테고 ⟶ rpm을 보상하기 위해서

※ ECU 비1(보상) 중에
특히 대우차량(레간자)이
ISC 모터가 작동을 안하는 경우가 많다.

※ 점화시기 정상편차 3° 미만. (공전시).

※ 가속할때 ISC를 여는 이유는
감속할때 대쉬포트 역할 때문이다. ⇒ 시동꺼짐을 방지한다.

※ 스톱퍼 길이가 11mm 이면 정상
⇒ 1mm — 나사산 하나 차이.

※ ISC가 변한다는 것은 — 공통실린더 문제다.
특정 실린더 문제면 ISC 폭이 는다.

※ 특정 실린더에 문제가 있으면
⇒ 점화시기만 제어를 한다.

※ ISC 듀티값이 낮아지면 ⇒ 흡기누설 의심.

※ MAP값 상승분 = { ① ISC 보상분 ↑ (32% → 38%)
(map값이 올라가는 경우 { + ② 흡입력 저하.

⇒ ISC 상승 듀티값
+ 흡입력 저하
= 모두 계산을 해서 연료를 분사한후. 산소센서를 가지고
10%씩 빼나가면서 연료를 분사한다.

※ 300 rpm이 떨어지는 차량에서
ECU는 rpm 보상을 위해
⇒ ISC를 과도하게 연다.

※ 시동 신호가 들어오고 start 신호 → ECU

엔진 회전수가 올라오면

스텝 제어를 해서 열면 공기유량이 늘어난다.

편차를 하고

점화 시기는 -5°로 제어를 한다.

※ 냉간시 시동불량차는 반드시 시동신호를 봐야 한다.
: 시동 신호 ⇒ 시동 릴레이

※ ISC, ETS > Key on 시 여는게 나와야 한다
⇒ ECU가 제어를 하고 있다는 뜻이다.

※ 가속초기에는 대쉬포트 해주고.

※ ISC가 제어가 되고, 플러그가 젖으면 흡기가 막힌것이다.

※ ① 흡기 누설 검사.
② 퍼지
③ EGR 검사 를 선행하고.

⇒ 스텝모터 결함을 본다.

※ 시동 신호 → 시동 릴레이.
※ idle S/W가 off 되어 있다는 것은
엔진 회전수 제어를 안한다는 것이다.
⇒ 반드시 idle S/W는 on 되어 있어야 한다. (공전시)

※ <엔진 회전수 제어 검사>
⇒ 엔진 회전수에 문제가 있으면

Key off → Key on → 시동 → 안정화 → 급가속
→ 미등 → 라이트 → 상향 → 에어콘 → 부하 모두 off
→ D레인지 → 중립 → R레인지 → 중립
→ 시동 off
<스코프 연결>　　　　※ 공기량을 가미시켜야 된다.
① 5CH — 스텝모터 전원
② 6CH — 〃 접지
③ 7CH — 〃 열림
④ 8CH — 〃 닫힘

※ ECU는 스텝모터를 제어하는데 rpm은 떨어진다.
⇒ 흡기 누설, 퍼지, EGR 검사에 이상이 없으면
⇒ 스텝모터가 불량이다.

〈스로틀이 제어되는 공전제어 장치〉

① 엑츄 type의 ISC servo — ECU의 제어에 의해서 제어
② ISC 모터 (Idle speed control)
③ MPS (Motor position sensor)
④ 아이들 스위치 (Idle Switch).

※ MPS : ECU에서 ISC모터에 정,역극성으로 전원을 주는 동작회로다.

※ ① ISC 모터가 먼저 나오고
② MPS 신호가 그다음 나오고
③ rpm이 상승된다

※ 공전속도 제어 (공회전 속도 제어) — rpm 제어 종류

① 크랭킹 아이들 제어 (cranking idle)

② 패스트 아이들 제어 (fast idle)

③ 아이들업 제어 (Idle up control)

④ 대쉬포트 제어 (dash port control)

※《크랭킹 제어》
※ Key를 off 후 Key를 on하면
ECU가 ISC모터를 0.164S 동안 밸브를 여닫는다.
⇒ 이게 안되면
⇒ 플러그가 젖어서 시동이 안걸린다.

※ 고장코드가 점등되면 작동을 하지 않는다. — 주의

※ ECU가 ISC 모터를 제어하지 않으면 시동이 안걸린다.
이때 악셀을 밟으면 시동이 걸린다.
ECU가 ISC를 제어하지 않으면
다른것도 제어하지 않기 때문에 악셀을 밟아도
시동이 안걸릴 수 있다 — 주의 ※

※ 아이들 S/W가 off 되면서 (on상태에서 → off로 바뀌면서)
점화시기를 조정한다 (ECU가)
⇒ 공전시 각도를 본다.

※ 냉각수온이 90°C에서 70°C로 급격히 내려가면
점화시기가 틀려진다.

※ ETS 모터가 확실히 열리지 않기 때문에
⇒ 시동이 안걸린다.
⇒ 프로그램을 바꿔야 되는 경우도 있다 (리 프로그램)

※ 스로틀 바디 교환후 반드시 15분이상 배터리 단자 탈부착
헤드 교환 후에도 학습치 리셋을 해준다.

※ 델코 시리즈 (현대. EF. 에쿠스. 뉴EF) ⇒ 서비스 속도가 느리다)

※ 단기통 실화는 ISC 보상을 하지 않는다.
⇒ 점화 시기로 보상을 한다.

① 크랭킹 제어

— 엔진 온도에 따라 초기 시동 직후 초기 아이들 속도를 제어한다.

② 패스트 아이들 제어

— 정상 온도의 엔진에서 평상시의 아이들 제어

— Mps값은 0.9V~1.2V 사이여야 한다.

③ 아이들 업 제어

— 에어컨이나 파워핸들로 부하가 걸릴때의 상승제어

— Mps 값이 1.4V~1.6V 이내여야 한다.

④ 대쉬 포트 제어

— 엑셀레이터를 급감속할때 스로틀 밸브가 서서히 닫히게 할 목적으로 하는 제어

— Mps값은 서서히 줄어드는 체계를 가져야 한다.

<Mps가 자기 보정되는 조건> — Mps 고장코드가 뜨면

— ① rpm이 현저히 낮아지고, 제동시 시동이 꺼지며 Mps 출력 값이 400mV 정도로 고정되는 type

② rpm이 그런대로 공전이하로 내려가지 않아서 꺼지지는 않으나 제동시 타코메타 바늘이 급격히 떨어지면서 대쉬포트 기능도 안되고, 에어컨을 켜도 rpm이 증가되지 않는 type

이 경우 모두 에어컨이 작동되지 않는 경우다.

※ EF 쏘나타 와 울티마의 프로토콜이 바뀌었다

⇓ ⇓

아이들 S/W가 없다 있다

※ < ISC 제어 >.검사>.

- 시동.
- 패스트 아이들
- 아이들
- 부하 보상.

A. 스코프 설정 – ① CMP
② AFS
③ TPS
④ ISC. ISC제어 연결.

스캐너 설정 – ① 엔진 회전수 제어 검사
② 점화 시기 제어 검사

B. 조건 : 증상 발생 시점에 따라 ① 냉간 측정
② 열간 측정

C. 방법 : ① Key (off – 10초 – on 10초) 조회
② 시동 on
③ 공회전 20초
④ A/T 부하 (R – 5초 ⇒ N 5초 ⇒ D 5초 ⇒ N 5초)
⑤ 에어콘 부하 (A/C on – 10초 ⇒ off – 10초)
⑥ 시동 off.

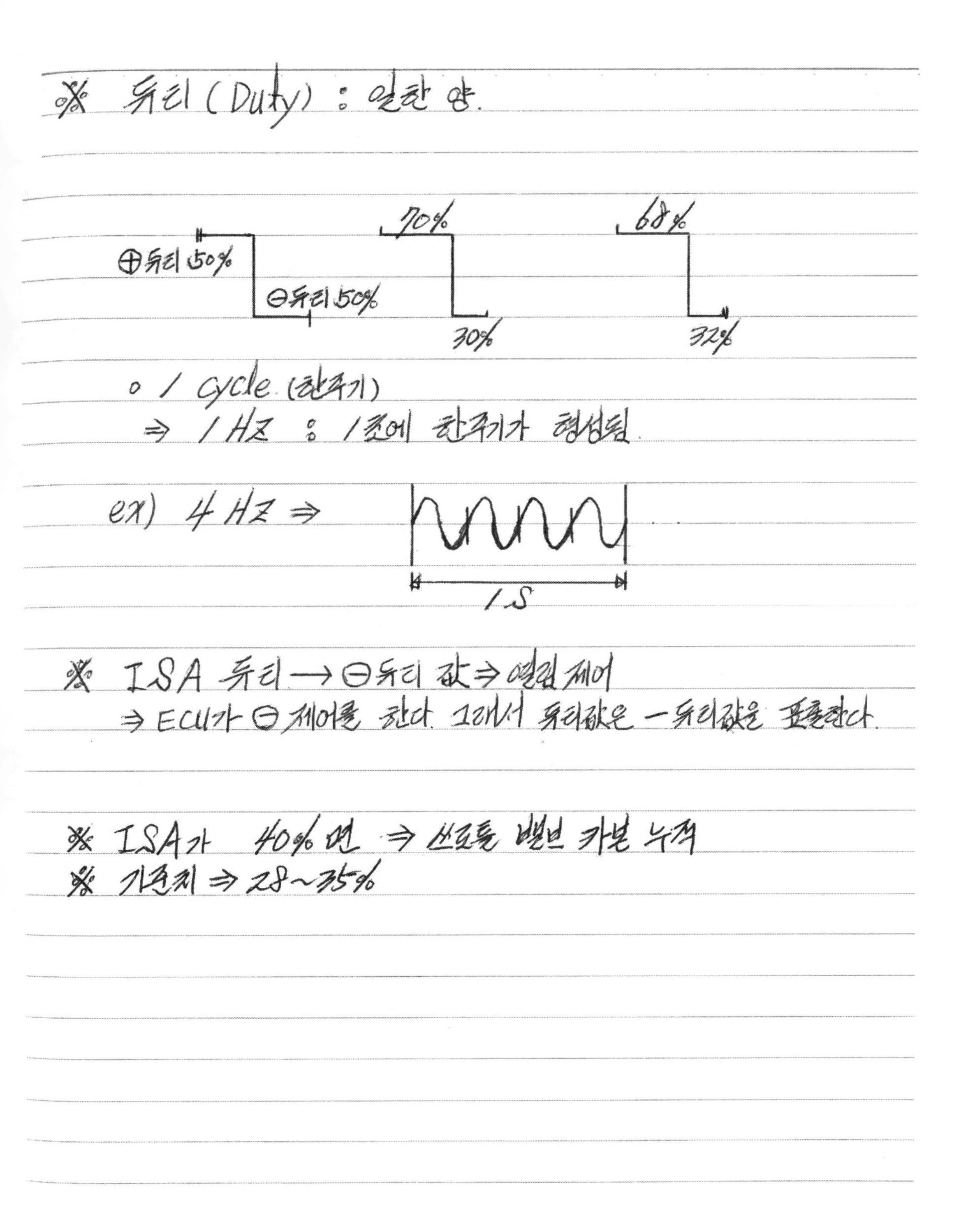
※ 듀티(Duty) : 일한 양.

⊕듀티 50%
⊖듀티 50%
70%
30%
68%
32%

○ 1 cycle (한주기)
⇒ 1 Hz : 1초에 한주기가 형성됨.

ex) 4 Hz ⇒
1 S

※ ISA 듀티 → ⊖듀티 값 ⇒ 열림 제어
⇒ ECU가 ⊖ 제어를 한다. 그래서 듀티값은 ―듀티값을 표출한다.

※ ISA가 40%면 ⇒ 스로틀 밸브 카본 누적
※ 기준치 ⇒ 28~35%

※ 에코스 림프홈(limp home) 밸브 작동 불량.
⇒ ETS 안에 있다.
⇒ 시동이 꺼지면 안되는 상황에서만 작동한다.
⇒ 시동이 꺼지지 않게하는 밸브.
⇒ limp home 밸브 작동시 → 1, 3, 5 뱅크의 점화를 죽인다.

※ 시동이 걸린다의 기준 — 475 rpm
시동이 꺼진다의 기준 — 475 rpm

※ Key on → 이모빌라이저 인식 → 연료모터 작동 (2~4초동안).
50 rpm 이상 신호가 들어오면 → 연료펌프 릴레이 on.
(요즘에는 ECU 버그가 없어졌다)

※ 엔진 회전수 모태신호 — CKp. CMp.

※ 그랜저 XG 2.5
⇒ CKp를 빼도 시동이 걸릴 수 있다.
⇒ 그래서 CKp. CMp를 모두 뺀다. (CMp를 대체신호로 사용하기 때문)

⇒ 〈파워 오일 에어 빼기〉
⇒ 메뉴얼 → 크랭킹 rpm으로 에어빼기 작업.
→ 기포유입을 최소화 하기 위함

※ EpS — 조향각 센서가 반드시 있다.
타켓휠이 있다 (옵티컬 방식을 쓴다)

ETC(ETS) - cleaning and coding Method

1. IG-off 후 ETC 탈거(반드시)
- 장착 상태에서는 세척제 화공약품과 세척으로 생긴 이물질 등이 엔진에 기계적 손상을 일으키거나
- 산소센서, 촉매 등 공연비 제어 장치, 배기가스 정화장치 등에 손상을 초래할 수 있기 때문
- 밸브 배면 등 세밀한 cleaning을 수행하기 곤란할 때문

2. carbon cleaning 후 재장착
- V/V plate를 손가락으로 서서히 (급작동하면 모터손상 우려) 밀어서 열고 (고일수 있으면 더 좋다)
- 보푸라기 없는 부드러운 천에
- 세척제를 묻혀서 (가급식 세척제를 살짝 미리도포, 불린 후에) 천봉으로 카본 부분을 문질러 제거한다
- 이유화 몰리브덴 코팅처리된 부분이 닦여나가지 않도록 하는게 좋으며 (만약 닦여 나갔다 해도 사용불가는 아니다) 크랙이 발생하지 않도록 한다
- 밸브 축 내부의 베어링엔 세정액이 들어가지 않도록 할것.

3. 학습값 초기화 (coding, Data Initialization)
- scanner 사용
  ◦ 진단 장비 사용시는 장비의 지시 절차대로 (자동으로) 초기화를 수행하는 것이며

* 진단장비 없어도.
각 엔진별로 제시된 초기화 절차를 수동방식으로
수행할 수 있다.

4. Key-off for 1 minute
- 만약 이전에 Key-off 상태였다면
Key-on (1~2 sec) 상태에서
Key-off 로 진입한다.

5. IG-on for 30 seconds
— 크랭킹 금지 ① WTS : 5°C 이상
② ATS : 5°C 이상에서 실시.
* 상기 조건이 충족되지 않으면
~~요~~ 우선 엔진을 시동하여 Warm-up 시킨 후에
초기화를 진행할 것.

6. Engine start, keep on idle - for 15 minutes

7. Key-off for 1 minutes

8. (completed coding)

9. 시동 후 아이들 상태확인 및 주행시험.
도로 주행시 D"단에서의 "제동밀림감" 확인
* 학습이 정상적으로 완료되지 않으면
제동시 밀림감을 느낄 수 있음
⇒ ~~절차~~ ~~재수행~~ 재 수행 요함.

* 가능한 제 증상들
① 시동직후 Rough idle (아이들 불안정)
② 시동 꺼짐.
③ D/R 변속시 RPM - Down.
④ A/C - on 시 RPM - Down.
⑤ ATX : 변속 불량 / 3 speed hold

* 정비 작업 수행 주기 : 매 2만Km 마다
* Spark plug (General) 교환주기 (매 4만km)와 일치시켜 시행하면 시너지 효과 더욱 큼.

* Coding을 필요로 하는 조건
1. ETC, ECM - 교환 후
2. ETC Carbon cleaning 후 (신품과 동일조건이 되므로)

※ ECU에 콘덴서 전기를 감안한 시간 ⇒ 배터리 단자 탈부착 15초

< 에쿠스. 쓰로틀 바디 (ETS) reset >

⇒ 학습량이 과도 할때

① 배터리 분리 (15분 정도) — Key를 빼고

② Key on 후 바로 Key off 후 Key 탈거

③ 조수석에서 딸깍 소리나면 reset 끝

④ 시운전 — 학습

<마티즈, ISC 스텝모터 리셋>

A.방법

①엔진룸 정션박스에서
엔진 ECU 퓨즈(10A.15A)를 2개 빼고

② Key on 10초

③ Key off 한다음 퓨즈를 꽂는다

④ Key on 상태에서 10초

⑤ Key off 10초

⑥ 시동 걸고
- ① D레인지 10초
- ② 에어콘on 10초

B 방법.

① 배터리 탈착 후 30초정도 있다가 부착

② Key on 5초 — off 5초 를 3회 반복한다

③ 시동을 걸고
- D레인지 — 10초
- R레인지 — 10초
- N레인지 — 10초

) 3회 반복

- 에어콘 on — 10초
- 에어콘 off — 10초

) 3회 반복

④ 시동을 끄고.

⑤ 주행을 하고 왔으면 이미 학습을 한것이다(세팅되고도 남았다)

〈초기화 Logic〉

〈Lambda 3.0/3.3 GDI. HG GRANDEUR〉

1. ECM에서는 Throttle V/V의 최소 위치를 학습해야 한다.
   이것은 T. Body에 Carbon이 쌓여 TPS출력 값이
   달라지기 때문이다.
   - 운행 후 IG-off시에 시행하게 된다.
   즉, 시동을 걸기전에 IG-on 상태에서는
   모터의 작동을 점검하는 단계를 거치고.
   운행을 종료하고 IG-off 시엔 자동으로 TPS 최소 위치에
   대한 학습을 하는 것이다.

2. Key-on 후 ETC를 약 10초간 작동한 후.
   기존 위치〈닫힌 위치〉로 간다.

3. Key-off 시 5초 이후에 ETC를 작동, TPS 최소위치를
   학습한 후, 전폐 위치로 닫아주며,
   17초가 지나면 ~~Rly~~ ~~Key~~ Rly -off시켜 전원을 차단한다.

   초기화 끝 Throttle V/V setting Angle
   기계적 전폐각 - 3도
   최소 공기량 위치, - 3.5도
   Limp home mode시 Throttle V/V 각도 - 11.7도

* APS, TPS
  APS: 운전자의 의지 반영
  - 각도의 크기 및 변화 속도(밟는 속도)를 ECM에 전송.
  - 기본 연료량 계산 자료로 사용.
  - APS1, APS2 = APS1의 ½

* TPS - ETC의 V/V 열림각도 측정
  - APS 신호크기에 반응하여 열림각이 결정됨.

TPS 1 : 상승 비례 직선값

TPS 2 : 하강 역비례 직선값

구형에서의 MPS 역할로서 보다 정밀함.

<2004, NF-SO, 세타-2, 2.4 GSL>

(2.0 GSL/LPI - ISA type 삭)

1. Key-off 상태에서 10초이상 방치
2. Key-on 상태 1초 유지후, 다시 Key-off 상태로 10초이상유지
3. main Rly off (전원차단) 작동음 (딸깍)
4. 다시 Key on 1초이상 유지 (이때 모터위치 학습. 이 수치(Data)를 EPROM에 기록 함으로써) 하면 초기화작업 완료

- Limp home Mode : ETC Motor 고장시 V/V 위치를 5도로 고정하여 시동꺼짐을 방지하고 저속주행으로 Repair shop으로의 주행을 가능케 한다.

<2009, YF-SO, 세타 2.4 GDI>

시동을 걸기전 Key-on 상태에서는 모터의 작동상태를 점검하는 단계를 거치고,
운행 후 Key-off 시에는 자동으로 TPS 최소위치값 학습 및 기억 단계를 거친다.

1. Key-off 상태에서 Key-on 상태로 15초간 유지
(이때 ETC가 작동하고, 기준위치(제자리)로 돌아가서 정지 한다)
2. 운행 후 Key-off시 전폐 위치 학습 (약 3초간 작동) 및 EPROM에 기억 후 전원차단 (Rly-off)으로 학습 완료 한다.

<98. XG GRANDEUR>
1. IG-ON : 1초 이하.
2. IG-off 후 Control Relay-off 될 때까지 약 10초간 유지
3. IG-on 1초간 지속 : 초기화 완료
(초기 위치학습 후 ECM에 저장)
4. 초기화 완료 방법
흡기 호스 제거 상태에서 IG-on
Idle 상태에서 Accel Pedal 조작에 따라
T. V/V가 움직이는지를 본다.
반응을 잘 나타내면 정상.
5. 한번 초기화를 완료하면 배터리 단자를 분리해도
초기화 동작은 불필요 즉 EPROM에 저장한
학습치를 읽어 들여서 모터를 제어한다.

<2014, LF-SO, 누우-2, 2.0/2.4 GDI, CVVL>
— Remark —
1. Key-on 후 29초 이상 유지시마다 초기화를 수행한다
2. 시동시 마다 하는건 아니다.
3. PCM 교환 및 Reset 시 초기화를 수행한다.
4. 학습 되어 있는 Limp Home 값과
Key-on시 T/valve 위치값 (TPS 값)과의 차이가 허용범위를

(정상치) 초과할 때에도 초기화를 수행한다.
엔진 성능이 진화 할수록 초기화 조건이 확대 되고 있다.

5. Limp Home Mode
- Idle 상태에서 Motor가 단선되면
Limp Home Mode로 제어되며
엔진 구동은 1500rpm 으로 상승하고.
가속 제한으로 작동, 가속이 안된다.
이 때의 TPS 1 값은 (Throttle V/V opening)
7도로 고정된다.

6. Throttle Position sensor = TPS 는
- sensor는 가변 저항 type이 아니고, 비 접촉식으로서
- Hall IC, Magnetic Force를 이용한 비 접촉식
- 2개를 역방향 비례식으로 배치하여 TPS 2와
TPS 1을 서로 비교함으로써 정확도를 높이는
방식을 쓰고있다
- 장점으로는 비접촉식이라 내부 단선, 단락이 없고
마모가 없어 수명이 연장된다.

7. ETC 관련 DTC(고장코드) -(1편)
① P061B : 토크 제어 신호 불량.
실제 토크가 목표치보다 높을때, 즉시점등(RPM, APS연산 값보다)
② P0638 : ETC 장치 성능이상
1) Key-off시 TPS 복귀 위치가 림프홈+3도 위치보다 높을때
즉시/2DC
2) Key-off 시 TPS 복귀 위치가 1.8%보다 작거나 13.1%보다
높을 경우
3) ETC가 학습(초기화, Coding)을 수행치 않았을 경우
③ P2101 : ETC 제어 모터 회로 - 작동범위/성능 이상 즉시 점등
1) 배터리 또는 접지측 단락이거나 과전류가 흘렀을 경우
2) 회로 단선시

※《학습치 소거》
⇒ 배터리 전원을 15분 이상 띄운다.

※

※ 공회전에서는 학습을 안한다.
※ ECU가 고부하에서는 학습을 하지 않는다.

※ 공연비 보정 값 공연비 보정 인터그레이트 (대우)

공연비 저부하 학습값 → 덧셈 보정) 블록런
공연비 중부하 학습값 → 곱셈 보정) 블록런 셀.

※ 저부하 학습값이 높으면 ⇒ 공기 계통 문제

중부하 학습값이 높으면 ⇒ 연료 계통 문제.
— 고속에서 차에 증상이 있다는 뜻이다.

ex) 마티즈 PCV 밸브가 불량이면 → 저부하 학습값이 높다.

※ ⊖ 학습 → 기계적인 문제
⊕ 학습 → 연료계통 문제 (연료 필터).

7. ETC 관련 고장코드 (2편)

④. P2118 : ETC 제어 모터 전류값 - 작동범위/성능이상 즉시점등

1) TPS 실제 위치값 (TPS Data)와 목표값과의 차이가 큰 경우.
- 판정 기준값은 개도 변화량에 따라 상이하게 설정되어 있음.

2) 모터 제어 듀티값이 80% 이상인 경우.

<2010, AVANTE 1.6 GDI>

1. Key-on 후 약 10초간 ETC 작동하고 기준위치로 복귀 (ETC 작동 점검)
2. Key-off 후 약 5초 이후에 ETC 작동 (TPS 기준위치값 읽고 기억)후 약 17초 후에 닫아줌.
이후에 Rly-off (전원차단)
⇒ 초기화 완료.

<2008, BH Lambda 3.3/3.8 MPI, GENESIS>

1. Key-on : 1초 유지후
Key-off : 10초간 유지 (작동점검 후 Rly-off)

2. Key-on : 모터 학습값과
TPS 개도값을 학습, 기억한후 전원 차단 (Rly-off)

09
에어컨

〈에어콘〉

※ 에어콘 프리싱 (30~40분)

⇒ 2회이상 프리싱을 하면 콤프 부하가 적게 걸린다.

⇒ 항균 필터 교환 — 냉매가 확실히 시원해진다.

⇒ 냉각 팬 작동 시간을 측정한다.

⇒ 외부 온도를 반드시 확인한다.

⇒ 유리막대 온도계가 가장 정확한데 눈금을 잘 봐야 한다.
(온도계 마다 다르기 때문이다)

※ ECU가 A/C on ⇒ ECU가 켜준다.
운전자가 A/C S/W를 on

① 써모 S/W (핀 S/W)
② 외기 온도.
③ 내기 온도.
④ 트리플 S/W ⇒ 가스량
(에어콘 미디엄 S/W).

10
AFS 센서

〈AFS 센서〉(Air flow Sensor)

흡기온 센서 :(Air temperature sensor)

※ AFS — V, g/s, kg/h, mg/st.
(단위)

※ AFS를 점검하려고 하지 마라.

※ 뉴그랜저 3.0 —
AFS — 37~43Hz (정상) — 열간시

※ Hz가 높으면 공기량 값이 높이 났다는 것이다.

※ 이상이 있는 자동차는 공기량 수치는 무조건 높아난다.

※ 한 사이클 내에 혹은 3사이클 내에.
분사량 차이가 생긴다는 것은 (편차 발생)
⇒ AFS의 출력 파형이 빠진다.
⇒ AFS 성능 범위 이상이라는 고장코드가 뜰 수 있다.

※ 공기량이 많아지면 — 지각시키고 (ATDC).
공기량이 적어지면 — 진각시킨다 (BTDC).

※〈AFS 값이 낮아질수 있는 이유〉(공연비가 깨졌다는 것이다)
⇒ 공기 과잉 됐다는 뜻이다.
공기량 > 연료량
⇒ ① AFS 자체 불량 (낮게 측정 된 경우)
② 흡기 누설 (도둑 공기)
⇒ 두가지 밖에 없다.

※ PCV 밸브가 과도하게 열린경우 ⇒ rpm이 높다.

흡입 공기량 — 7Kg/h : 1500cc — g/s — mg/st
(CC별)　　8~9Kg/h : 1800cc
(공전시)　　9~10 Kg/h : 2000 cc
10~11 Kg/h : 2500 cc
11~12 Kg/h : 3000 cc
12~13 Kg/h : 3500cc.

※ 대중 가솔린은
① 평균 100mg/st 전후가 된다.
② 연소실에 20% 정도의 공기량이 들어온다.
※ 대우차는 가솔린도 서비스데이터에 Mg/st가 있다.
ECU가 필요한 서비스데이터가 필요하다.

※ 공기 유량이
크랭킹시 안들어오면 노크되서 시동이 안걸린다.
⇒ ETS 모터 적용 차량이 많다.

※ ex) 시동이 걸렸다 꺼지고, 걸렸다 꺼지는 차량
그러다 시동이 걸릴때도 있고
— 공기량이 적다.
⇒ 에어 크리너 뚜껑 열고 걸면 — 정상.

① 공기 관로의 저항 < A. 흡입구 막힘 — 에어크리너 뚜껑을 연다.
B. 배기구 막힘 — 촉매 볼트를 풀고 대드라이버를 끼우고 시동을 건다.
② EGR 불량

※ 주행중 흰연기가 나왔다 안나왔다 하는 차량.
⇒ PCV 불량

※ 《AFS 불량 원인》 (멜코 type)

① 공전시 ⇒ AFS 신호주기가 규칙적이지 않고
⊖ 듀티가 넓어져 있으며

② 가속시 유지구간에 주기가 일정하지 않으며
공기량 증가에 따른 주기가 조밀해야 하나.
넓어져 있다.

③ 인젝터 분사도 급가속시 동시분사가 이루어져야 하는데
동시 분사를 하지 않았다

④ 가속 유지 구간 후에는 고회전에 따른 연료컷 현상이
발생하는게 정상이다.

⑤ 급 감속시에는 AFS 파형의 주기가 넓어져야 정상이다.

예) 쏘나타 2. 2.0 SOHC
증상 : 간헐적 ① 냉간시 시동불량
② 시동 후에도 공회전 부조
③ 가속 불량
원인 : ⇒ AFS 불량

※ 가속시 4조차량 테스트
⇒ 스코프 설정 ① 점화
② TPS
③ AFS
④ 인젝터

※ 헤드 커버 내의 흡입호스가 막히면
PCV 밸브가 작동시
붙을 수가 있다 (가속시).

※ 1,500 rpm 에서 매니폴드 압력이
가장 낮아진다.

※ 흡기온 센서
유온 센서 > 보편적으로 2V 대다.

※ 흡입 공기량 ⇒ ex) 1,500 cc ⇒ 19%
3000 cc ⇒ 20%

※ 실린더 당 흡입 공기량 ⇒ ex) 19%/4

ex) 흡입 공기량이 6.8 kg/h　　엔진 회전수 ⇒ 800 rpm

6.8 × 1000 g
= 6800 g
⇒ 6800 × 1000 mg/h
⇒ 6800,000 mg/h — ①

⇒ 800/2 = 400 rpm
(크랭크 축 회전수)?
⇒ 400 × 60분 rph (m→h)
= 24000 rph × 4 기통
⇒ 96000 rph (피스톤 1개당) — ②

$$\Rightarrow \frac{6800,000\ mg/h}{96000\ rph} = 70.8\ mg/st$$

⇒ 70.8 cc × 4 = 284 cc
⇒ 1500 cc × 19% = 284 cc

※ 한 사이클 내의 분사시간은 같다.
⇒ AFS가 나가면 분사시간이 달라질 수 있다.

※ Key on 상태에서 ⇒ 996 (신품) — AFS
1050 (일반적)
1.16V가 나옴. 1100 이하면 정상

※ 스코프 상의 V와 스캐너상의 V를 비교 측정.
⇒ 200mV 이상 차이가 나면 ⇒ ECU 불량으로 판단

※ 분사 시간을 가지고.
공기가 정상적으로 들어 왔는지 알아낼 수 있다.
AFS 불량을 30분안에 결론을 내야 된다.
— 증상은 출력부족이다.

※ 대우 자동차 ETS 조정, 케이블 조정
튀어 나온 부분이 5~7mm가 적정선이다.
⇒ 출력 부족.

※ AFS가 불량하면 — ① can 통신이상
② 신호값 낮음이 뜬다.

※〈고장 코드 상세〉(AFS)

고장 코드		AFS 이상 (공기량 센서 이상	
P0100	C001	신호값 낮음	출력 신호 최소값 이하 (-20kg/h 이하인 경우)
	C002	신호값 높음	출력 신호 최소값 이상 (800kg/h 이상인 경우)
	C003	일반적 항목고장	공급 전원이 4.7~5.1V를 벗어날 경우

※ AFS 응답성 테스트 (CRDI)

— 풀 가속시 ⇒ 2초 — 현대, 기아 ⇒ 900~2200rpm
　　　　　　　　　 쌍용 ⇒ 900~2000rpm

— 풀스톨시 ⇒ 3초 — 현대, 기아 ⇒ 900~2300rpm
　　　　　　　　　 쌍용 ⇒ 900~2000rpm

※ 풀 가속시 흡입 공기량
= 공전시 흡입 공기량 × 부스트 압력.

※ AFS가 불량하면
점화 플러그가 검게 그을린다. (출력부족, 부조, 매연발생)

※ 흡기 누설의 경우
서비스 데이터 중 가장 많이 변화되는 항목은
공회전 속도 조절 밸브(ISC모터) 듀티값이다.

⇒ 목표 회전수를 제어하기 위해
연소실로 흡입되는 공기량을 제어하기 위한
결과치가 되는 것이다.

<CRDI>

※ 흡입 공기량 Kg/h를 → 실린더 당 흡입 공기량으로 mg/st

ex) 10 Kg/h   측정 rpm = 800 rpm인 차량.

① 10 × 1000 g × 1000 mg = 10,000,000 mg/h이다.

② 800 rpm

⇒ 800 / 2 (①) = 400 × 4 (②) = 1600 × 60 (③) = 96,000 rph.

① ⇒ 4행정 4사이클 기관에서
1–3–4–2 흡입, 압축, 폭발, 배기에서
피스톤이 흡입한 회수는 2번이므로
÷2를 해 준것이다.

② ⇒ 피스톤이 4개이므로 ×4를 해줌.

③ ⇒ 결론 시간으로 환산 해줘야 하므로 ×60

$$\frac{10{,}000{,}000\ mg/h}{96000\ rph} = 104\ mg/st$$

결론:

kg/h → mg/st

$$\Rightarrow \frac{x\ mg}{96000} = b\ mg/st$$

공식

〈CRDI〉

※〈흡입 공기량 계산〉

크랭크 1주기 = 1 cycle ⇒ 크랭크축 2회전.

Kg/h를 ⇒ mg/st로 환산.

ex) 공전시 흡입 공기량이 40 kg/h라면.
(800rpm)

⇒ 800rpm = 40kg/h

※ 엔진은 4기통 4행정 이다.

1cycle 당 크랭크축은 2회전을 한다.

⇒ 800rpm → 400 cycle/m → 400×4

⇒ $\frac{800}{2}$ = 400번 흡입

분석 ⇒ 엔진이 800rpm 회전할때 피스톤 한개당 400번을 흡입한다.

⇒ 흡입, 압축, 폭발, 배기 이므로 1cycle 당 1번 흡입 한다.

⇒ 400×4 stroke/min ⇒ 1600 stroke/min

분석 ⇒ 피스톤이 4개이므로. ×4를 한다.

40kg/h ⇒ 40,000,000 mg/60min.

분석 ⇒ kg을 → 1000g → 1,000,000mg 으로 바꿈.

⇒ h를 → 60min으로 바꿈.

$$\frac{\frac{40{,}000{,}000\ mg}{60\ min}}{\frac{1600\ stroke}{min}} = \frac{40{,}000{,}000\ mg}{1600\times 60\ stroke} = 416.\dot{6}\ mg/stroke$$

$$= \frac{40{,}000{,}000\ mg}{96{,}000\ stroke} = 416.\dot{6}\ mg/st$$ (한 행정당 흡입공기량)

※ AFS 출력 전압.

디젤 차량 — 최대 + 0.26V / 최소 − 0.34V / 평균 0.18V ＞ 전폭은 차량마다 틀리다.

※ 실린더당 흡입공기량이 250mg/st 라면.

⇒ ① AFS 고장
② EGR 밸브 고착 (열림 고착)
③ 배기 가스가 흡입 되던지
④ 흡기 호스가 막혀 있던지
⑤ 배기가 막혀 있던지 — 10분 후에 측정하면 통으로 막혀 있을 수도 있다.

⇒ 측정을 하려면 준비하는 시간이 필요하다.
— 이 시간동안 흡, 배기 막힘으로 인한 가스가 서서히 빠진다.

⇒ 에어 크리너 뚜껑을 열고 측정한다.
⇒ 인테이크 매니폴더 호스를 빼고 측정한다.

※ <CRDI 차량 흡기 누설>

① AFS와 터보사이에 공기누설 ⇒ 매연 않나옴 → 출력 부족
⇒ AFS 값이 낮아짐.

② 터보와 ACV사이에 공기누설 ⇒ 검은 매연 → 출력부족
(터보 이후의 공기 누설) ⇒ AFS 값은 높아짐.

※ 크린 버닝 (clean Burning)

⇒ 핫 와이어가 이물질에 의해 오염 될 경우
측정 정밀도가 떨어지는 것을 방지하기 위하여
핫 와이어 스스로가 열되어 청소하는 기능을
크린 버닝이라 한다.

※ 매연이 많나오면서 공기량 값이 높으면

⇒ 무조건 AFS 불량 밖에 없다.

차종별 공전시
※ 흡입 공기량 (mg/st).
— ① 싼타페, WGT, VGT ⇒ 430 ~ 450 mg/st.

② 구 쏘렌토, 스타렉스(2.5) ⇒ 580 ~ 610 mg/st.

③ 투싼, 스포티지 ⇒ 500 ~ 530 mg/st.
— 간혹 제작이 걸다는 이유

④ 봉고3, (2.9) J엔진 ⇒ 630 ~ 650 mg/st

⑤ 그랜드 스타렉스, 쏘렌토 R ⇒ 530 ~ 550 mg/st.

⑥ 그랜드 카니발 (2.9) ⇒ 700 mg/st

풀스톨시
2500rpm
1450 mg/st ⇒ VGT
1350 mg/st ⇒ WGT

※ 흡입 공기량 g/s를 → mg/st로 환산.

ex) 흡입 공기량이 공전시에 max – 27 g/s, min – 9 g/s 이면

⇒ 9 + 27 = 36 g/s
⇒ 36 ÷ 2 = 18 g/s (평균 값)

18 g/s ⇒ 800rpm
⇒ 18 × 1000 mg/s ⇒ 800/60 (m → s로) = 13.3 rps
⇒ 13.3/2 (실린더당 한번 흡입 회전수)
⇒ 6.6
⇒ 6.6 × 4 (피스톤이 4개가 있으므로)
⇒ 18,000 mg/s ⇒ 26.6 st/s

$$\Rightarrow \frac{18{,}000 \ \frac{mg}{s}}{26.6 \ \frac{st}{s}} \Rightarrow 676.69\ mg/st.$$

(s 약분)

※ 흡입, 압축, 폭발, 배기를 하려면 2회전을 해야 하는데. 실린더 당 흡입 공기는 한번 흡입할때의 공기량 이므로 크랭크 축이 1회전만 하면 된다. ⇒ 그래서 ÷2를 한다.

※ 2900CC / 4 (실린더수) ⇒ 725 mg/st (평균)

※ $\frac{677}{725} \times 100 = 93.3\%$ (흡입효율) 공전시

※ 흡입 효율 = $\frac{\text{실린더당 흡입공기량(공전시)}}{\text{배기량/실린더수}} \times 100$

ex) 풀 가속시 132 g/s 일때 4630 rpm

132 × 1000 mg → 4630 rpm

→ 4630 / 60 (minute → second로)

→ 77.1 / 2 (한번 흡입한 공기량) st/s

→ 38.8 × 4 (4 실린더 이므로)

⇒ 132,000 mg/s → 154 st/s

⇒ $\dfrac{132{,}000 \ \frac{mg}{s}}{154 \ \frac{st}{s}}$ ~~×100~~ = 857 mg/st.

⇒ 흡입 효율 = $\dfrac{\text{풀가속시 흡입 공기량}}{\text{배기량/실린더 수}}$ × 100 = $\dfrac{857}{725}$ × 100 = 118 %

⇒ $\dfrac{857}{725}$ = 1.18 (터보압이 1.1 bar는 나왔다는 뜻)

※ 1 사이클에 725 mg/st 흡입 했다는 뜻이다.

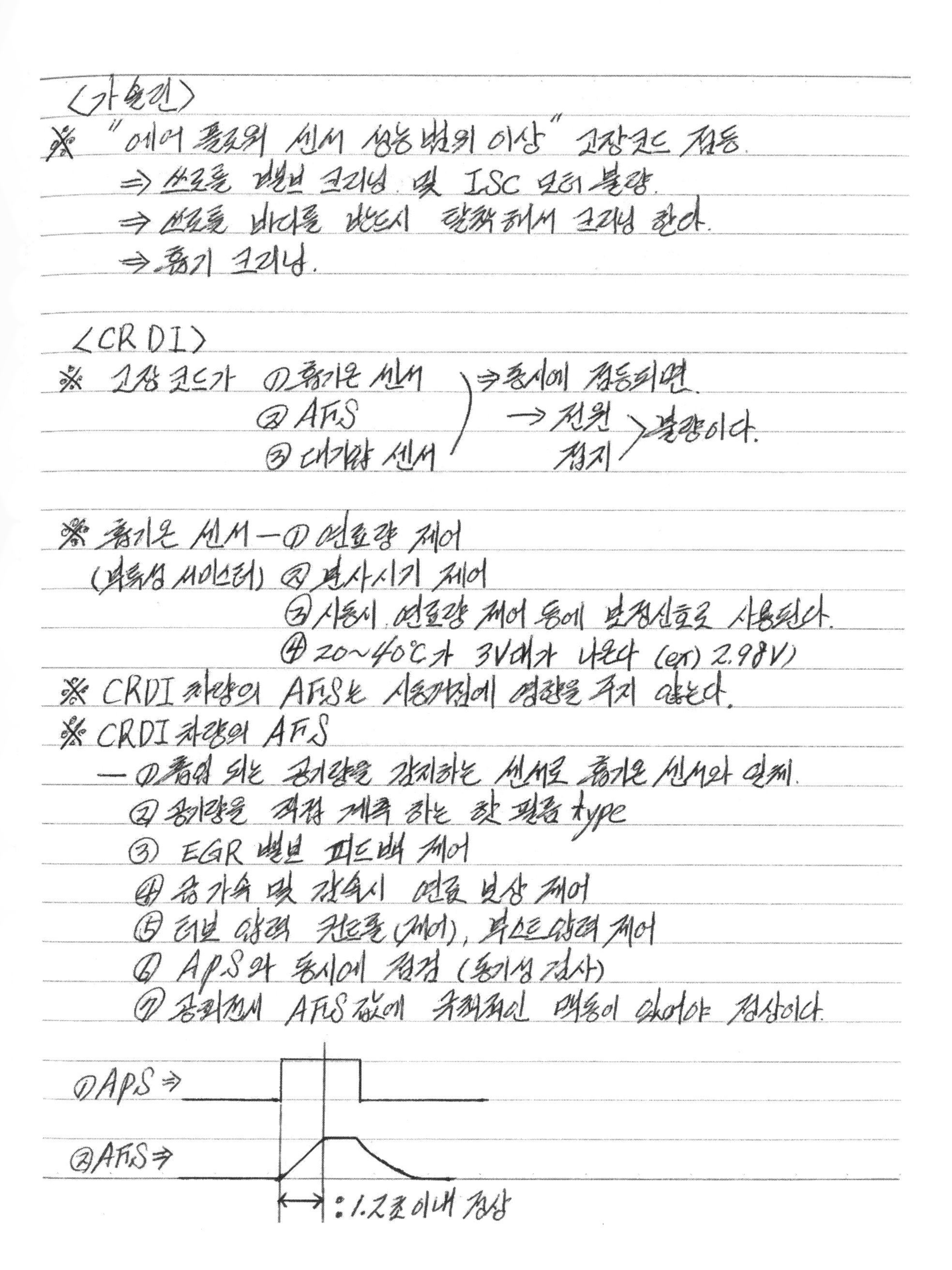

〈가솔린〉

※ "에어 플로우 센서 성능 범위 이상" 고장코드 점등.

⇒ 스로틀 밸브 크리닝 및 ISC 모터 불량.

⇒ 스로틀 바디를 반드시 탈착해서 크리닝 한다.

⇒ 흡기 크리닝.

〈CRDI〉

※ 고장코드가 ① 흡기온 센서, ② AFS, ③ 대기압 센서 ⇒ 동시에 점등되면 → 전원, 접지 불량이다.

※ 흡기온 센서 (부특성 서미스터)
- ① 연료량 제어
- ② 분사시기 제어
- ③ 시동시 연료량 제어 등에 보정신호로 사용된다.
- ④ 20~40℃가 3V대가 나온다 (ex) 2.98V)

※ CRDI 차량의 AFS는 시동꺼짐에 영향을 주지 않는다.

※ CRDI 차량의 AFS
- ① 흡입 되는 공기량을 감지하는 센서로 흡기온 센서와 일체.
- ② 공기량을 직접 계측 하는 핫 필름 type
- ③ EGR 밸브 피드백 제어
- ④ 급가속 및 감속시 연료 보상 제어
- ⑤ 터보 압력 컨트롤(제어), 부스트 압력 제어
- ⑥ APS와 동시에 점검 (동기성 검사)
- ⑦ 공회전시 AFS 값에 급격적인 변동이 없어야 정상이다.

※ AFS 점검 배선이

— 0V인데 일자로 나오면 ⇒ 단선이다.

0V이면서 주기적인 맥동(웨이브 파형)이 나와야 한다.(노이즈)

⇒ 정상일때 (25mV/그리드 일때)

0V이면서 노이즈가 나와야 정상이다.

※ 가솔린 차량의 경우

시동을 걸고 급가속을 하고 난 후

AFS 그래프 선도가 드롭이 생겨야 정상인데

드롭이 안생기면 배기 막힘이다.

AFS 그래프 A — 정상

B — 배기 막힘

※ 급가속시.

① 처음 부터 흡입공기량이 줄면 ⇒ 흡기 막힘

② 나중에 흡입공기량이 줄면 ⇒ 배기 막힘.

⇒ 스냅을 3초이상 5초를 해야되는 이유

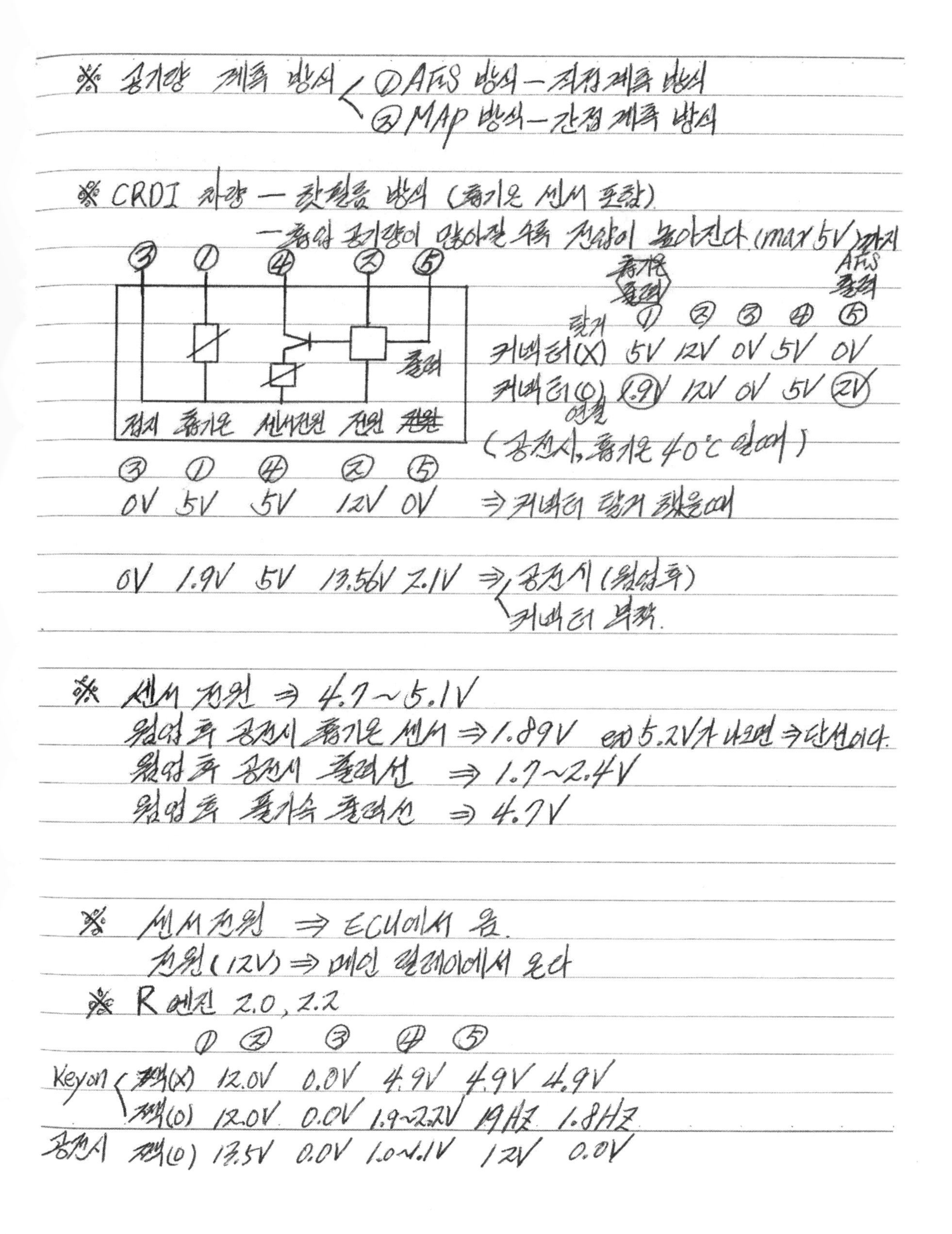

※ 공기량 계측 방식 < ① AFS 방식 – 직접 계측 방식
② MAP 방식 – 간접 계측 방식

※ CRDI 차량 – 핫필름 방식 (흡기온 센서 포함)
– 흡입 공기량이 많아질 수록 전압이 높아진다 (max 5V)까지

	흡기온 출력 ①	②	③	④	AFS 출력 ⑤
커넥터(X) 탈거	5V	12V	0V	5V	0V
커넥터(O) 연결	1.9V	12V	0V	5V	2V

(공전시, 흡기온 40°C 일때)

③	①	④	②	⑤	
0V	5V	5V	12V	0V	⇒ 커넥터 탈거 했을때
0V	1.9V	5V	13.56V	2.1V	⇒ 공전시 (웜업후) 커넥터 부착.

※ 센서 전원 ⇒ 4.7~5.1V
웜업 후 공전시 흡기온 센서 ⇒ 1.89V 약 5.2V가 나오면 ⇒ 단선이다.
웜업 후 공전시 출력선 ⇒ 1.7~2.4V
웜업 후 풀가속 출력선 ⇒ 4.7V

※ 센서전원 ⇒ ECU에서 옴.
전원(12V) ⇒ 메인 릴레이에서 온다
※ R 엔진 2.0, 2.2

		①	②	③	④	⑤
Key on	점퍼(X)	12.0V	0.0V	4.9V	4.9V	4.9V
	점퍼(O)	12.0V	0.0V	1.9~2.2V	19Hz	1.8Hz
공전시	점퍼(O)	13.5V	0.0V	1.0~1.1V	12V	0.0V

※ AFS 단자 전압.

조건		③ 접지	① 흡기온출력	④ 센서전원	② 전원	⑤ 센서출력.
공회전 (웜업)	저항 탈거(X)	0V	5V	5V	12V	0V
	저항 연결(O)	0V	1.9V	5V	13.5V	2.1V

《AFS 테스트》

A. 스코프 설정 — ① APS 출력선.
② AFS 출력선

B. 테스트 방법 ⇒ 풀가속. 풀스톨.

C. analysis — 공전시 ⇒ 1.9V 정도 측정
⇒ 규칙적인 웨이브 라인이 있어야 한다.
급가속시 ⇒ 1.3초 이내 (응답성) — 출력부족의 원인이 될수있다
2초 이내는 정상으로 본다.
유지구간 ⇒ 4.7V 정도 측정.

※ CRDI 차량의 AFS 기능.
— ① EGR 피드백 컨트롤 제어
② 부스트 압력 컨트롤 제어
③ ACV 제어.

※ AFS가 고장이면 — EGR 밸브는 작동시키지 않는다.
연료량이 제어된다.

※ EGR off(공전시) EGR on 시
흡입 공기량 ⇒ 450~510 mg/st 280~360 mg/st.

※ AFS 불량 — 무부하 상태에서는 ⇒ 악셀이 정상적이다.
스톨을 걸면 ⇒ 악셀이 않먹는다.(허당이다)

※ AFS는 단선, 단락이 있을때만 고장코드를 띄움 (점등시킴)

※ 흡기 온도 센서는
- 각종 제어 (연료량, 점사시기, 시동시 연료량 제어) 등에 보정 신호로 사용된다.

- 부특성 서미스터 방식이 사용된다.

※ 가변 흡기 장치 (VGIS)   스월 : 소용돌이.

⇒ 흡기 매니폴드의 길이를 길게하면
- 저속 토크 증대 (스월 증대)
  고속시 출력 저하 (흡입 저항이 커지므로)

⇒ 흡기 매니폴드의 길이를 짧게 하면
- 저속시 토크 저하 (흡입 관성이 떨어지므로)
  고속시 출력 향상.

이러한 문제를 한꺼번에 해소할수 있는 장치
즉, 흡기매니폴드의 길이에 따른 출력저하 현상을 방지한다.

※ 그랜저 XG 매니폴드에
저속 저부하시 — 공전시에는 길게 해주고
가속시에는 짧게 해주는 역할을 한다.
⇒ 전체적으로 엔진 출력을 높여주는 역할을 한다.
① 공전시에는 — 밸브를 닫아 흡입통로를 길게 해주고.
② 가속시에는 — 밸브를 열어 흡입통로를 짧게 해준다.

사례). 차종: 그랜저 TG 2.7 가솔린 V6
연식: 2009년 6월식
주행거리: 306,119 Km

증상: 주행중 울컹.울컹 하고 울컥거림 (가속시).

수리 이 1. 점화 계통 수리 (플러그. 코일)
2. 산소 센서 교환 (B_1S_1 B_2S_1 B_1S_2 B_2S_2).
3. 인젝터 교환 (6EA).

교환 후에도 증상이 수리되지 않음.

결과: ATS 교환 후
수리됨.

11
산소 센서

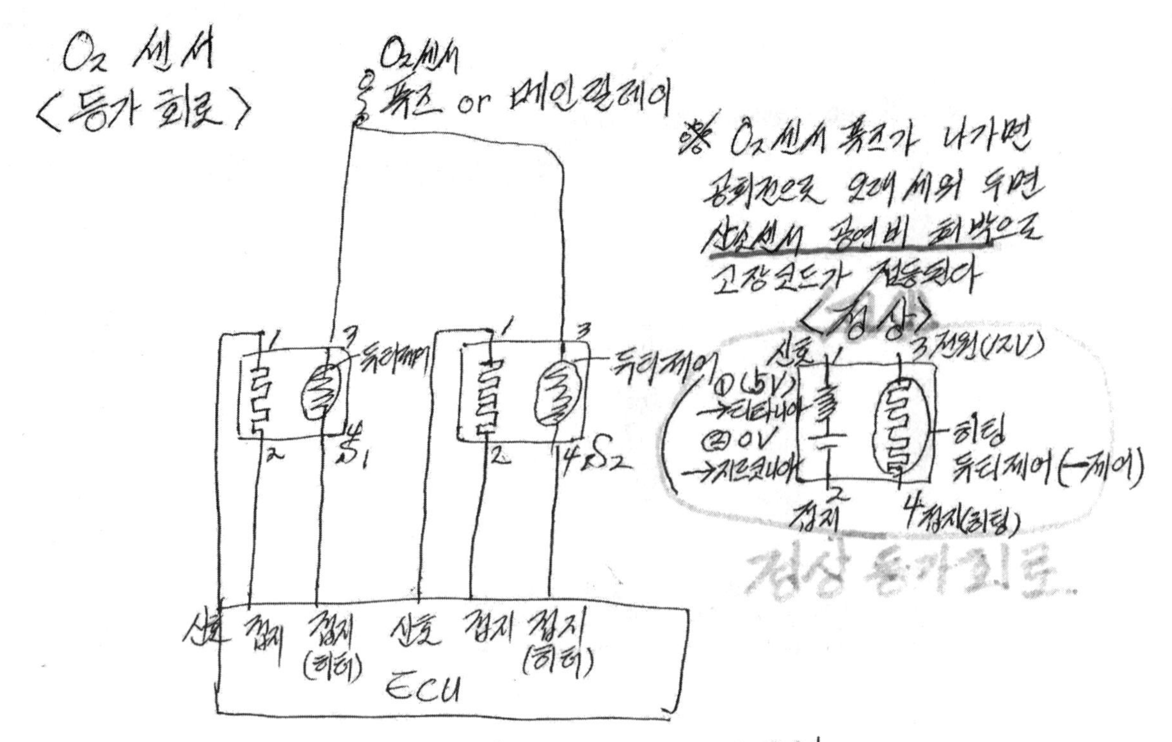

※ ECU 제어선이 전원전압과 단락되면
ECU가 나간다
회로가 단락되어 있으면
ECU를 교환하면 안된다 ⇒ ① 단락된 부위 찾기
먼저 ② ECU 교환

※ 촉매와 산소센서는 차량의 유지관리 차원에서도 교환을
해 주는게 좋다
이것은 소모품에 준하는 부품이기 때문에
비용이 많이 발생해도 교환 해주고 나면
그 비용이상으로 연비에서 혜택을 받을 수 있다

※ 산소센서 부품은 에어포켓에 포장되어 있다
(알미늄으로 만들어진 팩)
⇒ 이유는 수분 혼입 방지를 위해서

※ 산소센서를 공부해라 (4p로 개조해서)

〈산소 센 서〉 O_2 센서 (Oxygen sensor)

산소 센서의 종류
① 지르코니아 type (0~1V) ⇒ 산소 발전기
② 티타니아 type (0~5V) (광대역) ⇒ 레퍼런스 전압이 들어간다.

①지르코니아.
②티타니아
③람다센서 (전류값으로 측정)

※ 전 세계 모든 자동차에서 지르코니아 산소센서는 0.3Hz ~ 1.1Hz 범위를 사용한다.
0 1S 2S 3S
듀티는 50%다.

A. 델코 엔진은 0.3Hz다 ⇒ 3초에 한주기를 만든다.
또한 델코엔진은 크랭크축 14바퀴마다 한주기를 만든다.

B. 지멘스, 보쉬 엔진은 —— 1Hz다.
0 1S
1번 진동한다
1싸이클 한다
1Hz다

※ 산소센서 반응이 늦으면 rpm이 따라서 움직인다. (우~웅~우~웅)

※ 산소센서는 중속영역에서 가장 활성화가 잘된다.

중속영역 ⇒ 2200rpm   중저속 : 50~70Km/h
/ 1500~2000rpm
Engine은 1500~2500rpm

※ ~~산소센서는~~ 1500~2000rpm 대에서 맵값이 가장 낮다.

※ 촉매반가 없으면 배기가스가 최소 6~12배의 유해가스가 배출된다.

촉매는 2쪽.
1쪽 ⇒ 산화 : 산소를 걸어주는 역할 (CO, HC)
1쪽 ⇒ 환원 : 산소를 분리시켜주는 역할 (NOx) (N, NO_2)

※ 산소센서 시그널에 따라 rpm이 변한다. ⇒ 산소센서 불량 (노후)

산소가 없다 — 산화촉매가 활성화 된다.

산소가 많다. — 환원촉매가 활성화 된다.

B_1 S_1
B_2 S_1) 피드백 제어

B_1 S_2
B_2 S_2) 촉매를 감시하는 역할을 한다.

※ 공연비 관련 항목.
① MPS
② ISCA
③ 산소센서
④ TPS
⑤ 인젝터 분사량
⑥ ETS 모터 듀티
⑦ 점화시기 변동폭
⑧ 노크 센서.

※ 파형이 그라운드 밑으로 떨어진다면 엔진과 배터리간 접지 불량이다.

※ 산소센서 파형이
악셀을 밟았다 놓았을때
그라운드 밑으로 떨어지면
⇒ 엔진과 배터리간 접지 불량이다.

※ 산소센서 파형이 농후해지고 ( )
① 연료 분사량이 늘어나면 (2.5ms — 4.3ms로)
② MAP센서 시그널이 높아지고 (240mmHg → 430mmHg)
원인 ⇒ ① 타이밍이 넘으면
② EGR이 망가지면 그렇다.

※ 산소 센서 파형이 깨지는것 (파이는 것)
⇒ 실화가 난다는 뜻이다.

실화 ⇒ ① 점화 실화
② 인젝터 실화
③ 밸브 불량 실화
④ 흡기 불량 실화
⑤ 압축 압력 실화

※ 농후 연료 ⟶ HC, CO↑ ⇒ 인젝터 불량

A. 산화
① HC↑ : 타지 않은 휘발유 (생 휘발유)
원인 ⇒ ① 실화
② 적은 공기량 ⇒ 점화 계통 불량
③ 과다 연료

② CO↑ : 희박할 때 많이 나옴.
⇒ 덜 탄 휘발유
⇒ 밸브 불량

B. 환원 ③ NOx : 기계적 불량.

※ 산소센서 파형에서.
① 중속 영역에서 진폭이 작아지면 ⟶ 산소센서 불량
② 파형이 올라갈 때 가파르면 가파를수록 건강한 산소센서다.
③ 올라갈때는 가파르고 내려갈때는 완만한 경사를 이룬다

(불량) (정상)

올라갈때 : 200 mS (기준값)
내려갈때 : 300 mS (기준값)
(0.2V ~ 0.6V 까지의 시간)

④ 스톨시 산소센서 반응.

←5초→

0.5초

⑤ 산소센서 파형에서
한 주기가 7초를 넘어가면 센서 불량이다.
6 (배값은 정상인데 진동이 심하면
산소센서 반응이 좋으면서 엔진이 떨면
⇒ 엔진마운트 불량이다.

⑦ 산소센서는 정상작동에
센서의 온도가 400~800℃ 정도 된다.

⑧ 산소센서가 중속구간에서 파인다는 것은 (1500rpm~2000rpm).
⇒ 한 싸이클에 한번씩
⇒ 특정 실린더가 희박 한다는 것이다
(기통간 공연비 불량이다)
⇒ 실린더간 공연비 편차가 난다는 것이다.

⑨ 스톨 공연비 검사에서
중부하 (50km/h~70km/h) 이상에서 (중속영역 1500~2000rpm)
산소센서가 희박하지 않으면
⇒ 연료 계통은 이상이 없는 것이다.

⑩ 산소센서 파형에서
0.2S
0.3S
① ⇒ 올라갈때는 0.2V~0.6V 까지 200mS ⇒ 기준값
② ⇒ 내려갈때는 0.6V~0.2V 까지 300mS ⇒ 기준값
③ ⇒ 시간이 길어지면 희박하다는 것이다.
④ ⇒ 신품일때는 올라갈때 150mS 까지 짧아진다.

⑪ 악셀을 밟았다 놓았을때 파형이 희박을 그려야 하는데
농후를 그린다면 ⇒ 인젝터 불량이다.
왜냐면 인젝터가 무화가 않되서 결시되기 때문이다.

<item>

흡기 크리닝 ↑

(증속을 이후에 잠깐 낮아졌다 올라가면 ⇒ 흡기막힘 — 150,000원)

⑫ 스톨 공연비 검사에서 파형이 (~~~)
희박을 그리다가 농후로 그리면

① ⇒ 흡기 불량이다 (스로틀 밸브 카본 누적 등)
② ⇒ ISC에 카본이 누적되면 맵값이 많이 올라간다.
③ ⇒ 인젝터 무화 불량이어도 증속 후 농후로 나타난다.

※ PCSV 밸브가 열려 있는지 보는 방법

롱노우즈로 호스를 잡았을때
산소센서가 희박해지면 열려 있는 것이다.
(연료의 증발가스가 실린더 내로 유입되고 있었다는 증거다)
⇒ PCSV가 불량하면 산소센서는 희박 상태가 된다. ex) 160mV~190mV

※ 티타니아 산소센서는
처음 시동시 5V에서 시작하여
학습을 하면서 2.5V까지 내려와서 피드백한다.

⇒ 상당히 빠르게 상,하로 움직이면
⇒ 인젝터 불량이다.

※ 촉매 전에서 500°C였던 배기가스가
촉매에서 2차 연소되면
촉매 후에서는 배기가스 온도가 600~700°C가 된다
(정상인 촉매일때)

※ 산소센서 파형에서 실화가 발생하면
① 연료 모터 문제는 아니다
② 인젝터 문제일 확률이 높다 (특정 실린더 실화)
(기통간 공연비 불량)

※ 1500rpm 스톨구간에서
산소센서 파형이

진폭이 줄면 ─ ① 산소센서 불량.
　　　　　　 ─ ② 출력 저하. ③ 가속시 떨림(간헐적)

흡기카본 누적

※ 산소센서를 스코프로 보고 파형이 차이면 실린더간 공연비 차이가 난다는 뜻이다.

⇒ ① 밸브 문제
　② 점화 문제
　③ 연료 문제

⇒ 실린더간 공연비 편차가 나면
산소센서 파형이 차인다.

① ⇒ 밸브불량.
② 풀가속시: ⇒ 점화불량
③ 풀가속시: ⇒ 연료불량

ex) <프레스 1.8 DOHC>
PCSV 불량 데이터
① 공기량 10Kg/h ⟶ 7.6 Kg/h
(정상) (불량)
② 분사시간 3.1 mS ⟶ 3.5 m/S 로 늘어난다.

A. 혼합기가 희박해지는 원인
① 연료필터 불량 / 필터 막힘
② AFS 불량
③ WTS 불량
④ 인젝터 불량
⑤ 흡기 누설
⑥ PCSV 불량(HC가스유입)

B. 혼합기가 농후해지는 원인
① 흡기 막힘
② 실화 (연소실 온도 낮음)
③ 연료 압력 조절기 불량(과다연료)
④ 진공호스 막힘
⑤ 연료 압력이 높을때
⑥ 점화 계통 불량
⑦ ECU와 센서 배선단선 or
페일 세이프 기능 불량
(O2센서, AFS, WTS, ATS, BPS)

<희박 조건>
※ A. 연료 부족
B. 공기 과잉

<농후 조건>
① 연료 과잉
② 공기 부족

※ 산소센서 히팅 회로는 동력전원이다.

※ PCSV가 불량하면 산소센서는 희박 상태가 된다 ex) 160mV~190mV

※ V6 엔진 계열.

산소센서가 망가지면

⇒ 한쪽 뱅크 전체가 연료 보정을 한다.

⇒ 한쪽 뱅크를 연료 분사를 하지 않는다.

※ 산소센서 S_2의 온도가 S_1의 온도보다 훨씬 높은 이유로

S_2의 산소센서가 훨씬 잘나간다

⇒ 촉매 관련해서 고장코드가 뜬다.

※ P코드가 00으로 시작하는 고장코드는 모두

산소센서 결함으로 생각하면 된다.

※ 산소센서의 출력 전압을 쇼트시키면

센서 내부 저항이 아주 적기때문에 센서가 나간다.

※ 산소 센서를 이용해 공연비를 제어하는 system에서

피드백 제어가 해제되는 조건

① 냉간때

② 시동때

③ 엔진 회전수가 4300rpm 이상일때

④ 급가속 때

⑤ 감속시 연료차단때

※ 산소 센서 : 1P ⇒ 신호선 (출력선)

2P ⇒ ① 신호선 ② 접지선

3P ⇒ ① 신호선 ② 접지선 ③ 히팅선⊕

4P ⇒ ① 신호선 ② 접지선 ③ 히팅선⊕ ④ 히팅선⊖

<사례 아반떼 XD>

예) 비가 와서 주행할 때 시동이 꺼지는 차량. (아반떼 XD) 비오고 난후.

⇒ 산소센서 커넥터에 물이 들어가면 (분리 type)

⇒ ECU는 연료 분사를 안한다 — 신력선 제어검사

⇒ 누전 현상.

※ 산소센서는 시동을 끄면 없어진다.

다시 key on 하면 0.45V로 가고 — 정상일때.

그런데 크랭킹 할때 시동걸리자 마자 0.71V가 나오면

⇒ 산소센서에 물이 들어간 것이다.

⇒ 열 받으면 정상으로 돌아온다.

0.71 V
0.48 V ⇒ 산소센서 불량

⇒ 산소센서 출력 전압이 3V 이상 나오면 외부전원이 유입되었다는 것이다.

⇒ 물이 들어가 쇼트 되는 바람에 전원선과 출력선이 쇼트가 되서 전원 전압이 나온다.

해결 ⇒ 배선을 잘라서 직접 연결해 준다. (커넥터를 제거하고)

※ ECU는 산소센서를 가지고 3mS에 +50% -50%를 더하고 뺄 수 있다

⇒ 보정 할 수 있는 한계치다.

※ 공연비 불량이어도 산소센서 고장코드가 점등 된다.

※ 산소센서 불량 원인
① 장기 사용으로인한 노후 불량
(수명은 보편적으로 10만Km전후)
② 회로 불량
③ 출력선 단선 or 쇼트
④ 유연 휘발유 사용
⑤ 보드 어스 or 차체 어스 불량
⑥ 거품식 크리너 잘못 사용

※ 산소센서 불량 때 엔진에 미치는 영향
① 연료 소모 과다
② 공전시 엔진 부조
③ 이상현상없이 경고등 점등
④ 주행중 간헐적 시동 꺼짐
or 주행성능 저하 (출력 저하)
⑤ 유해 배기가스 or
검은 연기 다량 배출.

※ 산소센서 개조 방법 (1.2.3.p 산소센서를 —— 4p 산소센서로 개조)

⑨ 아반떼(구) 산소센서를 이용한다.
<신품 산소센서 배선> <차량측 산소센서 배선>

<1p> ① 검정색 선 —— 기존 산소센서 출력선과 연결 (납땜 금지)
② 회색선 —— 접지 〉 별도로 접지시킴
③ 흰색선 —— 접지
④ 흰색선 —— 전원 와이퍼 모터 Acc선에 연결
(원래는 IG2선하고 연결해줌)

<2p> 색상 똑같은 선끼리 연결한다 (현대, 기아)
① 검정색 선 —— 보라색 선 (대우차량) —— 출력선
② 회색 선 —— 갈색 선 (대우차량) —— 접지선
③ 흰색 선 —— 접지 (엔진에)
④ 흰색 선 —— 전원 (와이퍼 모터 전원선에 연결)

<3p> ① 검정색선 —— 기존 출력선과 연결 —— 1p (기존차량선)
② 회색선 —— 접지 시킴 (엔진에)
③ 흰색선 —— 기존 히팅선과 연결 ⊕ —— 2p
④ 흰색선 —— 기존 히팅선과 연결 ⊖ —— 3p

※ 산소 센서가 불량 문제는
① 시동을 걸고나면 부조를 하다가
워밍이 되면 정상으로 돌아온다.
② 반응이 늦는다.

③ 냉간시 산소센서가 피드백하기전에는 양호하다가
피드백을 시작하면서 부조하면 ⇒ 산소센서 불량이다.
ex) 세피아
엑센트) 3P. 1P 머플러 맘에 있는 것들이
불량이 많이 일어났다.
⇒ 플러그를 꺼내보면 새카맣게 그을려 있다.

※ 산소 센서가 피드백이 안되면
① 배출가스는 반드시 높이난다.
② 연료 소모량이 많다.

※ O_2센서 흑조가 나가면
공회전으로 2개 세워 놨을때
산소센서 공연비 희박으로
고장 코드가 적용된다.

※ 뉴 EF 소나타.
멀티 시스템으로
파형이 희박으로 그리면서 흑조가 나간다. (산소센서흑조)
⇒ 히팅선이 단락되면 과전류가 흘러
흑조가 나가고 고장코드를 띄운다.

⇒ 붙었다 떨어졌다 할수 있다.

⇒ 산소센서 파형이 (—) 일자로 그리면
제일 먼저 히팅 전원을 체크한다 (흑조를 본다)
빼다 꽂으면 반응을 하면 접촉 불량이다.
⇒ 세정제를 뿌려 본다. ⇒ 반응하면 ⟶ 정상
반응 안하면 ⟶ 불량.

<산소센서 불량 유무 판별법>

※ 엔진이 워밍업 상태 후
산소센서 파형이

⇒ ① ~~농후로~~ 그리면서 一자로 나올때
(희박) → 쓰로틀 바디에다 WD를 뿌리면서 가속을 해본다.
ⓐ 피드백을 하면 — 센서 정상
ⓑ 피드백을 않하면 — 센서 불량

⇒ ② ~~희박을~~ 그리면서 一자로 나올때
(농후) → 점화 플러그 배선을 빼본다.
ⓐ 피드 백을 하면 — 센서 정상
ⓑ 피드 백을 않하면 — 센서 불량.

※ 산소센서가 희박하면
가속하면서(스로틀) 쓰로틀 서징게를 깨어본다.

※ 산소 센서가 반응이 느리면
⇒ 4~5천 rpm으로 주행하게 되면
질소산화물이 많이 발생한다. — 산소센서 교환

⇒ 센서 교환 후에도 Nox가 많이 배출되면
→ 촉매 교환

B_1S_1 B_1S_2
B_2S_1 B_2S_2
B — Bank
S — Sensor

S_1 — 실제 공연비제어
⇒ 고장나면 배기가스, 연비, 출력이 떨어진다
S_2 — 촉매를 감시하는 역할
⇒ 배기. 연비. 출력에는 영향을 미치지 않는다

※ S_2는 모두 지르코니아 type을 사용한다

※ 산소 센서는 수분 혼입을 방지 하기 위해
양미늄 재으로 만들어진
에어 포켓에 들어가 있다.

슬립1 — $B_1 S_1$ — up stream (상류, 흐름, 시내)
슬립2 — $B_1 S_2$ — Down stream (하류)
※ B_1 = 우 뱅크 B_2 = 좌 뱅크
※ LPG 자동차는 산소센서가 모두 지르코니아다.

※ V6 엔진 계열에서
한쪽 뱅크를 분사하지 않으면
⇒ ① 산소 센서가 불량하면
② 타이밍이 불량하면
③ CVVT가 불량하면 한쪽뱅크를 모두 분사하지 않는다.

※ 뱅크 1을 죽이면 심하게 부조하지 않는다.
※ 밸브가 불량하면 3개가 동시에 불량하지 않는다.
(한쪽 뱅크를 모두 분사하지 않을수 없다.)

※ 산소센서가 실제로 그리면 (희박) (농후) (중간값)
—① 제일 먼저
히팅 전원을 체크한다. ⇒ 퓨즈를 본다.
뺐다 꽂았을때 반응하면 접촉 불량이다.
히팅 코일이 단락되도 붙었다 떨어졌다 할수 있다.
—② 세정제를 뿌려 본다 ⇒ 반응하면 — 정상
않하면 — 불량.
—③ 플러그 배선을 빼본다.

〈출 소흥 모드〉

① 공회전 파형

② 중 부하 파형

③ 고 부하. 파형 ⇒ (연료 희박) 〈 인젝터 불량 / 펌프 불량

⇒ 〈 점화불량

※ ⇒ 밸브파형?

진폭: 진폭은 변하지 않으면서 위와 같은 파형이 나오면

⇒ EGR 밸브 불량이다.

※ 산소센서 반응이 늦으면 rpm이 따라서 움직인다.
우~웅 우~웅하고.

※ ECU는 산소센서를 가지고 3mS +50% −50%를
더하고 뺄 수 있는 권한이 있다.
⇒ 보정 할 수 있는 한계치다

※ 산소센서를 가지고 한계치까지 보정을 했으나.
산소센서가 반응을 않하면 고장코드를 띄운다.

※ 앞으로의 차량은 (U6 부터는)
B_1S_1을 가지고 촉매를 제한한다.
B_1S_2 ⇒ 촉매의 정화율까지 제어를 하겠다는 뜻이다.

※ 피드백 제어 ⟨ 하면 — open loop
안하면 — close loop
희박하면 ⟶ ⊕ 학습을 한다.
농후하면 ⟶ ⊖ 학습을 한다.

※ 200 mV 이하 ⟩ 올라가고 내려가야 한다.
700 mV 이상

↑ 0.7V
0.2V ↓

※ 700mV 제외 차량 ⟨ 갤로퍼 LPG
스타렉스 LPG

※ 산소센서 교환주기는 100.000km다.
A/S 기간 ⇒ 5년에 100.000km이다.

※ 엔진에 풀부하를 주면 — 0V 이하로 내려온다. (산소센서 파형이)
⇒ 떨어지는 수치만큼 엔진과 ⟷ 배터리 ⊖단자간에
선간 전압이 걸린것이다 ⇒ 차체 접지 불량.

※ 15초 정도 가속을 하다 멈추면 이때 중간에서 피드백 한다.
⇒ 중속 영역에서 차가 안나간다.
⇒ 1500 스톨 구간에서 산소센서 접촉이 좋어들면 나타나는 현상.

※ 산소센서 파형이 그라운드 밑으로 떨어진다면
엔진과 배터리간 접지 불량이다.

산소 센서.

① 지르코니아 (0 ~ 1V)
② 티타니아 (0 ~ 5V)
③ 람다 센서 — GDS — 산용차인다.
— 전류를 잰다.

ex) 타우 엔진 (5.0 엔진)
세타엔진 (3.0 엔진) > 지르코니아 type 사용

① 공전시 오르락 내리락 해야 한다 (웜업후에).
② 급 가속시 200mV ~ 600mV까지
⇒ 상승 할때 걸리는 시간 — 100mS이내. (정상)
⇒ 하강 할때 걸리는 시간 — 300mS 이내 (정상)
③ 농후 — 1V에 근접 ⇒ 시간이 길어지면
희박 — 0V에 근접 희박 하다는 것이다.

④ 한 주기의 시간이 길어지면 노후된 것이다.
⇒ 산소센서가 건강하면 반응이 빨라진다.
※ 산소센서의 특징
⇒ 배기가스 중의 산소 농도만 측정한다.

※ λ ⇒ 0.9 1 1.1
(농후) (정상) (희박)

※ 산소센서 체크 방법
⇒ ECU가 계산하지 않는 추가 연료를 뿌려서
산소센서 반응을 본다.
⇒ 스로틀 바디 세정제를 뿌리면 ⇒ HC흡입 → 연소 → 산소소모 → 산소센서 농후
※ 산소센서는 중간값으로 가는건 말이 안되는 것이다.

※ 멜코 엔진 산소센서가 0.3Hz다.
⇒ 크랭크 축이 14바퀴마다 한 주기를 만든다.

※ 산소센서 반응도 검사
⇒ 주어진 시간에 몇번의 주파수(주기)를 만드느냐가.
듀티 보다 중요하다.

⇒ 예를 들어 3초에 1주기를 만드는 멜코 엔진의 산소센서가
7초에 한주기를 만들면 불량이다.

ex) 멜코 Engine

0 1S 2S — 0.3Hz 〈정상〉

0 1S 2S 3S 4S 5S 6S 7S — 0.14Hz 〈산소센서 불량〉

⇒ A/C 콤프가 붙으면 급격하게 반응한다.

※ 산소센서가 노후하면 멱값이 낮을 수 있다.
⇒ 달리다가 멈추면 rpm이 드롭 될 수 있다.

※ 산소센서의 노후는 EMS를 바보로 만드는 것이다.

※ 풀가속시 산소센서 파형을 보고.
— ① 피드백 여부
② 점화 불량
③ 연료 불량 을 확인할 수 있다.

※ 산소센서 파형에서

A. 희박 — ① 연료 부족 — ① 인젝터
② PCSV
③ 연료 압력 진공호스 결함시

② 공기 과잉 — AFS에서 계측된공기 外 연소실에 들어간공기

B. 농후 — ① 연료 과다(과잉)

② 공기 부족

※ 희박 —
1. 연료 정상 + 공기 多
2. 연료 희박 + 공기 정상

농후 —
1. 연료 정상 + 공기 少
2. 연료 농후 + 공기 정상

※ex 공연비 학습 값이 공전시 ⇒ −4.3% 라면.
analysis ⇒ 흡입 공기량을 계산해서
(ECU가 계산한 흡입 공기량 값에서)
−4.3% 만큼 빼서 분사하고 있다는 것이다.

※ 전 세계의 모든 산소 센서의 주기는.
0.3Hz ~ 1.1Hz에 존재한다.
⇒ 듀티를 보지 말고 주파수를 봐라.

※ 기통간 공연비가 발생을 하면
풀스롤모드로 가면.
산소센서의 반응은 무조건 농후로 가야한다.
기계적인 문제는 중속영역 부터 정상으로 돌아온다.

※ 《스톨 공연비 검사에서》
① 풀스롤 구간에 산소센서 시그널이 농후를 유지하면서
아래로 파졌으면
⇒ 점화 불량이다.

② 풀스롤 구간에 산소센서 시그널이 희박을 그리면서
위로 파졌으면.
⇒ 인젝터 불량이다.

③ 점화 파형에서는 점화시간은 같고
끝전압이 올라가면 (가속시) ⇒ 연료계통 불량이다.
A. 파팍 파팍 파파파박 ⇒ 인젝터 불량
B. 우~우 ⇒ 연료펌프 불량

④ 1500rpm 이상 밟은 다음 부터는
산소센서 파형이 깨끗해지면 무조건 ⇒ 헤드 불량이다.

⑤ 기통간 공연비 불량.
⇒ 특정 실린더의 점화가 실화된다.
⇒ 점화 시간이 없다.

※ 보정량 — 즉각적으로 반응해서 보정 하는것
학습 제어 — 시간을 두고 연산해서 학습제어를 한다.
학습량(값) — -244㎲ ~ +244㎲ 까지.

※ 산소센서가 불량하면 — 공연비 보정을 하지 못한다.
※ 60초를 기다려라 (배터리 ⊖터미널을 분리하고).
학습값을 초기화 해줘야 한다.
⇒ 학습값의 제로 상태의 기준을 알수 있다.
① 저격하 학습값 ⇒ 0㎲
② 중격하 학습값 ⇒ 100% 〉가 제로임.

※ 공연비 피드백 제어.(on, off).
대우차 (E망) 블록런
open loop close ~~roof~~ loop
(비활성화) (산소센서 활성화)
※ 엔진온도가 90°C 정도 되어야 배기가스가 350°C로 올라간다.
※ 엔진이 실화를 하면 공연비 피드백 제어를 off시킴.

※ 공연비 보정 100% (기준) → 120% ⇒ 희박해서 늘려준것
80% ⇒ 농후해서 줄여준것.
① 숫자가 높으면 ⇒ 희박
② 숫자가 낮으면 ⇒ 농후 〉모든 데이터 값

① 덧셈 보정 〈 ⇒ 공기량을 보정.
⇒ 저속에서 보정 → 저격하 학습
② 곱셈 보정 〈 ⇒ 연료를 보정
⇒ 고속에서 보정 → 중격하 학습.

※ 퍼지 학습값
⇒ 느리게 변해야 되는데 변화량이 크면 문제가 크다.

※ 학습값 — 긴 시간을 가지고 보정.
보정값 — 실시간으로 보정
⇒ 보정값을 가지고 학습을 한다。

※ 공연비
순시 보정 (상시.계속) ⇒ 산소센서 값을 가지고
(인티그레이트). 직접 보정하는 값

※ 공연비 학습 (공회전) B1 〉 값을 가지고.
공연비 학습 (중저하) B1 〉 과거 고장을 알 수 있다.

⇒ 순시보정을 최소로 해야 하기 때문에 학습치를 한다.

※ 산소센서 시그널을 가지고는 얼마나 농후한지를
알 수가 없다.
⇒ 그래서 배기가스 수치로 알 수 있다.

ex) CO. — 기준치 1.2%

※ ECU는 크랭킹 할 때부터 제어를 하기 시작한다.

※ Key → ACC → IGⅡ → start → IGⅠ

〈주신호〉 〈보정신호〉

CKP　CMP

AFS

- 수온 센서 ⇒ 80~96°C 면 : 보정하지 않는다 (ECU가)
- TPS ⇒ 공전시 면 : 보정하지 않는다
- ATS ⇒ 20~60°C면 : 보정하지 않는다
  (보닛을 닫고 일정시간이 지나면 온도가 일정해진다)
- BPS ⇒ : 보정하지 않는다.
- 전지 B+ B− ⇒ B+ ⇒ 12.6V 이상, B− ⇒ 0.3V 이내 〉이면 : 보정하지 않는다.
- 전압 ⇒ 1.75V ↓로 떨어지면 : 불량이다.

※ start 신호가 들어오는지 않오는지를 먼저 확인한다.

※ 피드백을 하지 않을때 — ① 냉간 시
② 센서 고장시
③ 가속 순간에
풀드 영역 (완전히 스로틀 밸브가 열린상태
④ 실화 하면

※ 산소 센서 → 위치에 따른 결유
핀 스위치에 따른 결유

※ 연료 압력 레귤레이터 진공호스를 빼면
연료 압력이 높아지므로
같은 연료 분사시간에도 연료 분사량이 많아 질테고.
산소 센서 반응은 농후로 반응을 하지만.
ECU는 산소센서 농후 데이터를 가지고
연료 분사시간을 줄일것이다.
결국.
연료 분사량을 조절하여 촉매의 활성화를 시킬것이다.

※ 촉매의 활성화를 위해 산소센서의 피드백을 한다.
⇒ 온도가 올라가야 Nox의 환원이 활성화 된다.(700℃ 배기온도)

※ 촉매의 활성화가 안되서 계속 농후하면.
유해 배기가스가 많이 나온다.

※ 산소센서가 희박하면 ⟶ 맵값이 올라간다.

※ 폭발력이 떨어진다는 것은 (연소조건이 희박)
⇒ ISC 값이 올라가고.(보상을 한다).
⇒ 공기량이 많아진다. — 한실린더의 흡입공기량이 많아진다
⇒ 점화시기를 지각시켜라(ECU는) — 맵값은 더 올라간다.

※ 산소 센서가 정상 피드백을 하지 않으면
맵값이 30~100 mmHg 까지 올라간다.

※ 《흡기 크리닝》(item)

※ 스톨 이후에 농후 그래프가 그려지면,
타바가스 생성률을 줄이려면
⇒ 흡기 크리닝을 해준다.

폭은 줄일수 있다.

⇒ 인젝터 결함이어도 농후하다.

⇒ 플러그 백화현상이 일어난다.

※ 월 필름 현상 (wall film).

— 인젝터에서 분사된 연료는 상당히 많은 양이 증발되지 못하고 다양한 형태로 인테이크 내면과 흡기 밸브 표면에 묻게 된다. 이를 wall film 이라고 한다.

카본에 의한 연료 소착(흡착).

— 카본에 의한 무화된 연료 흡착.

— 이 월필름은 서지 탱크 내부의 적양과, 냉각수온에 따라 매우 크게 차이가 난다.

※ 카본에 의한 트러블 (고장)

① 쓰로틀 플랩과 바디.
② 서지 탱크 내부, 흡기 밸브.
③ 피스톤 상부 (헤드)
④ 피스톤 링링의 소착에 의한 압축압력 저하.
⑤ 연소실 체적 감소로 인한 조기 점화.

⇒ 공기 유동성 악화 및 흡입 공기량 감소.
가속 초기에 울컥거림 현상. (월 필름)
⇒ 여러 문제점들을 동시에 개선해 주어야 카본 크리닝의 효과가 극대화 될 것이다.

※〈item〉 — ① 쓰로틀 바디 크리닝.
② 서지 탱크 크리닝
③ 연소실 카본 크리닝
④ 피스톤 링링 크리닝
⑤ 밸브 크리닝. (LPI, GDI)

밸브 크리닝

※ 흡기 크리닝을 해야 하는 이유?
— ① 탄소는 표면적이 넓다
② 월 필름 현상 (wall film)
⇒ 연료를 분사했을때 바로 연소실로 빨려 들어가지 못하고
나중에 무화되서 빨려 들어가는 것.
③ 밸브 뒷면의 카본 누적으로 인해 연료가 탄소에 소착(흡착) 되기 때문

※ 흡기 크리닝은 반드시 분해해서 청소한다. (CRDI)
— 첫번째 크리닝 — 8만 km 주행 후
두번째 부터는 — 5만 km 주행후 크리닝 한다 (케미컬로)

※ 긴 스폿으로 흡기구를 긁어 본다. (CRDI)
(EGR 포트 반대편).
— ① 약품으로 수리하는 방법
② 어셈블리를 탈착 해서 A. 흡기 다기관 크리닝
B. 밸브 크리닝.

※ 스폿을 바디에 카본이 많이 끼면
⇒ ① 시동 지연
② 심하면 시동 불능.

※ 흡소를 이후 흡기에서 월필름 현상이 적어지는게 정상이다.
⇒ 길어지면
⇒ 흡기 크리닝을 해야한다.

dt

dt

※ 急 스톨시

(공전시의 2배↓)

인젝터 분사시간이 늘어나지 않고 희박하면

⇒ 공기계통 불량.

인젝터 분사시간이 늘어나고(4배) 산소센서가 희박하면

⇒ 연료계통 문제다.

※ 스톨시

연료 분사량은 공전시 연료분사량의 4~5배를 분사한다 (정상시).

※ 산소센서 점검 (O_2 센서)

200mV ~ 600mV

① 올라갈때 0.2초

② 내려올때 0.3초

0.2 0.3

악셀을 밟았다가 놓았을때

산소센서 파형이 희박해야 되는데 (연료분사를 차단하기 때문)

농후한 이유 ⇒ ① 인젝터 불량 (열림고착, 후적)

② 흡기 카본 누적 (카본에 연료가 숨어있다) (젖은 스펀지처럼)

③ 밸브 카본 누적

④ 스로틀 밸브, ISC모터에 카본 누적

※ "공연비 희박" (DTC) 점등

⇒ 연료 압력 낮음으로 인한 공연비 희박이 나타날수 있다.

※ 피드백 제어 상태 off (open Loop 제어)

피드백 제어 상태 on (close Loop 제어)

※ 피드백 제어상태 off로 출력 될수 있는 조건
⇒ ① 시동시
② 급가속
③ 급감속
④ 기타 제어 시스템 고장 (산소센서, ATS, ECU불량 등)

※ 산소센서의 적용 목적
⇒ 촉매 컨버터의 정화 효율 극대화
(catalytic converter)

※ 안정화된 공연비 영역
0.97 < λ < 1.03

※ 산소센서는 배기가스 중의 산소 농도만을 감지한다
⇒ 불완전 연소시 다량의 산소와 연료가 배기관으로 배출되어
ㅡ 산소센서는 (희박으로 감지 한다.
농후?

※ 산소센서 활성화는
산소센서 팁의 온도가 약 370℃ 이상을
유지할 수 있도록 가열

※ 산소센서 전압은 (B1S1) 농후/희박을 50% 비율로
⇒ 1주기는 3초이내 피드백 한다.
※ 산소센서 전압은 (B1S1) 안정된 rpm에서는 ⇒ 일정
연료 차단 시는 희박으로 출력

※ 산소센서를 잘 봐야 한다.

— 변속도 늦고 ※ 산소센서파형 — 올라 갈 때 ⇒ 0.2초 ⟩ 정상.

— 출력도 줄고. 내려 갈 때 ⇒ 0.3초

(200mV ~ 600mV)

※ 산소센서 중간값이 0.45V

⇒ 학습치를 초기화 하고 나면 산소센서 중간값을 알 수 있다.

— ① O_2 sensor ⇒ 증량 보정

② AFS ⇒ 증량 보정

③ BPS(대기압) ⇒ 감량 보정 — 배기저항감소 ⇒ 연료량을 줄여준다.

(감소 보정) (지리산 노고단)

⇒ 차가 안나감

학습 보정 ⇒ 공연비 학습값 (중부하).

④ 수온 보정 ⇒ 월월월 현상.

(WTS) ⇒ 수온이 낮아짐에 따라 연료의 증발성이 떨어지는 양 (연료가 벽면에 묻는양을 보정하는 양).

※ 냉간시, 크랭킹시 ⇒ 20 ~ 30mS 분사 한다.

⑤ A/C 작동 보정, A/C 부하 보정 (오토미션 R.D.N 신호).

⑥ ATS (흡기온 센서) ⇒ 점화시기 보정 (연소실온도 10℃ ⟶ 100℃ 차이가 남)

⑦ 산소 센서 ⇒ 전압에 따라 피드백 받아 보정하는 양.

⇒ 전체 연료량의 ±33% 또는 ±50%를 보정할 수 있다).

연료 보정

피드백 보정 ⟩ ⇒ 직접 보정

순시 보정

※ 보정량은 정상차량의 10%를 넘지 않는다.

⑧ D단으로 놓으면) 연료량 보정
⑨ 파워 스티어링
⑩ 가속 페달 ⇒ 월 필름 현상 보정 (벽면 냉각 보정)
⇒ 추가 보정.

※ 주 분사의 절대 권한은 AFS에 있다.

※〈분사량을 늘리는 방법〉
① 분사 시간
② 추가 분사

※ 냉간시 — 정상 ⇒ 산소 센서가 감당하지 못해서
온간시 — 엔진 부조 ⇒ 산소센서 불량.

※ 공전시 TPS 값이 없으면.
추가 분사를 하고 매연이 심하다
(농후 분사를 하기 때문).

※ 시동을 걸고나면 무조건 산소센서는 중간값으로 와야한다.
아니면 산소센서가 농후된 것이다.

※ 산소 센서는 메이커에 상관없이 사용해도 된다.
산소센서가 파인다는 건 ⇒ 실화다.

※ 흡기 누설이 있으면
그 실린더에서 실화가 발생하고
산소센서가 파인다.

※ ECU가 산소센서에 레퍼런스 전압 0.45V를 내보낸다. (커넥터 빼고 체크)

※ 산소센서 전압이
0.49V 이하로 내려오지 않는다.면.
⇒ ① 배선 문제
② ECU 레퍼런스 전압
③ 배선 쇼트.

※ 산소센서가 안움직일 경우 커넥터를 빼고
센서의 출력선에 ⊕프로브를 연결 후
입으로 전압을 줘 본다. (예 700mV를)
⇒ 이때 센서 데이터 값을 본다. ─ 메인 듀티값을 본다.
인젝터 분사시간을 본다.
⇒ ECU가 제어를 하고 있는지를 볼수있다.
⇒ 메인 듀티 S/V가 작동하는지를 확인할 수 있다.

※ 산소센서가 1500~2000rpm에서 중간영역으로 진폭이 줄어들면.
⇒ 산소센서 불량이다.

※ 산소센서 실화파형 ─ ① 점화 문제
② 흡기누설, 진공누설
③ 밸브 불량

※ 흡기 누설은 스톨공연비 검사에 크게 영향을 안준다.

※ 산소 센서 파형이 0V이하로 내려가면 엔진 정지 부터 본다.
⇒ 배터리에 저항이 많이 걸린다는 뜻이다.

※ 산소 센서에 점지 노이즈가 끼면
⇒ 점화 코일 교환.

<중요 item>

① TPS ⇒

② 산소센서 ⇒

<analysis>

⇒ 퓨얼 스톨 이후 스로틀 밸브가 닫힌 이후에 월플름 현상이 생기는 이유는.
→ 밸브 뒤편의 카본 누적으로 인해 연료가 탄소에 흡착이 되기 때문이다.

<Diagnosis>

⇒ ① 흡기 크리닝
② 밸브 크리닝 을 해야 한다.
③ 인젝터 불량이어도 농후 할 수 있다 (플러그 카본화현상)

※ 탄소는 표면적이 넓다 (1 실방미터에

1V
0.45V
S

⇒ 냉간 시동시 산소센서 파형 (정상일때)
⇒ 중간 값으로 나오지 않으면 – 산소센서 노후(불량)

ex) EF 소나타 시리즈가 열선 쪽으로가 잘나간다.
⇒ 그런데 "산소센서" 고장코드가 뜬다.
⇒ ECU가 12V전원 검출조건은 반드시 본다.
⇒ ① 등가 회로를 그려본다.
② 고장 판정 조건을 확인한다.

※ 이론이 실제를 모두 대변할 수 없다.

※ 앞으로의 차량은 (U6 부터는)
B1S2를 가지고 출력을 제한한다.
⇒ 촉매의 정화율까지 감독을 하겠다는 뜻이다.

※ 실화가 일어나면 미연소가스가 발생하는데
이는 결국 촉매에서 산화되어 촉매 온도가 상승하게 되며
다량의 실화가 지속적으로 발생될 경우
촉매 및 엔진의 손상을 가져 올 수 있다.

※ ECU는 크랭크 샤프트의 회전속도 변화를 감지하여
실화 발생여부를 판단한다.

※ 촉매 컨버터 산화 반응이란
연소 한다는 의미로
연료가 연소하기 위해서는 점화 불꽃이 있다든가
아니면 착화온도 이상 올라가 스스로 발화 되도록 해야
하는 촉매컨버터가 발화되도록 유도하는 장치로
발화 온도까지 올리는 온도가 활성화 온도다.

※ 공기 과잉률 (λ) = $\frac{\text{연소실 내의 혼합비}}{\text{이론 공연비}}$ = $\frac{\text{연소실에 흡입된 공연비}}{\text{이론 공연비}}$

예) 가솔린 ⇒ 공기 과잉률(λ) = $\frac{14.7:1}{14.7:1}$ = 1

혼합비가 16.2:1로 연소되는 경우

⇒ 공기 과잉률(λ) = $\frac{16.2:1}{14.7:1}$ = 1.10

⇒ 1보다 크면 — 희박 (λ > 1)

1보다 작으면 — 농후 (λ < 1)

※ 사용 연료에 따른 이론 혼합비.

연료.	가솔린	경유	LPG	메탄
이론 공연비	14.7:1	14.8:1	15.8:1	17.4:1

※ 산소 센서

① ~~~~ 리니어 산소센서

② ∿∿∿∿ 바이너리 산소센서.

〈자동차 배출가스 주요성분〉

1. 일산화 탄소 (CO)
2. 이산화 탄소 (CO_2)
3. 탄화 수소 (HC)

유해물질 4. 질소 산화물 (NOx)

5. 아황산 가스 (SOx)
6. 입자상 물질 (PM)
7. 흑연 (Pb)

< λ(람다) 센서 >

※ CRDI 산소센서는 티타니아 소자다 (싼타페 CM)
펌핑전류 측정 ⇒ 레퍼런스 전압.

※ 티타니아는 (λ센서)
ECU가 펌핑전류를 공급해서 저항 수치의 변화를 보는 것이다.

※ 리니어 람다 센서 → 후방 람다 센서.

※ 혼합기 희박 ⇒ 1.0 이상 → 1.1
혼합기 농후 ⇒ 1.0 이하 → 0.9

$$\lambda = \frac{\text{연소실 공연비}}{\text{이론 공연비}}$$

14.8:1 (디젤)

λ(λ) > 1 > λ(λ)
희박 농후

① 전원
② 접지
③ 센서신호 (레퍼런스전압)
④ 펌프센서 (펌핑전류) — 소전류 프루브연결
⑤ 센서히터(펄스신호) (펄스제어) — (10A)

CRDI는 초희박 연소를 한다 — ① 공기 과잉률이 가솔린보다 높다.
② 공연비가 매우 높다
③ 공기 과잉률이 1보다 크다(λ > 1)
④ 희박하다 (산소농도가 높다는것이다)

※ 연료량이 적어 λ(공기 과잉률) 값이 1.0 이상일 때는 ECU에서 펌핑전류를 흘려주어 항상 λ값이 1.0이 되도록 한다.
연료량이 많아 λ값이 1.0보다 적을때는 산소센서로 부터 펌핑전류를 흘려 받아 λ값을 일정하게 유지하는데
ECU는 이러한 전류변화를 이용해서 배기가스 중의 산소농도를 분석한다.

〈λ 센서〉

Page.

기능 - ① EGR 정밀제어를 위해 배기가스 중의 산소농도를 검출해 ECU로 피드백한다.

② 일정량의 전류를 센서에 흘려 보낸 뒤 산소농도에 따라 감소되는 전류량으로 환산한다.

③ NOx 배출량 10~20% 추가 저감

④ 센서 고장시 EGR 제어 중지.
3000rpm 제한 시킴.

12

TPS

<TPS>

TPS — 3P
4P → 시동 S/W 내장. (아이들 S/W 내장)

※ TPS 선도와 맵값 선도는 거의 맞아 떨어진다.

※ ① 아날로그 신호다 (그래서 잡음이 유입되면 안된다)
② 20mV 이상의 전압 차이가 나면 안된다.

③ 잡음이 나오는 시간오차도 5mS 이하여야 한다.

※ 자동 미션 차량의 경우 (서징현상)
⇒ 엑셀을 급격히 놓았을때 파형진동이 발생하면
차가 정지 하려는 시점에서 진동이 일어난다.

※ TPS가 닫히는 순간 출력 진동이 심하면
AT차의 경우 — 스로틀 바디를 어셈블리로 교환해야 한다.

※ TPS는 반드시 스코프 파형으로 순간 접촉 불량으로 인한
잡음을 측정한다.

※ TPS 조정은 언제 하나?
⇒ ① 자동미션의 경우 3속으로 홀드되면서 자기진단이 TPS로 나올때
② 출발이나 기어 변속 과정에서 시점이 맞지 않는다고 느낄때
③ 출발시 또는 감속시에 충격이 올때
④ 공전 회전수를 조정할때
⑤ 조정시에 꼭 규정값에 맞추는 걸 잊지말것

※ TPS값이 높으면 분사량이 많아진다.
<펄스를 검사에서 (산소센서 파형이)>
※①TPS를 열기 시작하면서 농후로 가면 ⇒정상

②TPS를 놓고 나면 산소센서 파형이 떨어지면 ⇒정상.
— 안떨어지고 농후로 가면 ⇒ 월 필름 현상
⇒①흡기 크리닝
②ISC 보터 교환
③스로틀 바디 크리닝

※ TPS 초기값

① 델코 엔진 — 0.5V ±0.02V 이내 (750±50rpm 공전시)

② 초기 지멘스 엔진 — 0.3~0.6V 이내 (770 ±50rpm)
진단 장비로는 6~12% 이내
⇓
변화됨

③ 나중에 나온 지멘스 엔진 — 위와 같다 ~~880~~ (820 ±50rpm)

④ 스코프 알파 엔진 — 2.5V~5V 이내 (800 ±50rpm)
진단 장비로는 6~9° 이내

⑤ 신형차 엑센트 — 0.1~0.875V (800 ±50rpm)
진단 장비로는 2~18% 이내

※ ECU에서 TPS 고장으로 판정 기준

델코 엔진 — TPS 출력값이 0.2V 이하일 때
공전시 2V 이상을 4초간이나 지속하고 있을 때

α 엔진 — 출력 전압이 0.098V 이하일 때
또는 4.96V 이상에서 0.5초만 경과해도

※ 스타렉스 결판자 type

① 출력 부족
② rpm은 올라가는데 변속이 안됨 (지연됨)
③ TPS 전압이 공전시 1.2V나 된다.

⇒ ① 헤드 수리
② 미서 오버홀
③ 리스크를 최대한 줄여야 된다.

※ 〈결판자 TPS 조정법〉 (오토차량)

① 얌전히 운전 하면 0.45V

② 터프하게 운전하면 0.5V or 0.52V로 맞춰 준다.

⇒ 전압을 낮춰주면 변속이 빨라진다.

※ TPS가 4P면 — 아이들 S/W가 ON 되어 있으면
(아이들 S/W 내장 type) 아이들 S/W가 기준이 된다.

※ 아이들 S/W가 외장형이면 TPS를 500mV에 맞추고
Idle S/W를 맞춘다.

※ TPS ⇒ 500 ± 0.2mV (정상치)
⇒ 664mV = 트리거나타는 아이들 S/W 접촉부터 시작.

※ 시속 20km/h에서 울컥거리면 → TPS, Idle S/W 불량.

※ 아이들 S/W가 열린채로 고착되어 있으면
웅~웅~웅하고 소리가 난다.

※ 아이들 rpm이 올라가 있으면 ⇒ 공전시
⇒ 아이들 S/W를 툭 쳐본다.
⇒ 아이들 S/W 불량.

※ ex) 증상 : rpm이 높다.
점화 플러그를 빼면 정상으로 돌아온다.
① 엔진 회전수 제어 검사.
② 점화시기 검사
⇒ 아이들 S/W on-off 관계가 문제다.

※ 흡기가 누설되면 rpm이 높다.

※ TPS값이 높아지면 분사량이 많아진다.

※ 공전시 TPS 값이 열면
화가 분사를 하고 매연이 심하다.
⇒ 농후 분사를 하기 때문.

ex) 1 3 4 2 번.
3ms 6ms 3ms 3ms 를 분사한다면
⇒ 센서 트러블이 왔습니다 (TPS)
⇒ 인젝터 분사 시간 — ECU가 연산한 흡입 공기량.

※ TPS.

공전시 : 0.25V ~ 0.75V

※ <추월 할때 차가 울컥거릴때>

① 점화 계통 불량
② 오토 밋션 불량
③ TPS 불량 일수 있다.
④ 파워 레이스 불량.
⑤ 센서 접지 불량.

⇒ ① TPS 검사
② 엔진 회전수 > 스코프로 본다.

※ 케이블 방식은 리턴 스프링 불량으로 아이들 S/W를 늦게 연다.

TPS ⇒ APS

노이즈

⇒ 점화불량. (정 상) (불 량)

200mV 이상이면 ⇒ TPS 불량

※ ECU는 배터리 전압을 18V로 인식한다.

8Bit의 ECU는 $2^8 = 256$ 단계로 나눠서 분석한다.

18000mV/256 = 70mV

※ TPS 전원은 5V

8Bit의 ECU는 $2^8 = 256$ 단계로 나눠서 분석한다.

5000mV/256 = 19.5mV

※ 접지가 불량 하면 할수록 고속에서 연료를 쏟아 붓는다.

ECU는 70mV 당 1μS 씩 연료분사 시간을 늘린다

※ 점화 불량

⇒ TPS 파형으로 알 수 있음. (피크로 높는다)

TPS (점화 불량) (정상) ⇒ 풀로 밟는다.

⇒ 풀 가속시는 공연비 피드백 제어를 하지 않는다.

※ TPS 종류 — ① 위에서 밑으로 내려오는 것 (4000mV 이하)

② 밑에서 위로 올라가는 것. (1V 이하)

※〈TPS〉

⇒ ① 아날로그 신호다
그래서 잡음이 유입되면 안된다 (제일 중요하다)

② 20mV 이상의 전압차이가 나면 안된다.

③ 잡음이 나오는 시간오차도 5mS 이하여야 한다.

ex) 자동미션 차량의 경우
엑셀을 급격히 놓았을때 서징현상(진동파형)이 발생하면,
차가 정지하는 시점에서 진동이 일어난다.

※ TPS가 닫히는 순간 출력 진동이 심하면
A/T차량의 경우
⇒스로틀 바디를 어셈블리로 교환해야 한다.

※ 전자 제어 Engine에서 가장 트러블이 많은 부품.
⇒ ① 스로틀 바디
② EGR 계통.

13

Map 센서 / PCSV / PCV / 밸브 파형분석

※ 맥동 — ① 스로틀 밸브에서 유입되는 공기
② 피스톤이 흡입하는 공기.

※ 맵값으로 System을 만들자.

<MAP 센서>

※ MAP센서는 맵값이 올라가는 것으로 흡입 공기량을 환산한다

※ MAP 센서 type ⟨ Key on : 대기압 센서 역할
　　　　　　　　　　 ~~Key~~시동 on : 흡입공기량을 간접적으로 감지하는 역할을 한다.

※ Engine은 1500~2000rpm 대에서 맵값이 가장 낮다.

※ 맵값을 보고 ⇒ ① 흡기 막힘 ( )
(맵값 파형)　　 ② 배기 막힘 ( )
　　　　　　　　③ 기계적인 문제인지 (맵값이 300mmHg 이상이면)
　　　　　　　　④ 점화 문제인지 (맵값이 기준치 보다 30~50mmHg 정도
　　　　　　　　⑤ 연료 문제인지 (맵값이 정상치 보다 30~60mmHg 정도 높으면
　　　　　　　　⑥ 밸브 파형 (AC로 분해능)
　　　　　　　　⑦ 배터리 불량인지
　　　　　　　　⑧ 부하량으로 엔진부하인지, 미션부하인지를
　　　　　　　　　⟹ 단박에 볼수가 있다.
　　　　　　　　⑨ 주행중에 시동이 꺼진다면 — 맵값을 먼저 본다

※ map값은 ① 연료 분사량에 영향을 주고 ② 공연비 학습제어를 한다.

단) EF쏘나타 이전 모델은 연료량에 영향을 미치지 않는다.
(2000년 이전모델은 EGR제어에만 활용)

※ 맵값이 높으면 흡입공기량이 많이 많아진다는 것이다.

※ 맵값이 높으면 기계적인 결함이다.

※ 맵값이 높다는 것은 ① 엔진 흡입력이 떨어졌다(피스톤의)
　　　　　　　　　　 ② 폭발력이 저하 되었다.
　　　　　　　　　　 → 그래서 흡입공기량을 늘려야 된다

※ 서지 탱크의 진공력은(맵값은)
피스톤이 빨아 땡기는 (흡입하는) 힘이 스로틀 밸브를 통해서 들어오는 흡입되는 공기량 보다 많기 때문에 진공이 측정되는 것이다.

※ 맵센서 숨구멍이 막히면 이상고장 발생.

※ 쓰로틀 밸브가 완전히 열려있는 CRDI 차량의 경우는
피스톤이 흡입하는 공기량 만큼을
쓰로틀 밸브에서 들어오는 공기량을 바로 채워주니까
써지탱크에 진공력이 생길수가 없다.

※ TDC에서 BDC까지 피스톤이 이동하는 속도가
폭발력이다.
폭발력이 낮으면 ⟶ 엔진 회전력이 떨어진다.

피스톤이 끌어 땡기는 힘
− 쓰로틀 밸브로 들어오는 흡입공기량 (쓰로틀 밸브에서 생기는 흡입력)

⇒ 진공력 (MAP값)

⇒ 이 압력 차에 의해서 공기가 들어간다
(흡입 공기량이 정해진다)

공전시
※ 써지 탱크의 진공력이 −520mmHg 라면
맵값은 760−520 = 210mmHg이다. (−210mmHg).

〈 진공 게이지 (부압 게이지) 〉

520mmHg
맵값 ⟵ ⟶ 진공
760mmHg
0

※ 매니폴드의 부압 = 맵값
⊕ 〈 ① 트로틀 밸브에서 흡입되는 공기
② 피스톤이 흡입하는 공기

〈 맵센서 연결 위치 〉

※ V6, V8 기통 엔진에서는
브레이크 진공호스(하이드로백 호스)에 연결하면 가장 무난하다
병렬로 연결하면 아무 문제가 없다

※ 가장 좋은 곳은 써지탱크 뒤쪽이다

※ 진공도 측정 위치 ⇒ 특정 실린더의 간섭이 없는 진공포트에 설치한다

※ 맵값이 280mmHg 이상일때 많이 부조한다.

※ 차가 문제 있으면 무조건 맵값을 본다.

※ 오일을 많이 먹는 차량은 맵값이 많이 올라간다

※ 차가 노후되면 될수록 ㊀ 학습을 하는게 정상이다

※ 맵값은 긴 시간을 체크해서 평균치를 읽는다.

※ 맵값은 1500rpm에서 매니폴드 압력이 가장 낮아진다.

※ MAP값을 보는 조건
① 무부하 (미등, 라이트 라이트상향, 에어콘, 열선(각종))
② 규정 rpm (공전 rpm)
③ 웜업 상태 (85℃ 이상)
④ 산소센서 피드백 상태 {연료가 희박을 유지하면 맵값이 높기때
⑤ 배터리 부하를 제외하고 본다

※ 전세계 모든 차량의 90%는 맵값이 250mmHg 미만이다.

※ 연료가 희박 ⇒ map값 상승↑ ⇒ 불완전 연소 ⟶ ㊉학습을 한다
연료가 농후 ⇒ map값 하락↓ ⇒ 완전 연소 ⟶ ㊀학습을 한다.
뉴그랜저 3.0 — 250mmHg 정상 AFS (열간시) — 37~43Hz (정상)

※ 《차종별 map값》

1. 시리우스 Engine — 250mmHg (정상)
260~270mmHg (신차 보편치)
2. 소나타 Ⅰ.Ⅱ.Ⅲ SOHC — 240mmHg (새차일 경우)
250mmHg (신차 보편치)
3. 그랜저 XG 2.5 — 240
4. 에쿠스 3.0 — 240~250
5. 아반떼 β엔진 계열 — 210~220mmHg
(티뷰론, 뉴EF소나타, β엔진)
6. 싼타모 LPG — 200~210mmHg
(1세대, 2세대, 3세대)
7. 레조 LPG — 250mmHg (새차
—280~290 ⇒ 헤드 불량
8. 베르나 — 210~220mmHg
9. 누비라Ⅱ DOHC — 250mmHg
(국내차중 매니폴드 단면적이 제일 크다.
10. 신차는 공전rpm이 600rpm대에서
—180~190mmHg

그랜저 XG. 3.0

220mmHg - 정상값

⇒ 예) 타이밍이 1코가 넘으면

⇒ map값은 220 ⟶ 310 mmHg 가 된다.

⇒ 기준값보다 60mmHg 이상 높아진다

⇒ 압축 압력은 떨어지지 않는다

⇒ 부조도 하지 않는다 ② 산소센서를 본다. ③ 파워 베이스검사

※ V6 Engine - 240mmHg(정상) ⇒ 툭툭치면서 210mmHg 이면

⇒ ① 배터리를 반드시 본다 (발전기가 일을 많이 한다.)

※ 맵값은 300 mmHg 이상 인경우.

⇒ ① 검사 시간이 적으면 ⟶ 흡기 누설이고 ⇒ ISC 보정량이 늘어난다.

② 검사 시간이 정상이면 (많으면) ⟶ 인젝터 불량이다. ⇒ 맵값이 상승한다.

※ 맵값이 과도하게 올라가는 경우 639mmHg

원인 ⇒ ① 배기 막힘

② 흡기 막힘

③ EGR 밸브 과도하게 열림

⇒ 그라운딩 자체가 춤을 춘다.

※ 639 mmHg ⟶ 시동 불량 (시동이 걸렸다 꺼진다).

⟶ 촉매 막힘은 아니다

촉매가 이정도로 막히면 - 시동불량

※ 기계적인 문제는 맵값이 과도하게 상승한다.

헤드 불량, EGR 불량 ⇒ 400mmHg 정도 상승한다.

※ 한 실린더를 죽이면 map값이 30 ±5mmHg가 높아진다.

⇒ 플러그 하나를 빼면 30mmHg 정도 높아진다.

※ map값이 새차일때보다 더 낮아질 수 있는 경우는

⇒ 시동걸때, 노크 될때는 맵값이 낮아질수 있다

※ 흡기 밸브는 연료가 분사되면서 냉각되기 때문에
불량률이 적다.

※ 헤드 수리때 평와셔를 1~3mm 까지 끼우면 map값이 낮아진다

※ map값은 기계적인 문제일때 가장 높다
⇒ 기계적인 문제는 map값이 무조건 올라간다
※ 기계적인 고장은 반복될 수 밖에 없다.
※ 맵값 파형의 노이즈만 봐도 점화 노이즈를 볼 수 있다
그래서 노이즈를 보고 측정하는게
스코프를 한채널에서 두채널을 더 보는 것이다.

〈배터리 성능 검사〉
※ 맵값이 배터리 터미널을 아무거나 탈착해서 10mmHg 이상 떨어지면
⇒ 배터리 부하 불량 이다 (배터리 불량이다)
⇒ 배터리는 교환시기가 중요한게 아니라
배터리 활성화 성능이 중요하다
※ 배터리 전류 값이 ⇒ 3~4A 면 배터리 교환

※ 부하 테스트를 할때는 ⟶ MAP값을 본다

P → R → N → D → Z → L
30초 30초 30초 30초 30초

① R > D
② 에어콘 부하 > D
③ 에어콘 부하 > R > D

ex) 에어콘 부하 < D ⇒ 이면 밋션불량이다.

<EGR 포트가 세면> — EGR 밸브 불량

※ 산소가 없는 공기가 들어간다

⇒ ① map값이 상승한다 (공전시)

② 산소센서는 농후로 그린다 ⇒ 연료가 타지 않고 나오기 때문이다.
(농후 패턴을 그린다)

③ ⊖학습을 한다

④ 연료 분사시간이 준다.
(ECU는 연료가 너무 많이 들어간다고 판단)

⑤ 맵값선도의 그라운딩 자체가 춤을 춘다.
(진폭은 같다)

※ 맵값 ⟶ 분사시간 ⟶ rpm 순으로 변한다.

<PCSV 불량>

— ① 공기량이 줄고 ex) 10 Kg/h ⟶ 7.6 Kg/h (공전시)

② 분사 시간이 는다. ex) 3.1ms ⟶ 3.5mS (공전시)

③ 산소센서는 희박패턴을 그린다.

④ 점화시기는 진각시킨다.

⑤ 맵값은 많이 상승하지 않는다.

⑥ rpm이 낮아진다.

⑦ ISC는 닫는다.

<외부 공기가 유입 되면> — 흡기 누설

테스트 ①
(스코프) ②
③
④

※ 흡기 누설은 스톨 공연비 검사에 영향을 주지 않는다.
※ ISC값이 올라가면 ↑ — 흡기 누설은 아니다.
※ 흡기 누설이 되면 — ① 흡입 공기량이 준다
② 분사 시간이 준다 (예) 14ms → 7mS로 스톨시)
③ 산소센서는 희박을 그리고
④ 점화 시기는 진각을 시키고
⑤ MAP값이 상승↑ 한다
⑥ ISC는 닫는다 (낮아진다)
⑦ rpm이 높아진다

⑧ 압축 압력은 정상.
⑨ 엔진이 부조 한다.
⑩ 1500rpm 이상 에서는 급격히 좋아진다.
⑪ 진공게이지 바늘이 오르락 내리락 천천히 움직인다.

※ ① 맵 센서의 시그널이 높아지면

② 타이밍이 넓으면

③ EGR이 망가지면

⇒ 산소센서가 농후해진다

⇒ 연료 분사량이 ~~높아진다~~ 줄인다.

※ 맵값이 높으면 ⇒ ① 폭발력 저하
② 피스톤의 흡입력 저하.

※ 주행 중에 시동이 꺼진다면 ⟶ 맵값을 먼저 본다.

ex) 캠축에 캠센서가 있다.
센터가 안 맞은 상태에서 조이면 ⇒ 캠 센서가 망가진다
⇒ 주행중 시동이 꺼진다.
⇒ 시동이 지연된다.
⇒ 타이밍 홍기를 본다.

※ TPS 선도와 맵값 선도는 거의 맞아 떨어진다.

※ 2.0 엔진과는 맵센서 type이 없다.

item

〈흡기 막힘, 배기 막힘〉

테스트 방법 : ①인젝터 커넥터 탈거, ②크랭킹 10초씩 3회, ③악셀페달을 밟지 않음

스코프로 테스트 (정사 모드)

①CKP
②CMP
③산소센서
④맵값

) 변경 (에서 → 정지

①CKP
②CMP
③상대압축압력 편차
④맵값

으로 정사모드를 놓고 테스트

※ 흡기 매니폴드 압력 ― 이하 맵값이라고 표기
※ 상대 압축압력 편차 ― 이하 압축압력이라고 표기
(대전류로 측정 ― 전류파형선도를 보고 판독)

※ MAP값 파형 ─ ① map값 파형
　　　　　　　　② 밸브 파형 (AC로, 지그로 등)

※ ※ 맵값이 공전시 맵값에서 (평균 맵값 754~720mmHg)
50~60 mmHg 정도 떨어지면 ― 정상
이하로 떨어지면 ⇒ 흡기 막힘

※ 흡기 (서로를 바디) 막힘이 있더라도 1Kg/cm² 정도 밖에 차이가 안난다.
※ 맵 값이 떨어지면 압축 압력은 1Kg/cm² 정도 상승한다

※ 배기 막힘 측정은
10초 크랭킹을 3회 이상 해야 나타나는 경우도 있다
(촉매 부착 위치에 따라 달라질 수 있다)

〈10초 크랭킹① 10초쉬고 10초크랭킹② 10초쉬고 10초 크랭킹③〉

① 흡기 막힘 ( ) (50~60mmHg 정상)
③ 정상 ( )
② 배기 막힘 ( )

중요 <item>

※ 흡기 막힘은
① 쓰로틀 바디 탈착해서 청소(크리닝)
② ISC 모터 교환
③ 흡기 매니폴드 크리닝 (흡기 크리닝)
⇒ 하면 맵값 떨어짐이 정상으로 돌아온다.

※ ISC 모터에 카본이 많이 끼면 맵값이 올라간다.
(스로틀 밸브에)

※ 맵 센서 ⇒ 자체 불량 / 이종 사양) 아니면 맵값이 떨어지는 불량은 없다

⇒ 맵값이 떨어지면 (맵값이 낮으면) —— ① 센서 자체 불량 ② 이종 사양 이다.

※ 산소센서가 피드백을 양호하면
⇒ 맵값이 100 정도가 높아질 수 있다. (100mmHg 정도)

《첫 번째 검사 항목》

※ <타이밍 동기, 압축압력, 흡배기 저항 검사>

스코프로 연결 (설정)
① CKP
② CMP
③ 상대 압축압력 편차 – 대전류
④ 흡기 매니폴드 압력 – 진공
⇒

<검사 항목>
① 압축 압력 검사
② 타이밍 동기 검사
③ CKP. CMP 불량 검사
④ 흡기 막힘 검사
⑤ 배기 막힘 검사.
⑥ 맵 값 검사 (210~230mmHg)
⑦ 시동 지연, 불량 검사(1초)

조건 : 인젝터 커넥터 탈거.
악셀은 밟지 않고 크랭킹

방법 : ① 크랭킹 10초 3회 반복 (중간에 10초씩 쉬고)
② 배기 막힘은 촉매 장착 위치에 따라 10초씩 3회 이상을 해야 나타날 수도 있다

※《진공 게이지》(부압 게이지)

※ 흡기 누설때는 진공게이지 바늘이 오르락 내리락 천천히 움직인다.

※ 바늘이 떨면서 부조를 하면 ⇒ 헤드 불량

⇒ 주기적으로 떨면 — 밸브 문제

※ 바늘이 안떨면서 map값이 높으면 ⇒ 촉매 막힘

⇒ 상급상력만 낮고 바늘이 떨지않으면 피스톤 문제다.

※ -760 mmHg ⟶ 1000 mbar ⟶ 1000 hpa

※ 진공펌프의 진공값 (메인 진공)

⇒ 약 80 mmHg 정도 — 정상 : 토션기의 진공프루브로 측정

⇒ -560 mmHg 정도 — 정상 : 부압 게이지로 측정 했을 때.

⇒ Key on시 — 745 mmHg
시동 on시 — 85 mmHg

※ 상급상력 센서에 노이즈가 크면 ① 점지 불량 ② 스타링 모터 불량

※ CRDI는 막히면 죽어든다 (흡기 단, 배기 단)

⇒ 결서 — 잡음은 걸지 않는다

진폭이 줄어들면 — 배기 막힘 (↘)

진폭이 커지면 — 흡기 막힘 (↗)

진폭이 줄었다 커지면 — 흡기 정상 (‿⁀)

A 배기 막힘 ① 상급상력 ⟶ ② 맵값 ⟶

B 흡기 막힘 ① 상급상력 ⟶ ② 맵 값 ⟶

맵값 선도가 많이 떨어지면 흡기 막힘이다 ⟶

ex) 시동이 걸렸다 꺼지는 차량.
내리막길에 경사지게 주차한 차량의 머플러가 얼어서
배기막힘 현상으로
⇒ 시동 불능 차량.

※ 냉각 휀이 돌면 ⇒ 맵값이 250 → 340mmHg로 올라간다.

※ 산소 센서가 정상 피드백을 하지 않으면 맵값이
30~100mmHg 까지 올라간다.

※ 매니폴드의 진공도 500~550mmHg 사이에 있어야 한다.
⇒ 정상일때

※ 진공도는 밸브 파형에 영향을 많이 받는다.

※ 진공계 연결 방법.
— ① 연료 압력 레귤레이터 진공호스를 빼고 T자 연결.
(단만, 연료 호스를 연결하고 10cm 미만으로 잘라서 연결).
② PCV호스를 빼고 연결
③ 하이드로 백 진공호스에 연결. (특히 신형 차량) NF소나타이후.
④ 특정 실린더에 영향을 주지 않는 곳에 연결.
⑤ 서지 탱크 뒤쪽에 연결하는 게 좋다.
⑥ 서지 탱크 진공 포트에 연결.

※ 진공값이 서지 탱크 부위별로 다른지 확인한다

※ 맵값이 250mmHg 이고

밸브 파형이 괴조했때

V6 엔진에서

이렇게 나오면 ⇒ 스윌 밸브 불량 이다.

※ 헤드 가스켓이 새는데, 물이 빨려 들어가면
맵값은 상승을 상한다.

※ 프라이드 2005년식 1.4ℓ DOHC ⇒ 유압 태핏 불량
⇒ 서비스 데이터 확인 — 고장코드 : 실화.
현 상 : 시동불량(가끔).
⇒ 맵값이 오르락 내리락 한다 (공전시).
사이사이에 정상치에 온다.
⇒ 완전히 나간 태핏은 → 맵값이 올라간후 안내려 온다.
⇒ 운행량이 적은 차량
— 엔진 플러싱으로 해결. — 20만원

※ 압축 압력이 높아졌다 낮아졌다 하면
⇒ ① 밸브가 틀면서 나타난다.
② ISC가 열었다 닫았다를 반복하면.

※〈맵값 상승 요인〉

— ① rpm이 떨어지면 맵값이 올라간다.
② 연료가 희박하면
③ 배터리가 불량하면. 맵값이 올라간다.

※〈배터리(Battery) 성능 검사〉

※ 엔진 상태가 정상인데 ⇒ 맵값이 올라가 있으면

→ ① 배터리 ⊖단자를 탈거 해본다.
② 맵값이 떨어지면 ⇒ 배터리 불량이다.
③ 10 mmHg 이상 떨어지면 ⇒ 불량이다.
④ 충전전류값이 ⟨ 3~4A 이상이면 ⇒ 배터리 불량이다.
　　　　　　　　　3~4A 미만이면 ⇒ 정상
⑤ 배터리는 교환시기 보다 성능이 더 중요하다.
⑥ 배터리가 망가지면 모든것이 망가진다.
⑦ 배터리 단자는 납단자를 사용하지 마라 – 베라크루즈용으로 교환)

외제차.
⇒ 맵 센서 2개사용.
하나는 엔진제어로 맵센서를 쓰고.
또하나는 Nox 제어로 맵센서를 쓴다
EGR 밸브가 없어도 Nox를 제어할 수 있다

〈EGR 포트가 새면〉 — EGR 밸브 불량

⇒ ① map 값이 상승한다. (공전시) ⇒ 400 mmHg
② 산소센서는 농후 패턴을 그린다.
③ ⊖ 학습을 한다.
④ 연료 분사시간을 줄인다.
⑤ 맵값 선도의 그라운딩 자체가 웨이브(웨이브)현상이 난다
⑥ 맵값이 높은채로 춤을 춘다.

분석 — 산소센서가 농후 패턴을 그리는건 연료가 타지않고 나오기 때문이고
그것인해 ECU는 ⊖학습을 하고,
연료가 너무 많이 들어간다는 판단에
연료 분사시간을 줄여 나간다.

※ 이론이 실제를 모두 대변할 수는 없다.
※ 차가 문제 있으면 진공게이지를 무조건 본다.
※ 맵값이 380 mmHg 이상일때 빨이 부조한다.
※ 오일을 많이 먹는 차량은 맵값이 많이 올라간다.
※ 차가 노후되면 ⊖ 학습을 하는게 정상이다.
※ 맵값은 긴 시간을 체크해서 평균치를 읽는다.

※ 맵값을 스코프로 볼때.
하나하나의 움직이 각실린더의 흡입을 나타내는 것이다.
AC로 놓고 확대해서 peak로 확대해서 보면
밸브파형을 보는 것이다.
파형이 전체적으로 웨이브가 되는건
엔진 회전수가 흔들리니까 그렇게 나오는 것이다.
※ ① 확대하지 않아도 보여야 된다.
② 규칙성도 보여야 된다.

※〈흡기 누설 검사〉

A. 스코프 연결 — ① TPS
(설정) ② 산소 센서
③ 인젝터 전압(1CYL)
④ 인젝터 전압(3CYL)

스캐너 설정 — 흡기누설, 퍼지, EGR 검사

B. 조건 : 엔진 워밍업, 공회전

C. 방법 : 액체식 케미컬로 순차적 분무.

순으로 ↓

① AFS 센서, ISC모터 몸통
② 에어 덕트
③ 스로틀 바디
④ 각종 연결 호스(진공 호스)
⑤ 각종 진공 가버너 주위. (스월밸브 오링)
⑥ 흡기 매니폴드 가스켓
⑦ 인젝터 오링
⑧ 맵센서 등 외부로 바디 세정제를 뿌려 본다.

※ CO_2 소화기(하론 소화기) 준비.
※ 액체식 케미컬은 신품으로 준비한다.

※ 흡기 계통 누설 검사
① LPG 모든 차량
② V6 계열 차량
③ NF 소나타
④ 진공 가버너 장착 차량.

※ 흡기 누설이 되면 ⇒
① 엔진이 부조한다.
② 압축 압력은 정상
③ 맵값이 올라간다.
④ 1500rpm 이상 에서는 급격히 좋아진다.
⑤ 진공게이지 바늘이 오르락 내리락 천천히 움직인다.
⑥ 분사량이 14mS → 7mS로 준다.(스톨시)

⇒ 산소센서 피해

※ 흡기 크리닝을 해야 하는 이유 <item>

— ① 탄소는 표면적이 넓다.

② 월 필름 현상 (wall film)

⇒ 연료를 분사했을때 바로 연소실로 빨려들어가지 못하고

나중에 무화가 되서 빨려 들어가는 것.

— ISC 모터 크리닝.

— 흡기 매니폴드 크리닝, 밸브 크리닝.

— 쓰로틀 바디 탈착 크리닝.

※ 흡기 크리닝은 권해해서 청소한다.

첫번째 크리닝 — 8만 Km 주행 후.

두번째 부터는 — 5만 Km 주행 후 크리닝 한다 (케미컬로)

※ 흡기누설은 스톨.공연비에 영향을 주지 않는다.

스톨.공연비 검사전에 흡기누설 검사를 먼저 한다.

※ 흡기 누설 검사는

바디 ⟶ 인젝터 ⟶ 흡기 가스켓 순으로 테스트 한다.

검사는 항상 처음부터 끝까지 한다.

① 흡기 청소

② 흡기 가스켓

③ 진공 호스류

※ 〈PCSV 누설 검사〉

A. 스코프 설정 ─ ① TPS
　　② 산소센서
　　③ 인젝터 전압 (1CYL)
　　④ 인젝터 전압 (2CYL)

스캐너 설정 ─ 흡기누설, 퍼지, EGR검사

B. 조건 : 엔진 워밍, 공회전

C. 방법 : 롱노우즈 플라이어 준비 (롱노우즈 바이스 플라이어)
PCSV 호스를 ① 잡음 유지 30초
　　② 잡음 해제 유지 30초

※ 퍼지 컨트롤 S/V가 열렸는지 본다.
퍼지 호스를 물고 산소센서가 희박하면 열려 있는 거다.
퍼지 호스를 잡았을때 인젝터 분사시간이 줄면 ⇒ PCSV 불량

※ PCSV가 불량 하면 (정상일때)
─ ① 공기량이 줄고. ex) 10 Kg/h → 7.6 Kg/h (공전시).
② 분사 시간이 는다 ex) 3.1 mS → 3.5 mS (공전시)
③ 산소센서는 희박 패턴을 그린다.
④ 점화시기는 진각 시킨다.
⑤ 맵값은 많이 상승하지 않는다.
⑥ rpm이 높아진다.
⑦ ISC는 닫는다.

※ 퍼지 학습은 연료를 주입 할때마다 바뀐다.

※ 연료를 주입하고 나면 시동 꺼지는 차량. ⇒ PCSV 불량.

— ① 베르나.
② 세피아
③ 누비라 시리즈.
) 계열이 심하다.

※ 에쿠스 차량은 퍼지 호스를 빼서 진공게이지로 본다. (IG ON시)

※ 고속도로에서 주행중 가속시 시동이 꺼질 수 있다.

※ < PCV 회로 검사 >

A. 스코프 설정 — ① TPS
② 산소센서
③ 인젝터 전압(1CYL)
④ 인젝터 전압(2CYL)

스캐너 설정 — 흡기누설,
퍼지,
EGR 검사

B. 조건 : 엔진 워밍업, 공회전

C. 방법 : 롱노우즈 플라이어 준비 (롱노우즈 바이스 플라이어)

① PCV 호스 — 잡음 유지 30초
잡음 해제 유지 30초

② 엔진오일 캡 열림 상태 30초
닫음 상태 30초

※ PCV 호스를 빼면 — ① 산소센서는 희박
② 맵값이 올라간다.
③ 진공 누설이기 때문이다.

※ PCV 불량 (가솔린)
⇒ 주행중 흰연기가 나왔다 안나왔다 하면 ⇒ PCV 불량이다.

※ 헤드 커버 내의 흡기호스가 막히면
PCV 밸브가 작동시 (가속시) 고착될 수 있다.
⇒ 브리더 호스 불량
⇒ 헤드커버 불량

※ <EGR 제어 검사>

A. 스코프 설정 – ① TPS
② 산소센서
③ 인젝터 전압 4CYL)
④ 인젝터 전압 ⑥CYL)

스캐너 설정 – ① 흡기 누설,
회지,
EGR 검사.

B. 조건 : 엔진 워밍업, 공회전

C. 방법 : 롱노우즈 플라이어 준비 (롱노우즈 바이스 플라이어)
① EGR 진공호스를 잡음 상태로 당겨 유지 30초
② EGR 진공호스 원위치 복원 유지 30초

※ EGR 밸브 (exhaust gas Recirculation Valve)

: 50°C 이상에서 열리며
공전시에는 엔진의 진동이 심하므로
중속에서만 작동되게 설계되어 있다.

※ 밸브가 리턴이 불량하여 조금 열려 있으면
배기 온도가 낮아지는 효과로 인해
엔진이 부조하며
점화 불량으로 인한 파형과 같다.

※ 맵값이 높으면 기계적인 결함이다.
※ 기계적인 결함은 반복될 수 밖에 없다.
※ 모든 기계적인 문제는
스톨을 걸어서 가속을 하게되면 각조증상이 줄어든다.
정속이후에는 증상이 사라진다
※ 기계적인 문제라면 보편적으로 가속을 하면 증상이 사라진다.

※ 차종마다 고유의 맵값이 있다.
모든 차량의 진공도를 봐야 한다.
맵값이 높아지면 전 실린더가 부조하는 것이다. < 타이밍, CVVT 등

※ 한실린더를 죽이면 30 ±5mmHg가 높아진다.
※ 타이밍 코가 1코가 넘으면 60mmHg 이상 높아진다.

※ 점화 플러그 점지 전극을 없애고 시동을 걸어보면
— ① 맵값이 20~30mmHg 정도가 높아지고
② 아무런 증상이 없다.

※ 산소센서가 농후할때는 맵값이 많이 안올라 간다. (↑)
산소센서가 희박할때는 맵값이 많이 올라간다. (↑)

※ 맵값 상승분 = ① ISC 보상분 ↑ (32% → 38%)
(맵값이 올라가는 경우) + ② 출력 저하.

《맵값이 상승하면》

※① 한 실린더의 점화 불량 ⇒ 30mmHg 정도 상승
② 타이밍이 늦으면 ⇒ 80mmHg 이상 상승.
③ 한 실린더의 인젝터 불량 ⇒ 30mmHg 정도 상승
④ 기계적인 불량 ⇒ 맵값이 300mmHg 이상 나온다.
⑤ 헤드 불량, EGR 불량 ⇒ 400mmHg 정도 상승
⑥ 산소센서가 피드백을 하지 않으면 맵값이 30~100mmHg 까지 올라간다

※ 지멘스 — 800rpm —220mmHg
델코 — 750rpm —240mmHg

※《마티즈》trouble. shooting. (고장의 수리)

※ 맵 센서 진공호스를 짧게 하면 슈퍼 마티즈가 된다.
→ 맵센서 정상일때.
→ 저지가 않좋으면 변화량이 크다.

※ ① PCV 밸브
② PCSV
③ EGR 밸브.

※ 기계적인 문제는 증속이후 부터 정상으로 돌아온다.

※ 《기계적인 것 (문제)》

① 압축 압력
② 밸브 불량
③ 타이밍 동기 (점화시기) 불량
④ 파워 밸런스.
⑤ EGR 밸브 불량 (열림 고착).
⑥ 촉매 막힘 (배기 막힘)
⑦ 흡기 막힘
⑧ 점화 시기 (초기)
⑨ 흡기 누설로 인한 희박.
⑩ 오일 순환계통 불량.
⑪ CKP. CMP 불량

※ 점화나 연료의 문제는 흡입에는 영향을 주지 않는다.

※ 가솔린 차량의 경우
시동을 걸고, 급가속을 하고 난 후
AFS 그래프 선도가 드롭이 생겨야 하는데
드롭이 않 생기면 배기 막힘이다.

A. (정상) ⟹ B. (배기막힘)

※ 배기가 막히면 맵 값을 보고 알수 있다

A. 가솔린 케이블 type의 경우
크랭킹시 750mmHg 에서 300~330mmHg 까지 떨어져야 정상인데
떨어지지 않고 그대로 있으면 배기 막힘이다.

B 가솔린 ETC type의 경우.

맵값 + ETC 듀티 를 보고 배기가 막히면
공전시
맵값이 계속 상승 하므로
ETC 듀티값이 15% → 20% 까지 계속 상승하다가
50%를 넘어가면서 공기야 시동이
꺼지게 된다.

※ CRDI 차량 에서는
배기 막힘 (촉매 막힘)의 경우
크랭킹시에 AFS값의 맥동이 규칙적이지 않다.
(실린더당 흡입공기량 선도 (그래프가)
정상일 때는 AFS 값이 규칙적으로 나온다.

PCV (positive. crankcase. ventilation)
수명 : 50.000km

블로 바이 가스 (blow-by-gas)
= 크랭크 케이스 에미션 (crankcase emission)

정의 : 실린더 벽과 피스톤 사이의 틈새로 미량의 혼합가스가 새어 나오게 되는데 이 현상을 블로바이 현상이라 하고 그 혼합기를 블로바이 가스라 한다.

이 블로바이 가스가 크랭크 케이스 안에 있는 엔진 오일을 열화, 산화 오염을 시킨다.
때문에 압축비가 높을수록 오일 오염이 심해진다.
ex) 디젤 엔진오일 가장 새까맣다.
가솔린 엔진오일 중간 새까맣다.
LPG 엔진오일 거의, 덜 새까맣다.

성분 : 1. 미연소된 연료 (HC) = 70 ~ 95%
2. 연소 가스
3. 부분 산화된 혼합가스
4. 미량의 엔진오일
(2~4) ⇒ 20 ~ 25%

영향 : 스로틀 밸브와 흡기 압력 센서 오염의 주범
밸브 스템의 카본 의 주범
MPI 방식은 휘발유 혼합가스가 밸브를 통해 흡입되면서 밸브 스템 카본을 크리닝 해주므로 카본이 쌓이지 않지만
직분사 방식의, CRDI 나 GDI 는 공기만 밸브를 통해 흡입되므로 밸브 스템에 카본이 많이 쌓인다.

※ 밸브 스템 카본은 스윌효과, 냉각효과 불량으로 밸브 소손이 불가피 하다.

⇒ 오일 캐치 탱크 장착 이유.

A. 블로바이 가스 환원장치 (positive. crankcase. ventilation)

⇒ 중속 이하 공전시

서지 탱크의 진공도에 의해서 작동한다.

B. 브리더 호스

⇒ 고속시 흡입 호스의 공기 흐름의 속도가 빨라져

내부 압력이 낮아지고 이로인해

블로바이가스를 더 빨리 흡입시킴으로해서

크랭크 케이스안을 진공시킨다.

이때 피스톤의 상하 운동을 방해하는

부압을 없애 줌으로해서

피스톤 상하운동을 원활하게 해주는

역할을 한다.

⇒ 고속시에는

브리더 호스를 통해 ~~블로~~ 블로바이 가스를 재

연소 시킨다.

※ 가솔린은 오일 슬러지, 카본을 크리닝 해준다.

MPI 방식은 혼합가스를 유입함으로 인해서

밸브를 크리닝함으로 카본이 쌓이지 않는다.

GDI나 LPG 방식은 크리닝을 하지 못하므로

밸브에 카본이 많이 쌓인다.

PCV 형태 ⇒ 망형태 / 다공형태

※ PCV가 막히면 브리더 호스로만 블로바이가스가 유입된다.

※ 디젤 차량은 PCV가 없고
대신 세퍼레이터가 대신한다.
서지 탱크에 진공력이 없기 때문이다.

※ 오일 캐치 탱크 ⇒ 브리더 호스 중간에 장착
(디젤차)
⇒ PCV 밸브 호스 중간에 장착
(가솔린 차).

※ 마이티 유수 분리기
품번 : 31920 – 66101

※ 실린더 흡입 편차.

— ① 밸브 파형을 보는 것이다.

② 연소실로 들어 가는 공기의 흡입선도를 보는 것이다.

③ 연소실에 유입되는 공기의 흡입 편차를 파형으로 보는 것이다.

④ 파형의 제일 밑부분을 기준으로 또는 정도를 상대평가로 본다.

⑤ 밸브 누설이 발생하면 점화시간이 짧아진다

(실화 범위 안에서).

※ <밸브 파형>

<실린더 흡입 편차 (밸브) 검사>

※ 파형 설정 ⇒ AC로 놓고, peak로 놓는다 (설정한다)

A. 스코프 설정 ① 산소센서 스캐너 설정 — 공기량, 맵값 검사.
② 트리거 파형
③ 점화2차
④ 실린더 흡입편차 - 진공

B. 조건 : 증상 발생 시점에 따라 ① 냉간 측정 ② 열간 측정

C. 방법 : ① 공회전 20초
② 서서히 가속 3000rpm까지 20초
③ 공회전 30초

※ 전체 구조에서
가장 영향성이 큰 것이 밸브 불량이다.

※ 실린더 흡입편차.
윗 부분은 매니폴드 형상에 따라 다르다.
아랫 부분은 피스톤이 빠는 정도를 표시하는 것이다.

※ 불규칙적으로 밸브파형이 뜨면 스프링이 노는것이다.
⇒ 밸브 무시해도 된다
⇒ 실린더 흡입편차 보다 선행되어야 하는것은 맵값을 보는 것이다.

※ 가속중에 밸브 파형을 보는 것도 중요하다.

※ 실린더 흡입편차보다 선행되어야 하는것은 맵값을 보는 것이다.

※ 매니폴드 값 ⇒ 맵값 (mmHg)
— ① 드로틀 밸브에서 유입되는 공기
② 피스톤이 흡입하는 공기
$70 \div 1.5ms = 4.6°$
$17 \times 4.6 = 78.2.$

※ 밸브 간극이 큰게 유리하다.
예를 들어
여름에 간극을 작게 맞추면 겨울철에 부조한다.
⇒ 오버랩이 커지고 (공전시) 부조를 한다.

※ 간극 와셔에 기스 난것 ⇒ 사포로 부드럽게 연마해 준다.

※ 가속을 하다가 놓았을때 진동이 심해지면,
⇒ 배기 밸브 불량이다.
⇒ 맵값의 차이가 10mmHg 정도 난다.

※ 맵값이 낮아져 있는데 밸브 파형은 그대로라면
⇒ 상측 (피스톤) 문제다.

※ 밸브 간극 조정은 간극을 적게 맞추지 마라. ⇒ 겨울철에 떤다.
⇒ 가장 추울때 조정하는게 가장 이상적이다.
⇒ MLA type은 ⇒ 겨울철에 문제가 많이 생긴다.

※ 냉간시에 테스트 하면 더 정확히 볼 수 있다.
⇒ 밸브 파형을.

※ 싼타페 — 캠팔로우가 망가지면
에어크리너 통에서 소리가 난다
(닫힘 지연이 ↗ 발생하면)
스톡공연비에서 희박이 나올 수 있다.

※ 냉간시 증상이 심하고 (떨림 심함) ⇒ 모두 밸브 불량이다.
열간시 정상 이면.

※ 가속할때 정상이고.
가속했다 놓았을때 펑펑펑펑 하면 ⇒ 헤드 불량이다.

※ 시동 걸고 공전시
① 산소센서 시그널이 파이고
② 점화는 정상이고
③ 흡기압도 올라 가고
④ 가속할때 다 농후로 가고
⑤ 맵값이 340 mmHg 정도되면

⇒ 헤드 불량이다.

※ 가속하면 소리가 난다 ⇒ 밸브 문제.

※ 실린더 쪽이면 소리를 동반한다.
가속을 하면 소리가 커진다 (노킹소리 비슷).
압축압력이 과도하게 낮아지고
맵값은 크게 변하지 않는다.

※ 《유압 태핏 (오토 래쉬)》

예) 과열시 유압 태핏의 유압이 해제 되는 차량.
⇒ 독립된 밸브 문제.
⇒ 실린더 흡입 편차를 본다. (밸브 파형). ─ 스코프로 확인.
⇒ 파형의 상단과 하단의 규칙성과 반복성을 본다.

※ 파형이 규칙적이고 반복적이면 ⇒ CVVT 문제다
⇒ 통합 기구의 문제다.

① B_1 B_2 B_1 B_2 B_1 B_2 B_1 ⇒ B_2 (뱅크2)에 문제가 있다.
(한쪽 뱅크에 문제가 있다).

② B_1 B_2 B_1 B_2 B_1 B_2 B_1 ⇒ 불규칙 적인 밸브 파형.
⇒ 독립된 밸브의 개폐시기에 문제가 있다 (각기 별도의 밸브문제)
⇒ 헤드 불량.

─ 높은 것은 정상이다.
낮은 것 중에 ① 똑같이 반복적으로 낮으면 ⇒ CVVT 불량.
② 각기 다르게 불규칙적으로 높이가 다르면.
⇒ 독립된 밸브 문제다.

<V6 engine>

B_1: 1 3 5

B_2: 2 4 6

미션

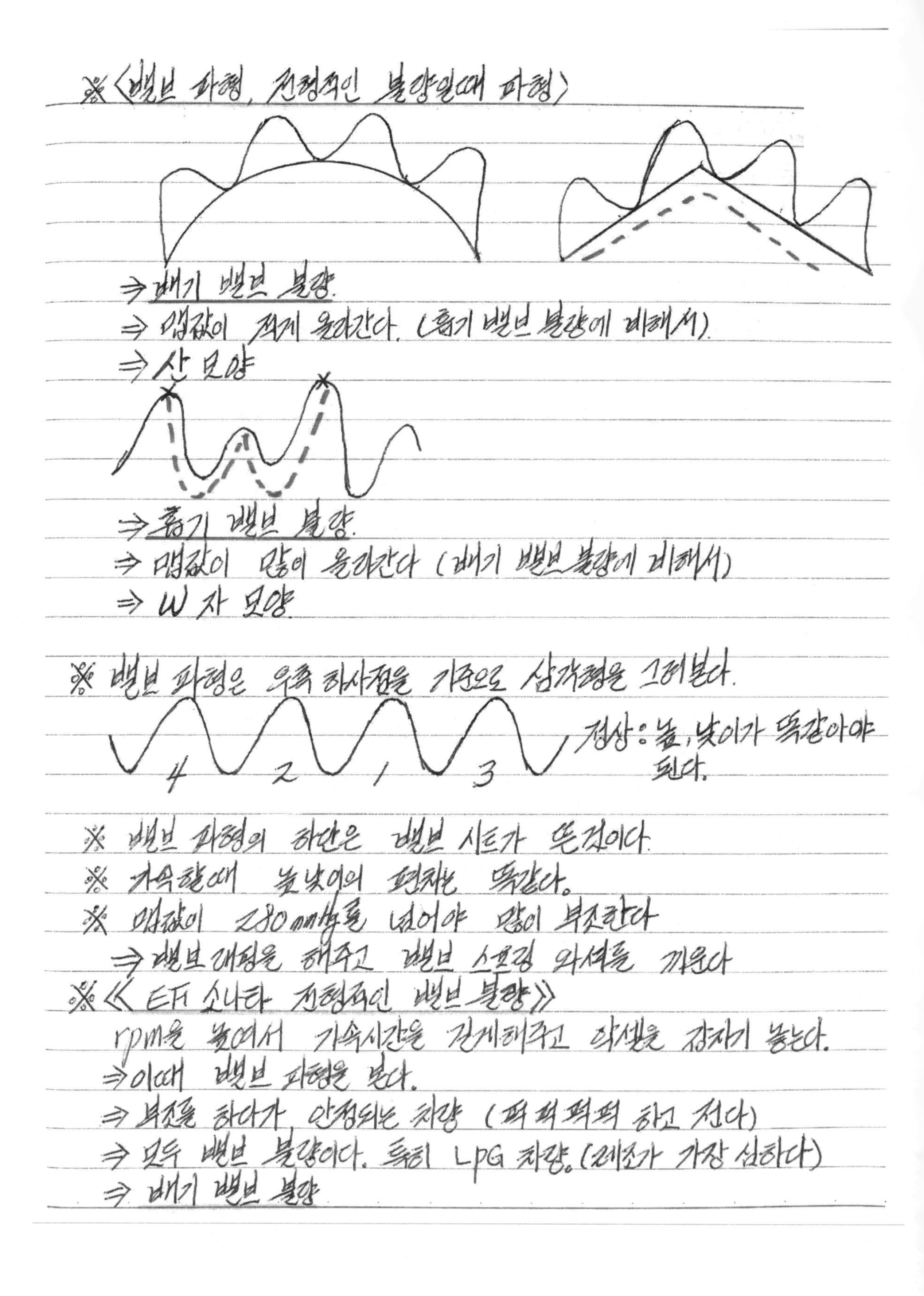

※ 〈밸브 파형, 전형적인 불량일때 파형〉

⇒ 배기 밸브 불량.
⇒ 맵값이 적게 올라간다. (흡기 밸브 불량에 비해서)
⇒ 산 모양

⇒ 흡기 밸브 불량.
⇒ 맵값이 많이 올라간다 (배기 밸브 불량에 비해서)
⇒ W 자 모양.

※ 밸브 파형은 우측 하사점을 기준으로 삼각형을 그려본다.

4 2 1 3
정상 : 높,낮이가 똑같아야 된다.

※ 밸브 파형의 하단은 밸브 시트가 뜬것이다.
※ 가속할때 높낮이의 편차는 똑같다。
※ 맵값이 280mmHg를 넘어야 많이 부조한다
⇒ 밸브 래핑을 해주고 밸브 스프링 와셔를 끼운다
※《EFI 소나타 전형적인 밸브 불량》
rpm을 높여서 가속시간을 길게해주고 악셀을 갑자기 놓는다.
⇒ 이때 밸브 파형을 본다.
⇒ 부조를 하다가, 안정되는 차량 (퍽 퍽 퍽퍽 하고 선다)
⇒ 모두 밸브 불량이다. 특히 LPG 차량。(부조가 가장 심하다)
⇒ 배기 밸브 불량

※ 배기 밸브 불량은
⇒ 밸브 파형과, 파워 밸런스 파형이 불량 실린더가.
일치한다.

※ 흡기 밸브 불량은
⇒ 밸브 파형과 파워 밸런스 파형이 불량 실린더가.
일치하지 않는다.

※ 밸브 파형에서
가장 낮은게 기준이다.
일선에서 떠 있는 만큼 밸브 불량이다.

※ 흡기 밸브는
헤드 수리 이후에 불량이 나서 고장남.
구조적으로 인젝션에서 열을 식혀주기 때문에
흡기 밸브가 노후현상이 거의 없다.

※ 배기 밸브는 구조적으로
노후 현상이 심하다. ⇒ 주로 헤드 불량은
배기 밸브 불량이 많다.

※ 보링 작업 오버 토크 때문에
밸브 누설로 인한 연비가 불량해진다.
그래서
V6 차량은 직접수리. ⇒ 떼와서 까움.

※ 밸브 파형은 안변하고 압축압력 파형만 변하면
⇒ 피스톤 문제.
⇒ 밸브 파형 덜떨어지고, 압축파형은 많이 떨어지고.

※ 밸브파형은 변하고, 압축 파형도 변하면
⇒ 밸브 문제
⇒ 압축이 떨어진 비율대로 밸브파형이 떨어지면.

	압축 파형	밸브파형	X : 안 변한다 O : 변한다
A.형	X	O	⇒ 피스톤
B.형	O	O	⇒ 밸브.

※ 피스톤이 링고착이면 진공게이지가 떤다.
⇒ ① 피스톤 링 완전고착
② 랜드가 깨진 경우.
⇒ 라바가스가 많이 나온다.

※ 압축 압력이 떨어지는 문제는 ① 밸브쪽 / ② 피스톤 쪽
⇒ 오일 레벨 게이지 파이프에
압력 게이지를 건다.

※ 밸브 파형은 점화나 인젝터에 영향을 받지 않는다.
⇒ 진공 게이지도 영향을 받지 않는다.

※ 밸브 파형에서

— 하단부의 편차는 ⇒ 배기쪽 밸브

— 상단부의 편차는 ⇒ 흡기쪽 밸브.

※ 상단부가 오르락 내리락 한다면 ⇒ 인젝터 불량.
⇒ 흡기 밸브 뒤에다 연료를 분사하기 때문에
밸브의 밀착도가 달라질 수 있다.

※ ① AC로 ② peak로 〉 놓고 보는 것들 — ① 밸브 파형
(AFS, 맵센서, 부스트 압력 센서)
② 발전기 다이오드
③ 노크 센서
④ 크랭크 케이스 압력.

※ 흡기 누설이 있어도 밸브파형의 하단부가 뜰 수 있다.

※ 서서히 가속해서
중속 이후에 정상으로 돌아오고 (1500rpm 이후)
산소센서 파형이 깨끗해지면
⇒ 무조건 헤드 불량이다.
⇒ 점화 불량 때의 맵값 정도 올라간다.

※ 삼성차는 점화 1, 2차를 볼 수 없다.
산소센서 파형으로 본다.

사례) 에쿠스 3.5 2005년식 68700km (2012년도 사례)

현상 ⇒ 간헐적인 점바 (부조).
불규칙적인 점바.
시동 꺼짐 현상 (Semi DLI 방식)

수리 ⇒ ① 점화 계통 교환 (플러그. 배선. 코일.)
② ETS 교환
③ 써지 탱크 가스켓 교환.
④ AFS 교환.
⑤ APS 교환.

〈점검 시작〉
1. A. 고장 코드 확인
2. B. 산소 센서 피드백 불규칙
3. PCSV 불량 → 교환
4. 맵값 — 280mmHg. — 간섭되지 않는 진공포트에 연결.
⑤. 타이밍 동기 확인 — 정상.
6. 파워 밸런스 검사.
7. AFS 신호값 측정 — 스코프상 V와 스캐너상 V가 200mV이상 차이나면 ⇒ ECU 불량
⇒ 정상.
8. 산소 센서 파형 분석 — 산소센서는 전세계 모든 차량이 1Hz ~ 0.3Hz 안에 있다 (밸코-0.3Hz)
9. 기계적인 불량으로 간주하고
공전시 실화가 중속영역 이후에도 나타나는지 확인
— 기계적인 불량이라면 증상이 호전되어야 한다.
⇒ 깨끗해 지는데 잔상은 남아 있다. (2000rpm 이후)
10. 진단 필수 항목 검사

— 풀스롤때 분사시간을 본다
⇒ 11.14mS로 분사량은 증량했다
※ 공전시 분사량의 4배이상 분사해야 한다.
11. 산소센서 스코프 파형에서 실화구간을 본다
① 헤드 가스켓 실화.
② 점화 파형 실화.

12. 점화 파형 검사 — ① 점화시간이 실화범위에 있는지
② 점화 코일은 정상인지
— 오실레이션이 나온다면 정상이다.
semi DLI type — 3개는 직접계측
3개는 간접계측
⇒ 점화 시간만 본다.
4000rpm으로 서서히 가속을 하면서 충지전압이
피크 전압을 넘어서는지를 본다
넘어가면 — 연료계통 불량.

13. 점화시기, 실압, 타이밍 동기 검사.
① CKP ⇒ 1. 인젝터 커넥터를 빼고
② CMP 뒤쪽은 통합 커넥터를 뺀다.
③ 트리거 2. 크랭킹 10초~14초
④ 실압

특정 실린더가 색상이 회색인지 본다.

※ 달리다가 중속에서 시동이 꺼지면 CKP일 확률이 높다.
결론 ⇒ 헤드 불량
※ 연이은 실린더가 압축이 안나오면 ⇒ 헤드 가스켓 불량.

※ ① 맵값이 높고
② 산소 센서 파형이 가속시 농후해지고,
중속영역 이후에는 깨끗해지고.
③ 점화 파형 정상.
④ 인젝터 정상.
⑤ 냉간시 부조 증상 심함
⑥ 열받으면 정상으로 돌아옴

⇒ 위 증상이면 → 모두 밸브 불량이다.

※ 밸브 파형을
냉간시 테스트 하면 더 정확히 볼 수 있다.

※ 밸브 파형이 지저분하고 뜨고
맵값이 400mmHg까지 올라가면 ⇒ 헤드 불량이다.

※ 공전시 — 산소 센서 파형이 파이고
맵값이 340mmHg 이고.
점화는 정상, 공전 상도 안올라가고,
가속할때 농후로 가고,
⇒ 헤드 불량.

※ 맵값은 가스켓이 새도 안올라간다.
헤드 가스켓이 새는데 물이 빨려 들어가면 맵값은 상승을 안한다.
※ 가속할때는 정상이고.
가속했다 놓았을때 벙벙벙벙 하면 ⇒ 헤드 불량이다.

※ 부조도 안하는데 맵값이 올라가면 ⇒ 타이밍 불량이다.

〈 헤드 수리 〉

※ 헤드면 수리 ⇒ 숫돌 연마.

①탁상 그라인더 돌은 3단계로 연마한다.

②기름(경유)를 묻히면서 연마한다.

③헤드면을 ①상, 하
②좌, 우
③돌리면서
④ 90°씩 돌리면서 잡고 연마한다.

④ 배터리 다이를 개조하면 멋진 헤드 받침대가 된다.

⑤ 50cm 철자를 대고 (살짝 잡고) (누르지 말고)
필러 게이지로 측정한다

⑥ 밸브 시트면이 최소 1mm 이상 연마한다.

⑦ 밸브 스프링 사이에 1mm 와셔를 끼워준다.

⑧ 밸브 래핑 600방으로 교번

⑨ 록타이트 황금색 스프레이 본드 사용하면 좋다.

※ 정품 독일제 구입

※ 밸브 간극은 크게 유지하다
⇒ 여름철에 밸브 간극을 작게 맞추면 밸브오버랩이 커지고
겨울철에 부조를 한다.

※ 흡기 밸브는 연료가 분사되면서 냉각되기 때문에 불량률이 적다.

※ 헤드 수리때 평와셔를 1~3mm 끼우면 밸브 밀착도가 좋아져서
map값이 낮아진다.

※ map값은 기계적인 문제일때 가장 높다.
⇒ 기계적인 문제는 map값이 무조건 올라간다.

※ 밸브 시트면이 1mm 이상은 되어야 한다.
와셔는 1mm 와셔를 끼운다.
배기 쪽에 끼우면 좋아진다.

※ 헤드 평면 — 금형자를 산다.
금형 툴 (평툴) : 금형 집에서 쓰는 툴 (일제).
평면도까지 영점조정 되어 나온다

※ 카니발 CRDI — 헤드가스켓만 교환하면 안된다.
헤드에 턱이 있다.
—석면 가스켓을 쓴다.

※ 밸브 간극은 열받으면 받을수록 커진다.

※ 밸브가 도는 이유
⇒ 스프링의 끝과 끝의 장력이 틀리니까 밸브가 돈다.

※ 헤드 집의 LPG 헤드는 쓰지 않는다.

※ V6는 헤드집 헤드를 안 쓴다.

※ 헤드 재생에서 밸브 가이드가 일부분이 깨진것은
그냥 무시하고 사용해도 엔진성능에는 영향을 주지 않는다.

※ 밸브 시트 면은 1mm 이상 되야 한다.(마진 부분)

※ 밸브를 유리판 위에 올려놓고 굴리면
자연스럽게 굴러야 한다.

※ 석면 가스켓 ─ ① 과도 토크에 약함
② 상력에 약함.
③ 곰보 진것에 강함.
④ 과도 토크에 연비 상승아짐.
⇒ 그래서 스틸가스켓을 쓰고 곰보는 스프레이 가스켓을 쓴다.
⇒ 스틸 가스켓 사용
흑타이트 가스켓 본드 도포.

※ 압축비 상승은
⇒ 스틸 헤드 가스켓 2장을 쓰고(사용한다).
⇒ 차는 좀 덜 나간다.

※ 석면 가스켓 빼고
스틸 가스켓과 스프레이 가스켓 쓰고
과도 토크 주고 해결됨
⇒ 그런데 TG. 출력 부족차량. (LPI)
⇒ 연료 계통은 이상무인 차량.

14

CKP / CMP

※ ABS 휠센서 고장코드 (마그네틱 type) (인덕티브 type) } 식 ⇒ 일반 휠센서

휠센서 type ⇒ ABS type 휠센서

① 톤휠 갯수

② 쇠가루

③ 레퍼런스 전압 — 불량 ⇒ ABS 모듈 불량

④ 베어링 유격이 생겨서 휠 스피드 센서가 탄것은 → 베어링 불량

※ 주파수가 많은 것들은
시간축을 최소단위로 놓고 측정해야 한다.
peak 모드로 반드시 놓고 측정한다 ex) CKp.

※ 조기 점화시기는 ⇒ 전세계 모든 자동차가
10° 미만이다.
⇒ 압축 예비 실험을 재면 알수 있다.

※ 4기통은 99%가 롱투스 다음 19번째가 TDC다.
V6는 19번째가 아니다.

※ 캠 스프로켓 — 타이밍 코 — 42개 $720/42 = 17.1°$
크랭크 타이밍 스프로킷 — 타이밍 코 —

※ 타이밍 코가 한코가 넘으면
크랭크 축은 2.8칸씩 움직인다 (CMp로 보면)

※ 크랭크 축 톱기가 < 60개면 — 한 투스폭이 6° 이고 ($360/60 = 6°$)
30개면 (요즘) — 한 투스폭이 12° 이다 ($360/30 = 12°$)

※ 60개면 — 롱투스 지나서 19번째가 TDC다
30개면 — 롱투스 지나서 9.5번째가 TDC다

※ CKp — 피스톤의 위치 판별
CMp — 기통 판별.

※ 마그네틱 type ─ 펄스 제네레이터 A.B
 휠 스피드 센서

< CKp 센서 > ⇒ 온도에 따라 자극 변한다. 열, 습도에 취약하다.

⇒ 높이는 변하지 않으면서 주파수만 변하는것 (거의 없어짐)

A. 종류

① 옵티컬 type (광센서 type) ⇒ 직각파형이 나온다. (┌┐┌┐┌┐┌┐) (디지털 파형) ex) 마티즈, 비스토, 아토스 배전기 type

② (자석 방식) 인덕티브 or 마그네틱 type → 교류파형이 나온다 (∿∿∿) (아날로그 파형) ex) 휠스피드 센서. ex) CRDI 차량 CKp (U3, U4)

⇒ 높이도 변하고 주파수도 변하는것

③ 홀 type ⇒ 직각 파형이 나온다 (디지털 파형). ㉠ 핀 type ㉡ 홀 type ㉢ 반달 type

⇒ 가구의 형상이 중요하다.

※ ECU는 높은 것은 노이즈로 판단하지 않는다.

B. 테스트 방법 : 스코프로만 테스트가 된다

① high를 찍는다 ⇒ 뒤집어서 그려진다 (∿∿∿)

② Low를 찍는다 (∿∿∿)

③ high ⊕, Low ⊖ 를 동시에 찍는다 (한 채널 교류보에)

⇒ 배선 상태 유무는 모른다. (레퍼런스 전압을 못보기 때문이다)

※ 모든 차량이 high, Low가 모두 나오는건 아니다.

ex) D엔진, A엔진 ⇒ ① high ② Low ③ 쉴드어스 ⇒ 모두 ECU로 입력된다

KJ 엔진 ⇒ Low가 안나온다

① Hi ⇒ ECU에서 레퍼런스 전압이 원래 나온다.

② 쉴드어스 ⇒ Hi만 나온다.

※ ① high를 찍는게 맞느냐
② Low를, 찍는게 맞느냐 #
③ hig-Low를 찍는게 맞느냐는 정의 할 수가 없다.

⇒ 내가 무엇을 찍어서 볼것인가를
판단해서 찍어야 한다.

high ⊕) 를 동시에 찍으면 0V로 나온다.
Low ⊖

⇒ 전체 높이를 볼 수가 있으나
레퍼런스 전압은 못 본다.

결국, 무엇을 측정하는 가에 따라 판단기준이 다르다.

※ 대우 차량은 내려가는 파형이 Hi다.

※ ex) 운행중 시동꺼짐 차량
① 레퍼런스 전압을 보고 이상이 없으면
② Hi-Low를 찍어서 테스트 한다.
③ 부조차량은 Hi를 찍어서 본다.

※ 쌍용차가 주행중 시동꺼짐이 많이 일어난다.
⇒ CKp 트러블이 많다. (노이즈가 타고들어가서 시동꺼짐으로 이어진다)

※ 대우 차량에서
high는 나오고
Low가 안나오면 (2,4,6) B2를 2000~3000rpm에서
⇒ 인젝터 분사신호를 빼먹는다.

※ 커넥터를 빼고 Key on 상태에서

(CKp 커넥터 끝단에서 찍는다)

high – ~2.5V 2.3V (레퍼런스 전압)가 나오면

⇒ ECU에서 나온다는 것이다

⇒ 배선, ECU는 이상이 없다는 것이다.

⇒ 2.3V가 안나오면 단선이다.

Low – 2.3V 전압이 나온다면

⇒ 배선, ECU 이상무

※ ±2.3V 정도를 움직이게 된다.

ex). if) 예를 들어 ① 배선에 이상이 없고

② CKp를 교환 했다면

⇒ ECU가 불량이다.

⇒ 또는 커넥터 접촉이다.

※ CKp, CMp가 불량하면 ⇒ 시동 불량 이든지

⇒ 특정영역에서 부조를 하던지

반드시 증상이 있다.

ex) 운행 중 시동이 꺼지는 차량은

① 레퍼런스 전압을 먼저 찍고 전압이 나오면

② high, Low 를 동시에 찍는다 ⇒ 이게 맞는 방법이다.

ex) 엔진이 부조하면

high를 찍어도 무방하다.

※ 크랭크 샤프트 이빨수가 2개이상 불일치 되면

⇒ 타이밍 동기 불량이다.

※ 단락 : 약하게 배선과 배선이 합선 된 경우
숏트 : 강하게 단락된 경우
단선 : 배선이 끊어짐.

※ 교류 노이즈가 가장 크다.
⇒ 해서 실드 접지가 되어 있다.

※※ CKP 센서에 쇠가루가 많이 붙어 있으면
⇒ 전압 레인지가 높아진다 (신호과의 간극이 좁아지므로)
⇒ 내부 코일의 열화 현상도 전압레벨이 ~~높아진다~~. 낮아진다

※ CKP 파형에서 노이즈가 많이 끼면
⇒ 파워 베이스를 반드시 본다.

※ ECU 불량은 어느 한 레이어만 고장나는 경우가 없다.
프로세서 자체가 한 파트가 묶어서
제어를 하기 때문에 파트 별로 문제가 나타난다.

※	작동	작동
CKP	O	X
CMP	X	O
	타이밍 불량	CKP 불량

※ <CKP를 보는 3가지 관점>
1. ① 접지 레벨
② 전압 레인지 레벨
③ 회전수는 정상인지를
먼저 본다

※ 파형이 느려졌다 빨라졌다 하는건 해당실린더의 각속도가 느려졌다는 의미

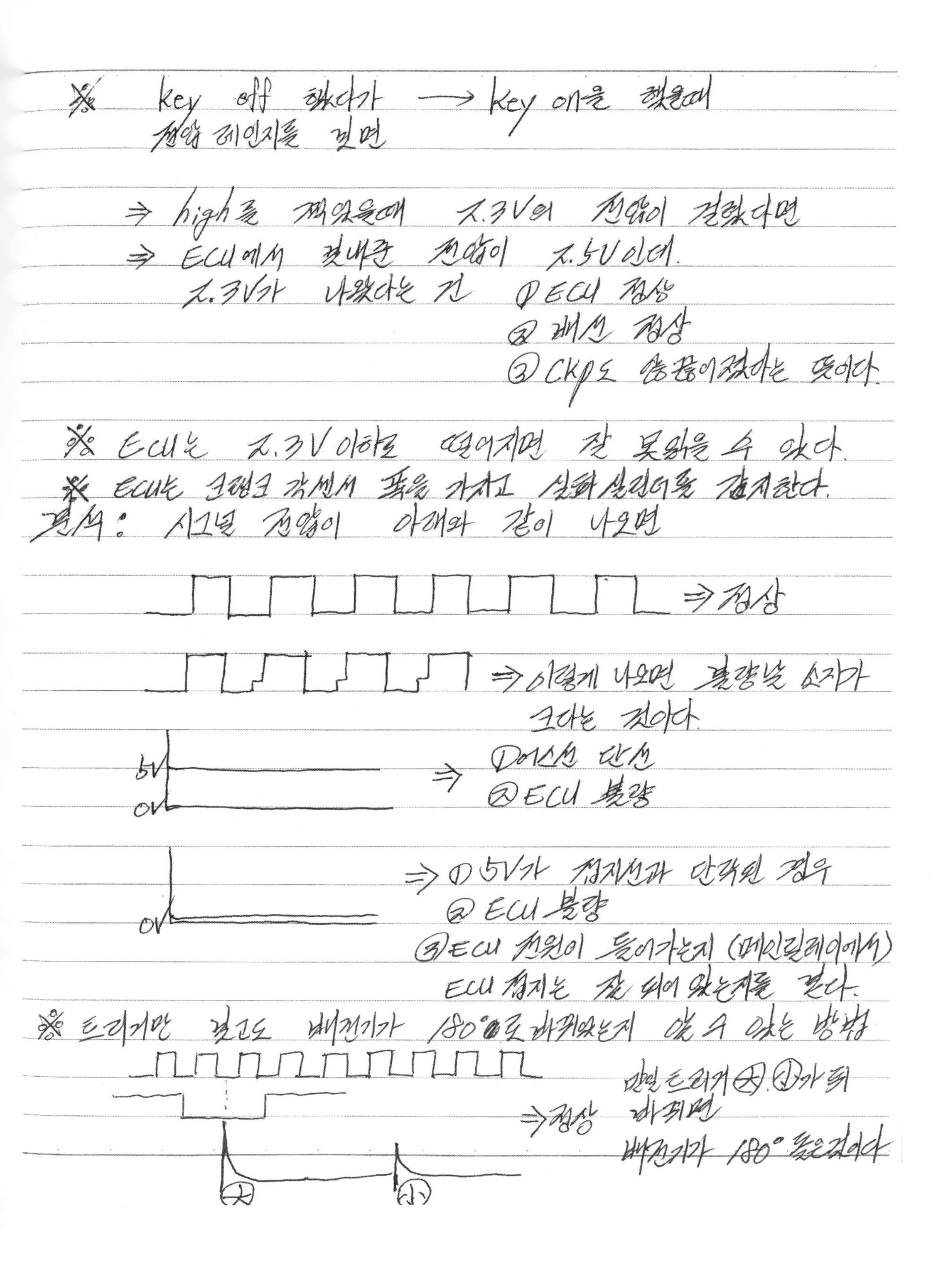

※ key off 했다가 → key on을 했을때
전압 레인지를 보면

⇒ high를 찍었을때 4.3V의 전압이 걸렸다면
⇒ ECU에서 쏴준 전압이 4.5V인데.
4.3V가 나왔다는 건 ① ECU 정상
② 배선 정상
③ CKP도 이상없었다는 뜻이다.

※ ECU는 4.3V 이하로 떨어지면 잘 못읽을 수 있다.
※ ECU는 크랭크 각센서 폭을 가지고 실화 실린더를 검지한다.
결론: 시그널 전압이 아래와 같이 나오면

※ 트리거만 걸고도 배전기가 180°로 바뀌었는지 알 수 있는 방법

<엔진 컨트롤 릴레이>
<메인 릴레이에서 전원이 오는 것들>

※ ① CMP 전원 ※ 전원이 한군데서는 오고
② EGR S/V 전원 한군데서는 않으면
③ PCSV 전원 ⇒ 접선 불량 불량이다
④ 인젝터 전원
⑤ 산소 센서 히팅 전원 (ETC소나라 열선쪽으가 잘나감) ⇒ 고장코드 점등
⑥ ISC 모터 전원
⑦ PG-B 전원 (오토미션)
⑧ 점화 코일 부선
⑨ 차속 전원
⑩ 열선 전원

※ "메인 릴레이" 고장 코드가 점등되면
⇒ ① 등가 회로를 그려본다.
② 고장 판정 조건을 반드시 본다.
⇒ 전압이 9V 이하면 (CRDI경우) 고장코드를 띄운다. (특히 카니발)
⇒ 제어값 낮음 — 12V 전원보다 낮다는 뜻이다 ⇒ 배선 단선인 경우

※ CKP.CMP가 불량으로 뜨면 ⟶ 커넥터 빼고, Key on 상태에서 레퍼런스 전압을 확인 한다. ⟶ ① ECU의 < 전원 / 접지 확인
② 전원선 단선, 단락 접지선 단선, 단락 확인

※ high는 나오고, Low가 안나오면,
2000~3000rpm에서 2·4·6 실린더 B각들의
결사 신호를 빼먹는다. ⇒ CKP 접지 불량
특히 대우차 매그너스에서 많이 그런다.

⇒ 쇠가루가 붙어 있으면 전압레인지가 높아진다.
열화로 노후되면 전압레인지가 낮다

※ CMP가 망가지면 뭘 봐야 하는가?
4P, 3P 커넥터를 빼고

<3P> ① 신호선 (0~5V) ⇒ 안나오면 단선이다.
② 전원선 (12V) → 메인릴레이에서 온다. (12V가 안나오면 ⇒ 메인릴레이 불량 / 12V가 나오면 ⇒ 메인 릴레이 정상)
③ 접지선 (0V) → 잡음이 없는 0V가 나와야 된다.

※ 다원휠이 상, 하로 움직이면 시동이 안걸린다. (폭이 커졌다, 작아졌다 한다)
※ Key point ① 그런데 정상이더라도
메인 릴레이를 ① 두들겨 보고
② 흔들어 보면서 테스트 해보는 방법도 있다
이때 ⇒ 리플이 없이 파형이 흐려지면 안된다.

② 접지
③ 레퍼런스 전압이 <5V가 안나오면> A
㉠ 접지와 단락, 단선
㉡ ECU 전원 불량 (ECU 불량)
㉢ 접지 불량.
<5V가 나오면> B
㉠ 센서 자체 불량
㉡ 접지 불량
다만 CKP가 나오면 접지는 정상이다.
⇒ CKP와 CMP는 공통 접지 이므로
④ CKP. CMP 둘다 안나오면
⇒ 공통 접지 불량이다.

예) 상용차는 CKP가 2P다 ⇒ 실드에스가 없다.
⇒ 그래서 주행중 시동꺼짐이 많이 발생한다.
⇒ 노이즈 때문에 접지 불량이 생긴다.

※ 고장 코드가
(① CMP) 동시에 점등되면 → 먼저
(② 퍼치밸브 S/V 메인 릴레이를 의심해야 된다
⇒ 두 전원선이 메인 릴레이에서 오기 때문이다

※ 크랭킹시에 CMP 파형 처음 부분 노이즈는
⇒ 기동모터 피니언기어가 망가졌다는 것이다.
⇒ 기동모터의 충격 노이즈 일 수 있다.
※ CMP + 두리 전압을 꼭 확인 해라
① 전원선 12V
② 레퍼런스 전압 5V
③ 접지
) 커넥터 빼고 측정 (key 에서)
⇒ 메인 릴레이가 전원이 on → off가 될수 있다.

※ 크랭킹시 CMP 노이즈는 기동모터의 충격 노이즈 일수 있다.

※ CMP 파형에서 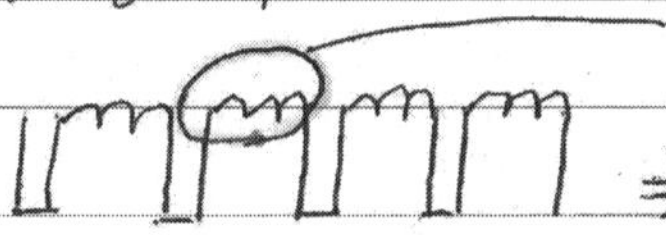
상단부분이 울룩불룩하게 나오면
⇒ 배터리 전압강하가 심하다는 것이다.
⇒ 배터리 불량
⇒ 압축압력 신호가 뒤집혀서 나온것이다.

※ key off 에서 → key on 시 에는 연료가 올라오는데.
크랭킹 할때는 연료 압력이 안올라오면
⇒ CKP 불량이다.

※ CMP가 망가져도 시동은 걸린다.
다만 3000rpm으로 림픔이 걸린다

※ 점화, 인젝션 파형이 나오면

⇒ CKP, CMP는 정상으로 판단 (90%)

사례) 시동 불량인 차량이 입고되서

점화도 / 인젝션도 > 않되면 ⇒ CKP, CMP 확인

⇒ 정상이면

ECU불량, 배선 불량이다

※ ECU or 배선의 이상 유무를 판단하기 위해서는

⇒ 레퍼런스 전압을 읽어라.다

⇒ 레퍼런스 전압이 안나오면 — ① 단선 ② 커넥터가 빠져있거나.

※ ECU 불량은 어느 한 데이터만 고장나는게 없다

프로세서 자체가

한 파트를 묶어서 제어를 하기 때문에

파트별로 문제가 나타난다.

※ 신호선이 (출력선)

A. 5V로 계속 나오면 ⇒ 신호선은 이상이 없다.

12V 전원이 나오는지 확인한다.

원인분석 ⇒ 접지선 단선 아니면

센서 불량이다.

V / 5V / 0V / S

B. 0V로 계속 나오면 ⇒ 전원이 안온다.

원인 분석 ⇒ ① 신호선과 접지선 단락

② 신호선 단선

③ 센서 불량 (내부코일 단선)

V / 0V / S

※ 연관성 회로.

ex) ① 연료 압력 누설
② CMP 센서 불량 〉 경고등이 동시에 점등되면 (고장 코드)

or 연료 모니터링 이상
⇒ 타이밍 체인이 끊어진 것이다.
(타이밍 끊어짐)

〈산소센서 파형〉

※ 보쉬 type은 ⇒ 7바퀴에 1사이클을 만든다.
델코 type은 ⇒ 36바퀴만에 1사이클을 만들기 때문에 관용이 높는다

※ 동기화 불량

〈OCV 밸브 불량 검사〉

스코프로
① CKP
② CMP ⇒ 스코프로 동기화를 본다.
③ OCV 듀티 (고장코드 삭제하고 본다)

① 퍼지 듀티
② 연료 탱크 압력

7) 카렌스 Ⅱ.

증상 : 간헐적 시동 불량.

크랭킹 때 CMP 센서의 전위가 상승함으로 인해 CMP 신호가 발생되지 않음

정상 크랭킹때 CMP 센서의 전지가 약 0.4V 상승한 후 약 0V로 됨

CMP 전지 상승함.

〈CMP 신호가 나오지 않음〉

〈정상 CMP 전지〉

결론 ECU 불량.

〈기능 및 역할〉

※ CKP — ① 엔진 속도 계산 (각속도 계산)
② 연료 분사 시기 조절
③ 점화 시기 조절.
④ 피스톤의 위치 판별

CMP (TDC). — ① 1, 4번 실린더의 압축 상사점 감지
② 연료 분사 순서 결정.
③ 기통 판별.

※ 디젤에서 CMP 노이즈는 〈 ① 파일럿 분사. ② 주 분사 ⇒ 분사 노이즈다.

※ 가솔린에서 CMP 노이즈는 ⇒ 점화 노이즈다.

※ ⇒ CMP 파형.

dt를 확인한다.

⇒ 폭이 좁아 지면 → CMP 불량이다.

⇒ 첫 꼭지가 들락날락 거리는 것이다.

ex) 델파이 Engine CMP point
콤퓨스 전에 3코(밑에서) 콤퓨스 이후로 7 퓨스 (윗부분에서) ⇒ 정상일때

※《CMP 본선 ⊕선간 전압 테스트》

배터리 ⊕단자 ⟷ CMP 본선(전원선)
(스코프 모듈 ⊕프로브) (⊖프로브 연결)

메인 릴레이 CMP

〈Key on 시〉

0V 0V

(정상 파형) (메인 릴레이 접점 소손 불량)

⇒접점이 떠있다가 가라앉으면 메인릴레이의 접점상태가 안좋다는 것이다.

〈Key on 시〉

0.2V ⇒ 정상

⟶ 1V면 경고등도 점등될수 있다.

※ 본선에 저항이 생기면 메인 릴레이가 불량하다.
연관성 문제 때문에 CMP 본선을 찍는다.
EGR S/V 전원선도 메인릴레이에서 온다.

※ 메인 릴레이를 테스트 하고 싶으면 CMP 본선을 찍는다.
EGR S/V 본선을 찍는다.

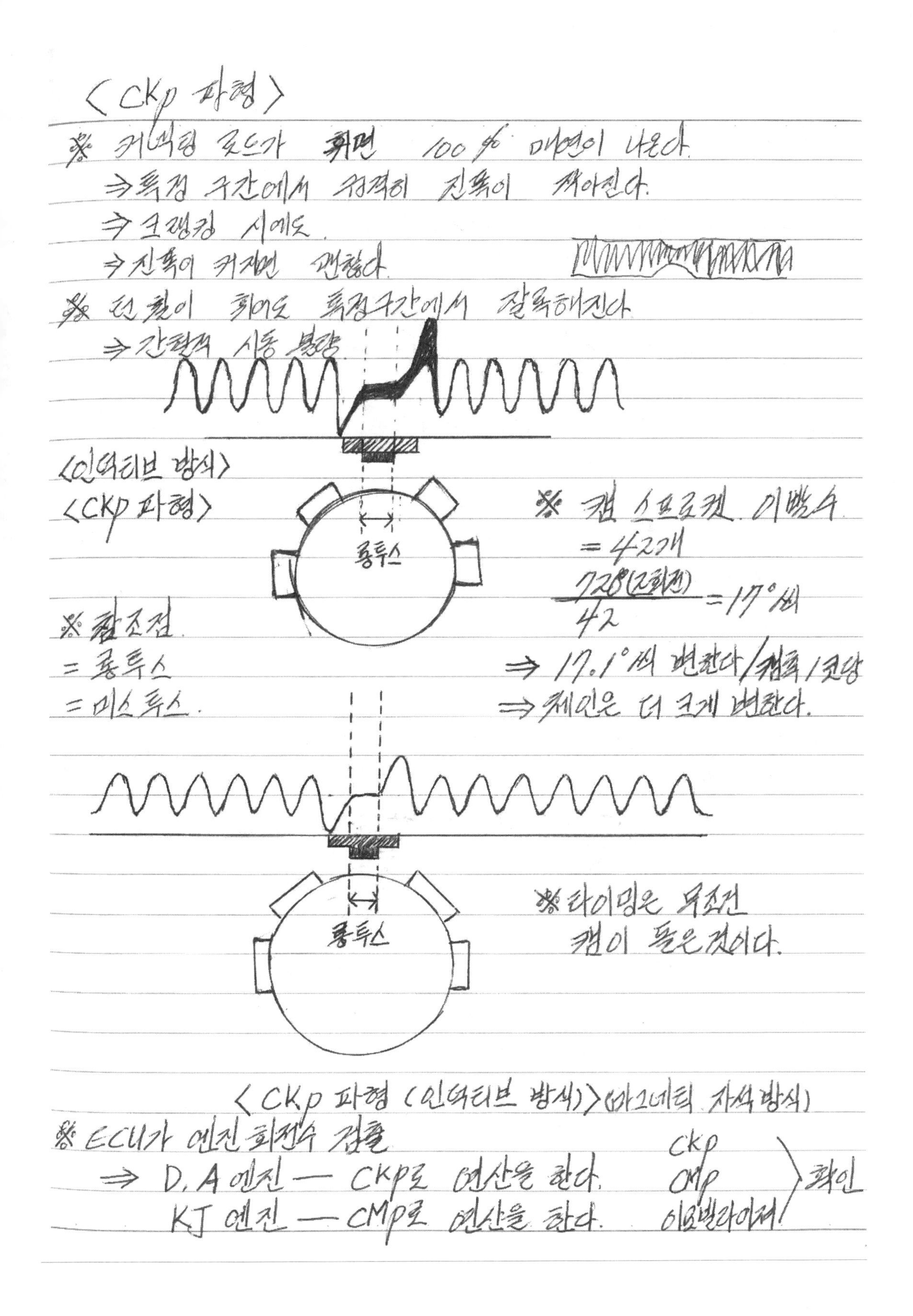

〈CKP 파형〉

※ 커넥팅 로드가 휘면 100% 미연이 나온다.
⇒ 특정 구간에서 정격히 진폭이 작아진다.
⇒ 크랭킹 시에도
⇒ 진폭이 커지면 괜찮다

※ 센 휠이 휘어도 특정구간에서 잘록해진다
⇒ 간헐적 시동 불량

〈인덕티브 방식〉
〈CKP 파형〉

※ 캠 스프로켓 이빨수
= 42개
$\frac{720(2회전)}{42}$ = 17°씩

※ 참조점
= 롱투스
= 미스투스.

⇒ 17.1°씩 변한다/캠축 1코당
⇒ 체인은 더 크게 변한다.

※ 타이밍은 무조건 캠이 틀은 것이다.

〈CKP 파형 (인덕티브 방식)〉(마그네틱 자석 방식)

※ ECU가 엔진 회전수 검출
⇒ D, A 엔진 — CKP로 연산을 한다.
KJ 엔진 — CMP로 연산을 한다.

CKP
CMP 〉확인
이퀄라이저!

※ 타이밍 동기. 트라제 XG WGT.

⇒ 첫번째와 두번째 사이 ⇒ 정상
(모든 차량이 3번째 안에 다 맞는다)

⇒ 6번째 ~ 7번째에 있으면 정상.

※ 아반떼 린번만 11번째에 맞는다.

※ 슬리브에 스크래치
오일을 바르고 맨손으로 만져서 살짝 들어가는 느낌.
⇒ 엔진 교환.
⇒ 공회전에서 진다.
⇒ 라비가스 생성을 높음.

※ 여러가닥이 스크래치 — 살짝 거칠고, 들어가는 느낌이 없으면
⇒ 괜찮다.

⇒ 전구 테스터기는 5W의 전구를 사용.
⇒ ECU 커넥터 빼고 측정.
《 배선의 단선 측정 》

<CKp 센서>

※ CKp 접지 레벨이 어떤지를 먼저 본다.

※ CKp가 노후되면 왼쪽 파형 진폭이 커진다.

※ CKp를 교환하면 12V 이내로 진폭이 낮아진다.

※ max-p가 17V가 나오면 노후된 것이다.

※ hi 파형과

Low 파형이 정확하게 같이 나오는지 확인한다

※ 파형이 나오다 안나오다 하면 CKp 불량이다.

※ 풍목스 파형에서 피크레벨 전압이나. 좌우레벨 전압이 작아지면

⇒ CKp 불량이다.

※ 진폭이 거의 동일하게 규칙적이면 정상이다.

※ 크랭킹해서 시동이 걸릴때까지 시간이 0.5S면 ⇒ 정상

⇒ 1초를 넘어가면 시동성이 불량하다는 것이다.

⇒ 이때 파형에 노이즈가 심하면 ① 열화 또는

② 시동지연이 발생한다.

⇒ 진폭이 커지는데 까지가 시동시간으로 보면 된다.

※ CKp가 불량해서 시동이 꺼지면 진폭이 자연스럽게 줄지않고

⇒ ① 갑자기 일자로 그리면서 시동이 꺼진다.

② 갑자기 진폭이 커지면서 시동이 꺼진다.

③ 갑자기 진폭이 1/3로 줄어도 불량이다. (이때 peak모드 확인)

⇒ 엔진이 450rpm 미만이면 시동이 꺼졌다는 것이다.

※ CKp의 마그네틱 type은 전원전압이 없기 때문에

⇒ 진폭이 자연스럽게 줄면서 시동이 꺼진다. (정상일때)

※ CMp는 5V전원이 나오기 때문에 ~~ECU~~ 시동이 꺼지면

⇒ 파형이 갑자기 없어지는게 정상이다.

※ CKP 파형으로 rpm 계산하는 방법

※ 1초 = 1000mS
1분 = 60,000mS

$$\Rightarrow \frac{60.000\,mS}{\text{한 사이클의 주기 (시간)}} \times 2$$

$$ex)\ \frac{60.000}{190\,mS} \times 2 = 631\,rpm$$

※ 60.000 = 60 × 1000mS

※ ex) 솔레노이드 사용 가접 시간
솔레노이드 플랩이 작동 할때 ⇒ 3바퀴 (CKP 골 안 부분 2개)
작동을 안 할때 ⇒ 8바퀴 (CKP 골 안 부분 4개)

〈스코프 파형에서〉
※ 모든 센서의 접지 배선이
⇒ 0V이면서 노이즈가 나온다. (스케일 설정 250mV에서)
⇒ 0V이면서 일자로 나오면 — 단선이다.

※ 출력선 (신호선) 파형은
웨이브 (웨이브) 현상이 나온다.

※ 공전시 800rpm — 400번 폭발을 한다 (1 3 4 2).
⇒ 400×4 = 1600번의 배출이 일어난다.

※ 가속도에 관련된 개념.
① 크랭킹 때 정상
② 시동 아이들때 비정상) ⇒ 가변흡기 밸브에 문제가 있는 경우.

※ 스코프 파형에서

CKP를
체크 할 때, 가장 중요하게 봐야하는 3가지

⇒ ① 접지 레벨 = ① 그라운드에서 어느정도 떴는지를 본다
① 기동모터, 알터네이터의 분산 단자 꼭 확인

② 전압 레인지 — ① max. min의 전압
① max. min의 전압이 높으면 노후

③ 회전수는 정상인지를 계산해 본다 ($\frac{60.000}{\text{한 사이클의 주기(시간)}}$ X2)
— 크랭킹시 rpm이 낮으면 → 파워 베이스 검사.

※ 파형이 느려졌다 빨라졌다 하는건
해당 실린더의 가속도가 느려졌다 빨라졌다 한다는 것이다.

<인덕티브 type CKP>
※ ECU에서 내보내는 레퍼런스 전압이 2.3~2.5V가 나온다.
⇒ 안나오면 — ① 배선 단선 ⇒ 고장코드가 입력되어진다.
② 커넥터가 빠져 있거나.
③ ECU 결함이다.

※ 차속 센서 레퍼런스 전압은 5V가 나온다.
※ 휠 스피드 센서 레퍼런스 전압은 5V가 나온다.

※ 현대, 기아는 레퍼런스 전압이 나오는 type이다.
KJ엔진에는 레퍼런스 전압이 안나온다 (ex) 카니발)
⇒ 배선이 끊어져도 확인이 불가능 하다.
⇒ 전구 테스터기를 이용 (단선 여부를 테스터 한다).
(2개)

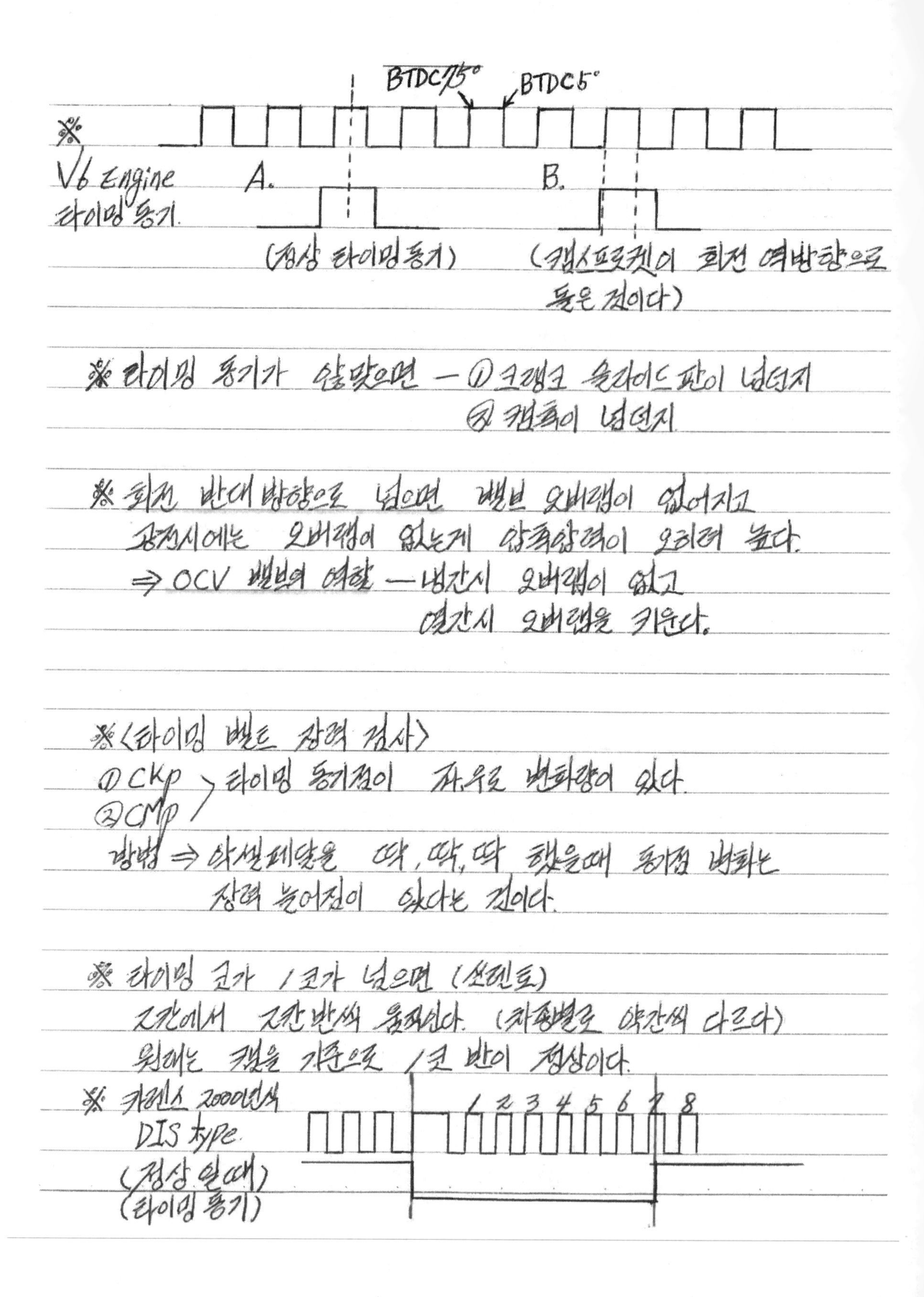

BTDC 7.5°　BTDC 5°

※ V6 Engine 타이밍 동기.

A.　B.

(정상 타이밍 동기)　(캠스프로켓이 회전 역방향으로 돌은 것이다)

※ 타이밍 동기가 안맞으면 — ① 크랭크 슬라이드 판이 넘던지
② 캠축이 넘던지

※ 회전 반대 방향으로 넘으면 밸브 오버랩이 없어지고 공전시에는 오버랩이 없는게 압축압력이 오히려 높다.
⇒ OCV 밸브의 역할 — 냉간시 오버랩이 없고
열간시 오버랩을 키운다.

※ 〈타이밍 벨트 장력 검사〉
① CKP
② CMP 〉 타이밍 동기점이 좌.우로 변화량이 있다.
방법 ⇒ 악셀페달을 딱, 딱, 딱 했을때 동기점 변화는 장력 늘어짐이 있다는 것이다.

※ 타이밍 코가 1코가 넘으면 (선런도)
2칸에서 2칸 반씩 움직인다. (차종별로 약간씩 다르다)
원래는 캠을 기준으로 1코 반이 정상이다.

※ 카렌스 2000년식
DIS type
(정상 일때)
(타이밍 동기)

1 2 3 4 5 6 7 8

《타이밍 동기 검사》⇒ 시동 안걸리는 조건에서 본다.

※ 파형은 오른쪽에서 왼쪽으로 흘러간다.

※ 타이밍 동기는 ① 스코프로 확인 ⇒ 동기 시점을 확인 한다.

② 스캐너로 확인 하는 방법이 있다

※ 타이밍이 한코가 넘으면 2.8 투스씩 이동한다(2칸 반씩 이동)

※ 타이밍 동기는 시동이 걸리지 않게하고 동기검사를 한다.

※ 공전시에는 한 두코정도 차이가 날 수 있다.

6 5 4 3 2 1 1 2 3 4 5 6 7 8 9 10 11 12 13 14 15 16 17 18 19 20 21 2.75V

5 4 3 2 1 2.50V

<CKP>

<CMP>

시계 반대 방향으로 넘음 시계 방향으로 넘을 지 <점화2차>

※ CRDI 차량

1. D엔진 : 싼타페, 트라제XG, 엑스트렉, 투싼, 스포티지
   : 밑부분에서 0번째 투스에 일치됨
   : CMP ⇒ 홈 type.

2. A엔진 : 쏘렌토, 스타렉스, 포터2, 윈스톰.
   : 밑부분에서 첫번째 투스에 일치됨
   : CMP ⇒ 홈 type

3. J엔진 : 테라칸, 카니발2, 봉고3
   : 밑부분에서 두번째 투스에 일치됨.
   : CMP ⇒ 홈 type

4. KJ엔진 : 렉스턴
   : 윗부분에서 아홉번째 투스에 일치됨
   : CMP ⇒ 핀 type

※ 홈투스 다음 19번째 투스가
⇒ 1번 TDC다.

※ 뜯지 않고 점검하는 것부터 본다.
오더를 맞아놓고 타이밍을 맞게 한다.

※ 타이밍이 넘었다고 매연이 나오지 않는다.
타이밍이 한코가 넘으면 흔들려도 안떨어진다.(느낄수 없다)

CMP파형

캠 캠 캠

점화시기 ⇒ 타이밍 라이트로 댐퍼풀리의 노칭 마크를 본다.
※ 타이밍 동기가 틀려져 있으면
반드시 압축에비 점화를 봐야한다.
⇒ 점화시기를 본다.
스캐너에서는 CKP를 보고 연산한 점화시기이기 때문에 믿을수가 없다.
《점화시기, 정밀 압축 압력 검사》
스코프 연결 — ① 트리거 파형 스캐너 연결 — 시동 지연,
(설정) ② 상대 압축압력 편차 불량 진단 검사
③ 압축 압력 실압
④ 실린더 흡입 편차.
조건 : 모든 인젝터 배선 탈거, 악셀은 밟지 않고 크랭킹
방법 : 크랭킹 10초 3회 반복 (10초씩 쉬고)
※ 연이은 실린더의 압축 압력이 낮나오면. ⇒ 헤드 가스켓 불량이다.

※타이밍을 정확히 보는 방법 ①압축 대비
②점화를 본다.

<타이밍 동기로 알 수 있는 것>

— ① 타이밍 넘음.
② 센서 감도 문제 (CKP. CMP 불량)
③ 배선 트러블 (접지 노이즈)
④ 플라이 휠 돌기 변형 (슬리드 판 변형).
⑤ 에어 갭 이상 (CMP 돌기 변형)
⑥ 엔진 회전수 계산 $\left(\frac{60,000}{\text{한 사이클의 주기시간}} \times 2\right)$
⑦ 파워 밸런스 불량 유무 (CMP 파형)
⑧ 배터리 불량 유무 (CMP 파형에서 압축압력 선도가 뒤집혀서 나옴)

※ P0340 : No1. "TDC 센서 이상" 고장코드 점등.
⇒ ① 센서의 신호가 입력되지 않으면 점등
② 톤휠의 불량
③ CKP와 CMP가 비동기 일때도 점등
⇒ 타이밍 벨트 텐셔너의 불량으로
등판주행 및 가속에 엔진 경고등이 점등된다.
⇒ 엔진 부조 및 가속불량은 발생하지 않는다.

《타이밍 동기 검사 모드》 스코프 설정 모드.

<압축압력. 흡배기검사>
A. ① CKP
② CMP
③ 상대압축 압력 편차
④ 흡기 매니폴드 압력-맵값

<맵값 검사>
B. ① CKP
② CMP
③ 산소센서
④ 맵 값

<인젝터 분사 제어 편차검사>
C. ① CKP
② CMP
③ 인젝터 전압(1CYL)
④ 인젝터 전압(3CYL)

※ 모든 검사는 조합해서 한모드로 측정 검사한다.
※ 반드시 수리작업 후 확인을 (재측정) 한다.
※ 스코프와 스캐너는 환산비 때문에 오차가 생긴다.

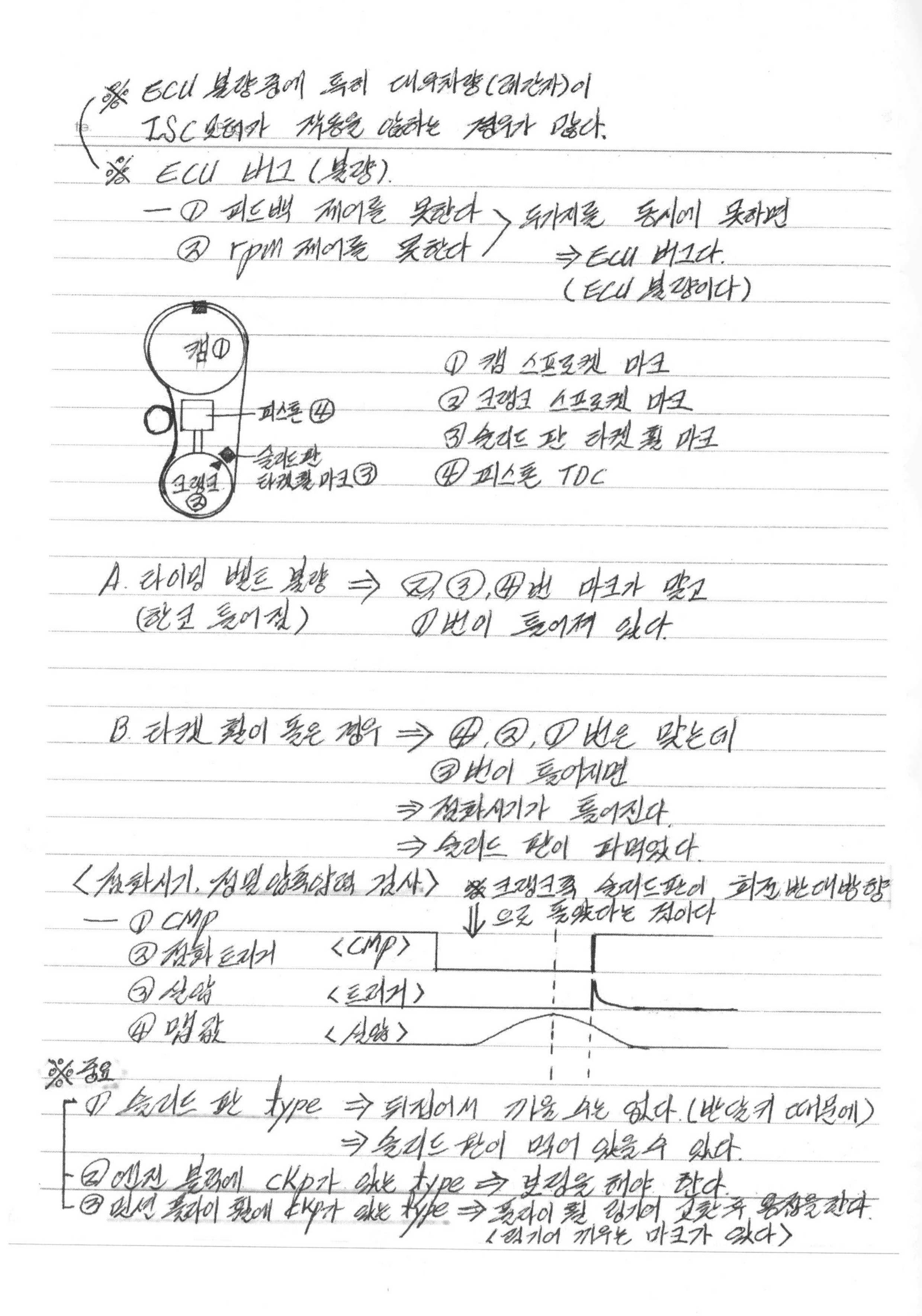
※ ECU 불량중에 특히 대우차량(레간자)이
ISC모터가 작동을 안하는 경우가 많다.
※ ECU 버그(불량).
— ① 피드백 제어를 못한다
② rpm 제어를 못한다
> 두가지를 동시에 못하면
⇒ ECU 버그다.
(ECU 불량이다)
캠①
피스톤④
슬리드판 타겟휠 마크③
크랭크 ②
① 캠 스프로켓 마크
② 크랭크 스프로켓 마크
③ 슬리드 판 타겟 휠 마크
④ 피스톤 TDC
A. 타이밍 벨트 불량 ⇒ ②,③,④번 마크가 맞고
(한코 틀어짐) ①번이 틀어져 있다.
B. 타겟 휠이 틀린 경우 ⇒ ④,②,①번은 맞는데
③번이 틀어지면
⇒ 점화시기가 틀어진다.
⇒ 슬리드 판이 파먹었다.
<점화시기, 점멸 압축압력 검사>
※ 크랭크축 슬리드판이 회전 반대방향 ⇓으로 틀었다는 것이다
— ① CMP
② 점화 트리거
③ 실린
④ 멥값
<CMP>
<트리거>
<실린>
※ 중요
① 슬리드 판 type ⇒ 뒤집어서 끼울 수는 없다.(반달키 때문에)
⇒ 슬리드 판이 먹어 있을 수 있다.
② 엔진 블록에 CKp가 있는 type ⇒ 보정을 해야 한다.
③ 미션 플라이 휠에 CKp가 있는 type ⇒ 플라이 휠 링기어 교환 후 보정을 한다.
<링기어 끼우는 마크가 있다>

※ 스펙트라 톤휠이 잘못되다.(링기어 톤휠)

ex) 스펙트라

— ① CKP

② CMP

③ 트리거

④ 신호

⇒ 톤휠이 돌았다

※ 스펙트라 ⇒ CMP가 떨어지는 점하고
CKP의 롱투스와 롱투스 중앙에 맞으면 타이밍 동기는
정상이다.

※ 타이밍 스프로켓 넓은 차량

① 크랭크 축 앞쪽 ⇒ 스프로켓, 크랭크 축 교환. 타이밍벨트 교환
슬리드판 교환

② 실린더 블럭 ⇒ 크랭크 축 교환

③ 밋션 쪽 플라이 휠에 장착된 차량
⇒ 플라이 휠 교환 (링기어 교환)

※ 카니발 타이밍 동기.

초창기 모델 동기

개선품 동기

※ 모닝 — 윗부분에서 다섯번째가 타이밍 동기다 (정상)

※ LF 소나타 — 밑부분에서 네번째가 타이밍 동기다 (정상)

※ 아반떼XD — 롱투스에 타이밍 동기가 맞는다 (정상)
(린번)

※ 한 사이클 내의 분사시간은 같다.

⇒ AFS가 나가면 분사시간이 달라질 수 있다

(한 사이클 내의 분사시간).

※ CMP를 복잡하게 만드는 이유는

⇒ CKP가 망가졌을때 대체 신호로 사용하기 위해 만든다.

⇒ 삼성 자동차 처럼 대체신호로 쓰지 않는데

복잡하게 만든건 과유불급이다.

(필요없이 복잡하게 만들었다)

※《타이밍 벨트가 넘으면》⇒ 무조건 캠이 돌은 거다.

맵값을 동반해서 동기검사를 본다.

(블럭에서 컨로드가 휜것 제외)

— ① 연비가 나빠진다.

② 분사량이 늘어난다 (2.3mS → 2.8mS로)

③ 맵값은 과도하게 높다. (52.3Kpa로)

④ −학습을 하고 (−14.1%)

⑤ 산소센서는 농후 패턴에 중간값을 그리고.

⑥ 점화시기는 지각되어 있다. (지각폭은 봐야 된다)

⑦ ISC 값은 최대로 논다 (39.8~41.0%)

⑧ 동일하게 압축압력이 상나온다

— 공연비 보정제어 −14.1%

공연비 학습제어 −15.6%

) 이 부분을 빼지않고 산소센서를 보면 농후로 그리는 패턴이다.

⑨ 점화 시간이 모두 짧아져 있지만 실화범위 이내에 있다.

※ 타이밍 다웰핀이 약간만 휘어도 타이밍 코가 1코가 넘은거다.

※ 싱크로 상태 (CPS/TDC) ⇒ Success

⇒ 타이밍 동기가 정상이다는 뜻.

※ ≪V6 차량 타이밍코가 한코가 넘으면≫
— ① 압축압력은 떨어지지 않는다.
② 맵값이 310 mmHg (60 mmHg 이상이 높고)
③ 부조는 하지 않는다.
④ B₂ 타이밍 커버를 탈착해 본다.

※ 타이밍 기어 이빨은 나누어 떨어지지 않는 수로 만든다.
※ GDS 4.5 (에쿠스) — 16바퀴 돌려야 원위치 된다.

<사례>
※ 오피러스 3.0 (그랜저 XG 3.0과 같은 Engine)
후진시 시동꺼짐. (핸들을 끝까지 돌리고 후진을 하면)
공회전 rpm이 떨어지면서 떨다가 간헐적으로 시동 꺼짐.
2~3일에 한번씩.
시운전 결과. rpm 저하는 지속적으로 이루어짐.

한달전 쯤 CKP. CMP. 점화 코일. 플러그. 타이밍 세트 교환
수리 이전에도 증상이 있었음.

결론 타이밍이 배기 타이밍이 한코 넘음 ⇒ 타이밍 동기 불량.
⇒ CMP가 좌 뱅크에 붙어 있으니
우뱅크 쪽만 넘으면 확인이 불가능 하다.

⇒ 장비로 (스코프로) 타이밍 동기 파형을 찍으면
정상으로 나온다.

단기통 부조 느낌이 나고
인젝터 커넥터를 하나씩 빼보면 3번은 변화 없고
1.5번은 변화가 덜하고
2.4.6번은 심한 부조를 발생시킨다.

파워 밸런스 확인 결과.
B_1에서 공동 부조를 한다.

밸브 파형에서 흡입 밸브 — 한쪽 뱅크 – 열림 닫힘 불량.

배기 밸브 — 한쪽 뱅크 – 닫힘 불량
열림 조금 불량.

타이밍 동기 정상.

연료 압력 조절기에서 가장 가까운
6번의 맥동이 가장 크다. ⇒ 연료 맥동 파형.

흡기 파형의 깨짐은 배기의 영향이었다.

※ 이모빌라이저 에서.
트렌스 폰더가 자기진단에 뜬다면. (고장코드).
⇒ ① rpm 회전수가 나오지 않는다.
② rpm 회전수는 나오는데 연료를 분사하지 않는다.

※ 요즘 차량은 이모빌라이저를 먼저보고 CKp를 본다.
※ key on ⟶ 이모빌라이저 인식 ⟶ 연료모터 작동(2~4초동안).

50rpm 이상 신호가 들어오면 ⟶ 연료펌프 릴레이 on.
(요즘 차량은 ECU 내로 없어짐.)
엔진 회전수의 모태신호는 CKp. CMp다.

※ 그랜저 XG. 2.5.
CKp를 빼도 시동이 걸릴 수 있다.
그래서 CMp도 뺀다. (대체 신호로 사용하기 때문).
⇒ 상호 상관 테스트 할때

※ 테라칸 J엔진.
크랭킹 하고 있으면 이모빌라이저 절로가 나간다.
엔진 회전수가 0으로 판단되면 아무것도 제어를 하지 않는다.

※ 엔진 회전수가 20rpm으로 고정(할)될 때는
— CKp가 6° 이상 벗어나면
— 타이밍 동기 불량.
— CMp 센서 불량

※ 보쉬엔진 - 주신호 : CKp KJ엔진 — 주신호 : CMp.
보조신호 : CMp

<CRDI 차량>

※ 주행중 가끔시동이 꺼지면
⇒ ① CKP
② CMP
③ 메인 릴레이 교환.

※ 보쉬 엔진은 주행중 CMP를 빼도 꺼지지 않는다.
델파이 엔진은 주행중 CMP를 빼면 시동이 꺼진다.

※ 인젝터 폭조가 나가면 → ① EGR S/V 결함.
(J엔진) ② ECU 전원.

인젝터를 교환하고 시동이 꺼져서 들어오면
→ 인젝터 폭고가 나가있으면
⇒ EGR S/V를 교환 해야 한다.

※ CRDI 차량.
Key on하면 1.5초 동안 연료펌프 작동
크랭킹 하면 (CKP 신호가 나오면) 연료 펌프 작동.
(크랭킹 하면서 연료압력을 보는게 중요하다).
ex) Key on시 연료압력이 올라오고
크랭킹시에 연료압력이 안올라오면 ⇒ CKP 불량.

※ <OCV 밸브 검사> item.

⇒ OCV 밸브가 작동하는지 않하는지를 볼려면 타이밍 동기검사의 동기의 변화량으로 알 수 있다.

⇒ 가속을 하면서 본다. ─ 잘 움직여야 한다.

⇒ 엔진오일 플러싱이 필요하다 (일정 시간이 되면) (OCV 장착차량).

⇒ 효과가 없을때 팔아라.
⇒ 효과가 없어도 상품의 가치가 있게끔 한다.

※ CVVT가 불량하면 ─ 중속 영역에서 떤다.

※ 타이밍동기화 불량. (OCV 밸브 불량 검사)

스코프로
① CKP
② CMP ⇒ 스코프로 동기화를 본다.
③ OCV 듀티 (고장코드는 삭제하고 본다.)

※ CKP 신호가 죽으면 → 연료펌프릴레이를 ON시키지 않는다.
⇒크랭킹 부터는 연료펌프 릴레이는 ON되어 있어야 한다.
⇒ECU가 ON 시켰는지 않했는지는 신호를
릴레이에 주는지 않주는지 확인하는 것이다.

※ "점화 회로 이상" 고장코드가 뜨면
⇒모터 신호는 CKP. CMP가 이상이면 뜰 수 있다.
(EF 소나타. 외제차)
⇒특정 실린더의 가속도가
⇒해당 실린더의 인젝션 분사를 죽인다.

※ 시동이 걸린다는 기준 – 475 rpm 이상
시동이 꺼진다는 기준 – 475 rpm 미만

※ CKP 신호의 파형에서
① 진폭이 작으면 → 압축 압력이 크고 (부하가 걸리면)

② 진폭이 크면 → 압축 압력이 작다.

※ 커넥팅 로드가 휘면
① 100% 매연이 나온다
② CKP 파형이 특정 구간에서 급격히 진폭이 작아진다.

※ 간헐적으로 시동 불량인 차량에서
타월이 휘어도 특정 구간에서 진폭이 작아진다.(CKP파형이)

※ 몇가 ECU type에서는 레퍼런스 전압이 통일된다.
(기준전압)

① 액추에이터 — 3.5V
② 센서 — 5V
③ 예외 CKP < 인덕티브 방식 — 2.5V
홀 방식 — 12V

15

파워 베이스 (전압 강하 시험) 차량관리 항목

※《파워 베이스 개선》

<파워 베이스> power base : 동력의 기준, 동력의 기본, 동력의 기초(토대)

※ 순간 전압을 공부하기 가장 좋은 방법은 스타트 모터 단자다.

※ 접지의 종류
① 고객 접지 (에어컨. 냉각팬. 헤드램프 on/off)
② 아날로그 접지 (MAP. TPS. 수온센서. ATS(흡기온
③ 펄스 접지 (CKP. CMP. 차속센서. 디지털파형)
④ 파워 접지 (ECU에서 나오는 전원계통 접지)

※ 접지중 TPS 접지가 가장 중요

<접지가 불량일때>
1. 출력 부족
2. 연비 불량
3. 진동, 엔진 부조
4. 시동꺼짐, 가속시 울컥거림
5. ECU 불량
6. 점화 불량 (실화)
7. 차량 화재

<정상 일때>
1. 연비에서 달라진다.
2. 휠 속도가 달라진다.
3. 전구도 잘 안나간다.

① TPS
② 인젝터
③ 이그니션 코일 1
④ 이그니션 코일 2
⑤ 배터리 전원
⑥ 그라운드 (TPS 접지)

※ 가을에는 날씨 가장 건조하기 때문에 차량이 가장 거칠다.

※ 비 오거나 안개가 끼는 날에는 차가 부드럽고 잘나간다.
⇒ 습에 의해서 노이즈가 방전되기 때문이다.

※ <ECU 불량>
① ECU 프로세스 버그 ⟶ ① ECU 교환
② ECU TR, IC 불량 ② 접지 불량 ⇒ 공회전시 정상이었다가 가속시 접지 노이즈가 가장 심해진다.

※ DIS 차량은.
차체 접지 성능이 떨어지면 출력이 떨어진다.

⇒ ECU 동력 접지가 차체에 매져있기 때문이다.
⇒ 시내 운전만 하는 차량은 플러그가 검댕이가 낀다.
⇒ 연료가 농후 하다는 뜻이다
※ 접지에 문제가 생기면
시그널 전압 레벨이 높아지는 문제가 있다.

⇒ ex) 엑셀 포지션 센서 (APS)
TPS
수온 센서 등등 각종 센서류의 시그널
전압이 높아지므로 인해
실제 작동보다 빨리 늦게 작동을 한다.

ex)
10V
5V (정상)
if) 7V가 출력되면 ⇒ 2Ω의 저항이 Ω 걸리는 것이다.

센서
※ 전원 전압은 4.7~5.1V가 인가 되어야 한다

※ 접지 개선
페인트 도장 → 접지 주의
접지용 볼트가 따로 있다.
접지용 볼트는 일반 볼트와 다르다. 그로인해
나사산이 망가져 꽉 조여지지 않는 문제가 발생할 수 있다.
⇒ 특히 사고차량에서
흔히 발생한다.

※ 점화 계통 불량 ⇒ 검증 방법.

① 가속시 점지 노이즈가 심해진다.

② 전기적인 부하를 줄 때 노이즈가 심해진다.

※ 엔진 고장의 50% 이상은 접지 노이즈다.

※ 센서 파형의 노이즈만 봐도
점화 노이즈, 인젝터 노이즈를 볼 수 있다
그래서 노이즈를 보고 측정하는 게
스코프를 한채널에서 두채널을 더 보는 것이다.

※ 엔진의 잔진동은 거의 접지 불량이다.

※ 선간전압이 1V 이상이면 W(와트)수는 엄청 차이가 크다.

※ 배터리 용량의 30%의 전류가 흐르면
시동성에 영향을 준다.

※ 접지 단자에 마카페인트를 칠한다.

※ 그라운드의 파워베이스를 완벽하게 해놓고
센서 접지를 매야한다.
⇒ 센서 접지는 해당 접지선에 매야 한다.
⇒ 통합 ECU는 해당사항 無
① TPS ― TCU ― 차속센서 접지가 공통
② 냉각 수온센서 접지 ― 차체에 맨다.

※ <ECU 접지>

① 동력 접지를 찾는다
② 2개 정도를 차체에 직접 맨다.
③ ECU 접지중 동력 접지선은 굵다
④ 원 접지 포인트와 별도로 맨다.
⑤ 개조 접지는 다른 차체에 맨다.
⑥ 굵은 배선을 쓰면 10mm 단자를 사용하여
압착해서 사용해도 된다
⑦ 원 접지 포인트와 결속을 하기 위해서 별도로 맨것이다.

※ 그라운드의 파워베이스를 완벽하게 해놓고
센서 접지를 매야 한다
(통합 ECU는 해당사항 무)

※ 센서 접지
① AFS
② TPS
③ VSS(차속센서)
④ CKP
⑤ WTS

※ 냉각 팬이 작동할때 TPS 센서값이 움직이면
엔진 전반적인게 움직이는 것이다.
냉각 수온 센서 선도를 본다.
(전부하를 주고, 에어컨 부하 제외)

※ <배터리 성능 검사>

배터리 단자를 뺐다가 끼웠을때
3~4A 미만 ⇒ 정상
8A 차이가 나면 ⇒ 불량

<상품 item>

《점지 테스트》 Low

A. 연결 방법. 스코프에 연결.

① 배터리 전압 CH1 ⊕프루브 → 배터리 ⊕터미널

신형차량은 ⊖프루브 → 배터리 ⊖터미널에 연결

※ 배터리 센서 이후에 프루브를 연결 한다.

② 발전기 선간전압 CH2의 ⊕ 프루브 → 알터네이터 ⊕ 단자

⊖ 프루브 → 배터리 ⊖ 터미널 에 연결

③ 엔진 접지 CH3의 ⊕프루브 → 엔진 몸체(엔진 블럭).

⊖프루브 → 배터리 ⊖터미널 에 연결

(발전기 몸체)

④ 차체 접지 CH4의 ⊕프루브 → 배터리 ⊖터미널 (차체).

⊖프루브 → 알터네이터의 몸체 에 연결

(발전기 몸체).

B. 테스트 방법.

— 각종 부하를 주고 평균값을 본다. (시동을 걸고)

① Key on 후 미등. 라이트(상. 하향), 비상등. 열선. 시트열선을 켜고 브로워 모터 4단, 저온 상태에서 에어콘을 켜고 2분 동안 방전 시킨다. ⇒ 배터리 표층전압 (허전압) 제거

<analysis>

분석 ⇒ 12V 이하로 떨어지면 않된다. (11.5V 이하면 완전불량이다)

⇒ 배터리 활성화 검사를 하는 것이다

⇒ 전압이 올라갔다를 반복하는데 편용이 좋아야 한다.

② 시동을 걸었다 껏다를 5회 반복한다.

⇒ 크랭킹 할때가 가장 소모전류가 크다

※ 요즘 차량은 메인접지가 차체에 있다.

③ 시동을 걸고, 모든 부하를 주고
2500rpm으로 20초이상 충전상을 걸은 후
공회전 상태를 유지한 후
전기 부하를 하나씩 off한다. ⇒이때 접지 성능검사를 한다.

결과 ⇒① 13.5V 이상 나와야 된다. → 안나오면 발전기 불량
⇒② 전기 부하를 on할때와
off할때 감응이 활성화 되야 된다.

※ 접지를 맬때는 최대한 최단거리로 맨다 (20~30cm가 많이 사용한다)
접지 효과 ① 수명이 길어지고 (배터리 발전기)
② 효율이 높아지고 (연비)
③ 부드러워 짐 (엔진)
④ 엔진의 평균 전압레벨이 낮아진다.
〈점검〉
기준 ⇒ 평균 V를 본다.
0.02V (20mV) ⇒ 정상.
0.06 ~ 0.07V ⇒ 허용값 (60mV ~ 70mV)
220mV 이상 ⇒ 운전자가 느낄수 있는 수치.
⇒ 반드시 접지개선을 한다.
※ 배터리 ⊖단자에서 스타팅 모터 몸체 사이의 전압
⇒ 크랭킹시 → 0.8V ⇒ 허용치
1V가 넘으면 ⇒ 불량 (선간 전압).

※ 단기용 부조인데 접지 테스트를 하면 안된다.

※ ECU가 차체로 접지되어 있으면
센서 접지는 반드시 차체에 매준다.

~~※ 요즘 차량은 메인 접지가 차체에 있다~~

<접지 파워베이스>

※ ECU 접지를 측정할때

1. ECU 접지
2. 센서 접지
3. 엔진 접지
④ 차체 접지

센서 접지는 ① TPS 접지
② AFS 접지
③ 차속센서 접지는
반드시 테스트 한다.
~~CMP 센~~

※ 배선이 불량하면
본선쪽 불량보다 접지쪽 불량이 많다.
⇒ 왜냐면 ① 커넥터도 본선쪽 보다 많고.
② 배선의 길이도 길고.
③ 차체나 엔진쪽에 체결하는데도 많기 때문이다.

※ 접지가 뜨면. (전압레벨이 높아진다)
① ECU가 읽는 평균 전압이 높아지고
② 엔진이 그로인해서 거칠어진다.
그래서 접지가 ECU에 영향을 주는 것이다.
⇒ 접지 공사를 하면 평균 전압레벨이 낮아진다

※ ECU는 70mV당 1㎲씩 연료분사량을 늘린다

※ 냉각수온 센서의 전압레벨이 높아지면 엔진의 실제온도보다.
냉각팬이 늦게돈다
그로인해서 엔진의 전체 온도가 높아지고. ~~열~~
에너지의 열손실이 극대화되고, 엔진의 모든 부품의 내구성이
짧아지고, 결국 엔진이 거칠어진다.

※ 인젝터는 0.8A의 전류가 흐르고
점화는 6A의 전류가 흐르기 때문에
같은 배선에서도 인젝터 노이즈보다
점화 노이즈가 전자간섭이 많이 된다

※ VSS (차속센서)
⇒ 차속은 전 모듈이 다 쓴다
⇒ 그래서 차속은 어렵다는 것이다

※ 차속 센서는 홀 센서 type이다.
① 전원선 — 12V 전원 〈 Key on / 커넥터 탈거
② 접지 — 0V
③ 레퍼런스 전압 — 5V

※ 차속 센서는 안 된다고 교환하면 100% 오진이다.

※ ABS 사양은 원래 휠센서가 장착되어 있어서
그 신호를 차속으로 활용하지만
Non ABS 사양은
앞 우측 타이어에 휠센서를 별도로 장착한다 (K-OBD적용차량)

※ ABS 적용 type의 휠센서 — 홀센서 방식 적용.
Non ABS type의 휠센서 — 인덕티브 방식.
(G센서).

※ 엔진 ECU로 입력되는
ABS 또는 별도의 휠스피드센서를 차속신호로 받는 이유는
⇒ 실화 감지 때 노면 상황을 체크하여
엔진의 부조를 판별하는데 별도의 신호로 사용하여
배기가스 기준에 적합하도록 제어하기 위함이다.

※ 차속센서의 종류 ① ~~PP~~-PG-B (자동변속기)
② 〈 ABS 적용 휠 스피드 센서 / ABS 비 적용 휠 스피드 센서
③ 별도의 차속센서.

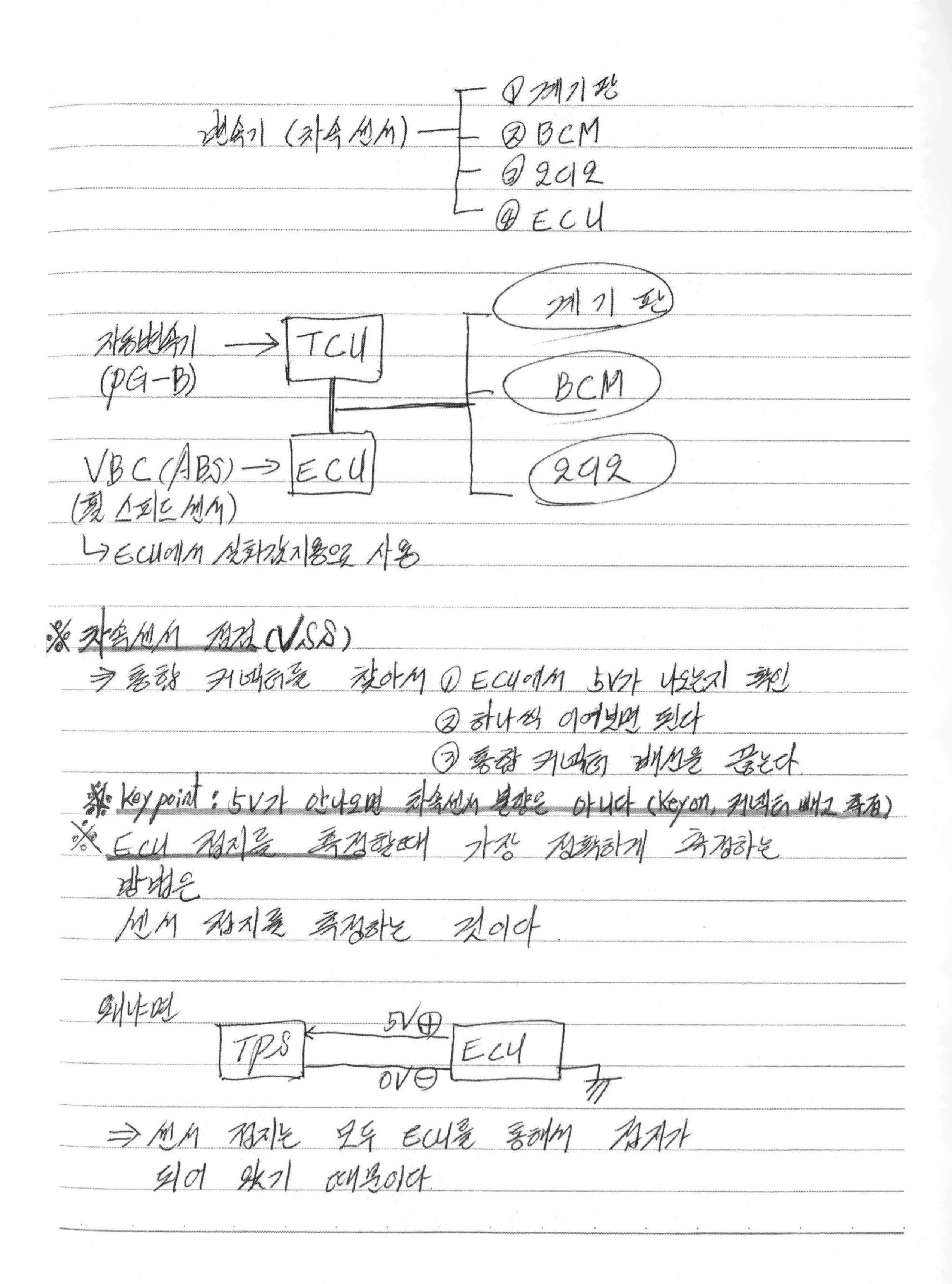
① 계기판
변속기 (차속센서)
② BCM
③ 오디오
④ ECU
계기판
자동변속기 → TCU
(PG-B)
BCM
VBC(ABS) → ECU
오디오
(휠 스피드 센서)
↳ECU에서 실화감지용으로 사용
※ 차속센서 점검 (VSS)
⇒ 통합 커넥터를 찾아서 ① ECU에서 5V가 나오는지 확인
② 하나씩 이어보면 된다
③ 통합 커넥터 배선을 끊는다.
※ Key point : 5V가 안나오면 차속센서 불량은 아니다 (Key on, 커넥터 빼고 측정)
※ ECU 접지를 측정할때 가장 정확하게 측정하는
방법은
센서 접지를 측정하는 것이다.
왜냐면
5V⊕
TPS
ECU
0V⊖
⇒ 센서 접지는 모두 ECU를 통해서 접지가
되어 있기 때문이다.

차속센서 점검

ABS 오토라이트 BCM

ECU

TCU 에탁스 에어백 차속센서 …

※ 차속센서는
어느 곳에서든지 하나가 쇼트나 단락이 되면
전부 안 된다.

※ 스코프로 산소센서를 띄워놓고
악셀을 가속했다 놓을 때
⊖로 떨어지면
엔진하고 배터리간 선간전압이 생긴다는 것이다.

※ 점화 코일 접선 선간전압 측정
① 발전기 ⊕단자 → 스코프 CH, ⊕프로브 연결

② 점화 코일 ⊕단자 → 스코프 CH, ⊖프로브 연결.

※ 시그널 선
= 레퍼런스 전압이 나오는 선
= 출력 선
= 신호 선
= 출력 전압이 나오는 선

⇒ ECU에서 내보내고 받아들이는 선이다
<피드백 회로이다>

<메인 릴레이 선간 전압 측정>

※ 메인 릴레이 고장코드 ┌ 가솔린 : 배터리전압 < 6V 경우에 점등
　　　　　　　　　　　 └ CRDI : 배터리 전압 < 9V 경우에 점등한다

<선간전압 측정>

메인 릴레이

⊕ CH1 ⊖

선간전압 측정

※ 배터리 ⊕ 단자에 —— ⊕ 프루브 연결
　퓨즈를 뽑고 퓨즈단자에 —— ⊖ 프루브 연결 > CH1

(스코프파형)

노이즈 발생
(접점이 불량할 때 생긴다)

⇒ 그라운드까지 확실하게 떨어지면
　접점상태가 좋다는 뜻이다.

⇒ 0.2 ~ 0.3V 이하면
　릴레이 접점이 좋다고 생각하면 된다

⇒ 메인 릴레이 접점이 1A 흐른다.

※ 흐르는 전류량이 많으면 많을수록 접지레벨이 더 뜰 수 있다.
　(접점 저항이 커진다.)　　　　(레벨 전압)

※ 퓨즈단자접촉 불량일 경우
　① 퓨즈 단자를 가스 내서 끼우거나
　② 퓨즈 단자를 10° 정도 비틀어서 끼운다.

※ 메인 릴레이에서 ① 퍼지 S/V 전원선과
　　　　　　　　　② CMP 전원선이 같이 온다.
⇒ 동시에 고장 코드가 점등되면 릴레이 불량이다

※ 엔진 컨트롤 릴레이 ⟶ 인젝터 배선으로 체크한다.

※ 메인 릴레이
CKP
CMP
) 는 ① 배선을 흔들어 보면서
② 두들겨 보면서
테스트 해보는 방법도 하나의 방법이다
⇒ 터무니 없이 틀려지면 안된다.

※ 고장 코드가 켰, 꺼지 ⇒ 메인릴레이를 의심해야 한다
※ 메인 릴레이 (엔진 컨트롤 릴레이) 에서
전원이 오는 것들

① CMP 전원선
② EGR S/V 전원선
③ PCSV 전원선
④ 인젝터 전원선
⑤ 점화 코일 본선
⑥ 산소 센서 히팅 전원
⑦ ISC 모터 전원
⑧ PG－B 전원 (오토 미션)
⑨ 차속 센서
⑩ 열선 전원

※ 메인 릴레이는
결조 회로를 찾아서
바깥에서 점검을 하는 것이다

※ 전원이 한군데서는 오고 한군데서는 않으면
정선 불과 불량이다.
※ 메인 릴레이 고장 코드가 점등되면
⇒ ① 등가 회로를 그려 본다.
② 고장 판정 조건을 반드시 본다.
⇒ 전압이 9V 이하면 (CRDI의 경우) 고장코드를 띄운다 (특히 커넥터
⇒ 제어값 낮음 — 12V 전원 보다 낮다는 뜻이다.
— 배선 단선일 경우

<스타팅 모터 선간전압 측정>

※ 스타팅 모터는 선간전압을 크랭킹 할 때 보는게 가장 정확한 것이다

CH1 ⊕ ⊖
요즘 차량들은 장착됨.
릴레이
M
CH3 ⊕ ⊖
CH2 ⊕ ⊖
고정볼트 노크센서
CH4

※ 테스트는 반복적으로 한다.

※ 배터리 ⊖ 단자에서
스타팅 모터 몸체 사이의 전압은 (크랭킹 시) ⇒ CH_2
⇒ 0.8V 까지는 허용치 이고
⇒ 1V가 넘으면 불량
⇒ max-p 만 본다.

※ 크랭킹 시 배터리 최저 전압이 9.5V 이하면 배터리 교환.

※ <스타팅 모터 테스트>

◎ 테스트 방법 ⇒ 세세세 세로 테스트 하지 않는다.
탁 탁 탁으로 테스트 한다.

analysis ⇒

12V 전원 확인	노크센서 진폭	
O	X	⇒ 스타팅 모터 불량.
X	X	⇒ 배선 불량.

※ 접지는 7주 접지를 하는게 가장 이상적이다.

※ 편조선 22 스퀘어를 자다가 만든다. ① 30 cm

② 35 cm

효과 : ① 시간이 절약된다. ③ 40 cm

② 배선을 만들어 쓴다. ④ 50 cm

(고객이 만들 수 없게). ⑤ 1 m

⇒ 5가지 정도 만들어 놓는다.

※ 접지는 모든 센서와 관련이 있다.

※ 접지는 묶어서 하지마라.

※ 센서(sensor) : 물리량을 전압으로 바꿔주는 것.

※ 센서 접지 : 0.3V 이하로 걸려야 한다 (300mV 이하)

⇒ 0.5V 이상이면 실제 값과 다르다는 뜻이다.

⇒ 시그널 전압이 높아진것이다.

※ 냉각 계통 접지는 따로 배출. (WTS)

※ 센서는 접지쪽 불량이 많다.

※ 센서 접지를 먼저 측정해라.

※ 수온센서 — 40℃ ⇒ 2V / 대우 ⇒ 1V / 현대 ⇒ 0.8V 〉 열 받았을 때

① 뜨거운 센서 / 찬 센서 〉 는 보편적으로 2V 대다.

※ ECU는 모든 센싱을 전압으로 한다.

※ ECU의 3대 제어 — ① rpm 제어
② 분사량 제어
③ 점화 시기 제어
④ 산소센서 피드백 제어
⑤ ISC 제어

〈메인 릴레이 분석 2〉

※ 결선이 ⇒ ⊕ 선간전압 테스트

연결 방법 : 배터리 ⊕ 단자 ⟷ CMP 본선

(스코프 ⊕프루브연결) (스코프 ⊖프루브연결)

〈Key on 시〉

12V
0V
(정상 파형)

Ⓐ 12V
⇒ 0V
(메인 릴레이 접점소손 불량)

⇒ 접점이 떨어 있다가 가라 앉으면 메인 릴레이가 접점상태 불량이라는 뜻.

Ⓑ 12V
0V

→ 0.2V면 정상
1V면 경고등이 점등될 수 있다.

Ⓒ 12V
0V

⇒ 그라운드까지 확실하게 떨어지면 접점 상태가 좋다는 뜻이다.

⇒ 0.3~0.5V 이하면 상태 양호(접점상태)

※ 메인 릴레이 접점에 흐르는 전류는 1A이다.

※ 흐르는 전류량이 많으면 많을수록 접지레벨이 뜰 수 있다.
⇒ 접점 저항이 커진다.

※ 결선에 잡음이 생기면 메인릴레이 불량이다.

※ 연관성 문제 때문에 CMP 본선을 찍는다.

※ 메인 릴레이를 테스트하고 싶으면 CMP 본선을 찍는다.
EGR S/V 본선을 찍어도 된다.

※ 메인 릴레이 전원이 on에서 → off가 될수 있다
⇒ CMP + 측의 전압을 꼭 확인해라.

※ 메인 릴레이 고장코드는 ① 가솔린은 배터리 전압 < 6V 일 경우
② CRDI는 배터리 전압 < 9V 일 경우
⇒ 점등 된다.

※ 접점이 오래 될수록 저항이 많이 걸린다
⇒ 총 저항이 많이 걸린다.

※ 메인 릴레이를 교환할때는 반드시 퓨즈를 바꿔줘야 한다.

※ CRDI 차량에서는 CMP 본선을 확인한다.
엔진퓨즈에서 → AFS 전원이 온다.
메인 릴레이 → 조인트 커넥터 → ① 글로우 릴레이 (작은 전원)
② A/C 릴레이
③ 콘덴서 팬 릴레이
④ 블로워 A/C 컨트롤
⑤ 트로틀 S/V

※ ECU가 먹는 전류는 1A 정도 밖에 안된다.
메인 릴레이가 직접적으로 구동시키는 건 별로 없다.

※ 인히비터 S/W, Key S/W 가 나가는 경우가 거의 없어졌다.
⇒ 인히비터 S/W 이후에 릴레이를 장착해서 때문이다.

※ 입, 출력이 모이는 곳이 릴레이다.

※ 엔진 컨트롤 릴레이나, 메인 릴레이는
⇒ 보조 회로를 찾아서 바깥에서 점검을 하는 것이다.

※ 철심의 열화 (劣化)

— ① 오래된 선풍기가 빌빌대는 이유

② 철막은 모터가 절대 새것 같은 힘을 낼수 없는 이유

※ 모든 서지를 유발하는 정밀부품에서는 결국 원칙으로

파형의 끝만 정밀 진단하면

배선은 물론 작동물체의 속도와 때가 끼어

뻑뻑한 것과 오일의 점도까지도 점검이 가능하다.

※ 프라이드 "인젝터 불량" 고장코드가 뜨면

⇒ 배터리 바로 밑에 3개짜리 릴레이가 손상되면

인젝터 전원 12V가 안나온다.

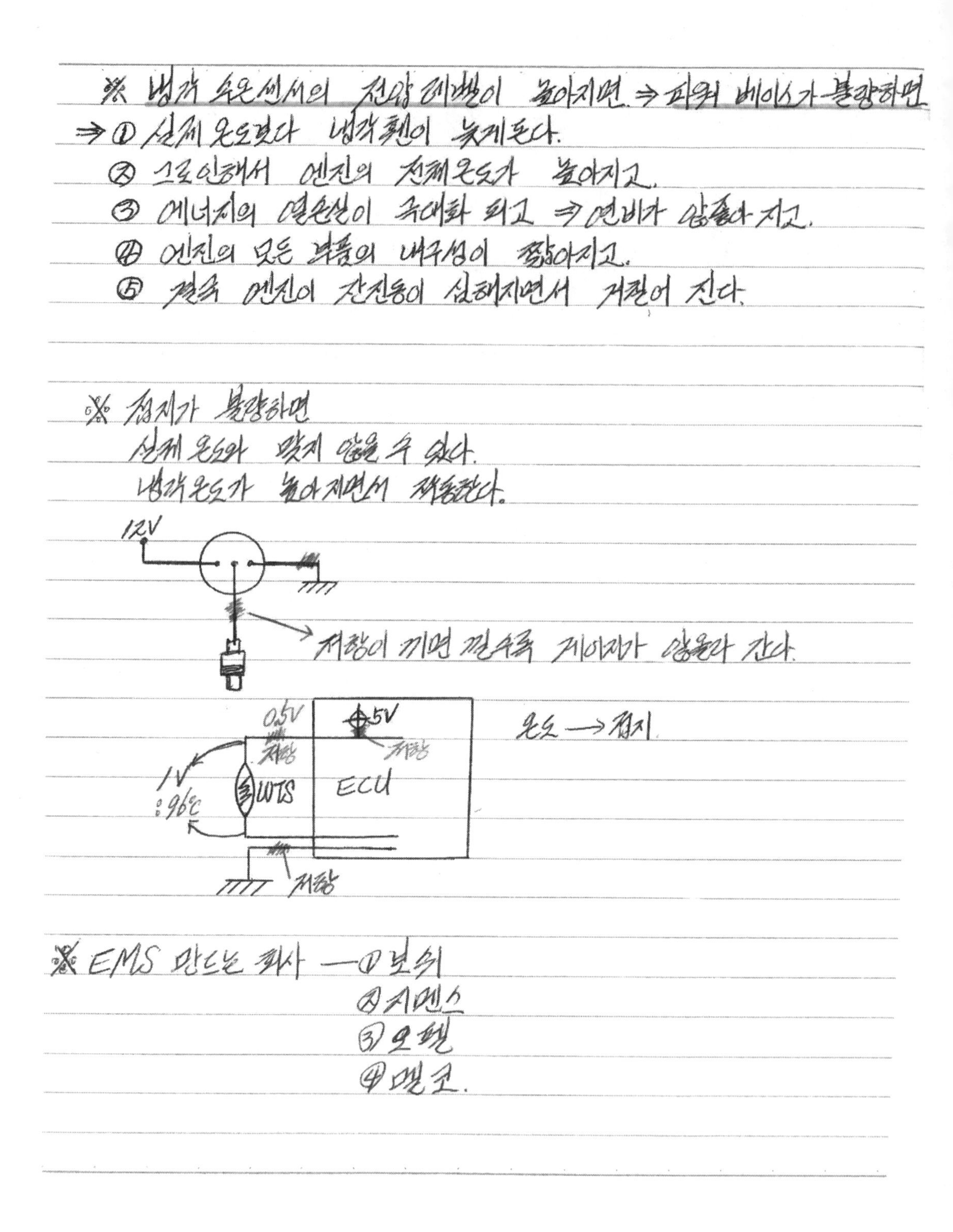

※ 냉각 수온센서의 전압 레벨이 높아지면 ⇒ 파워 베이스가 불량하면
⇒ ① 실제 온도보다 냉각팬이 늦게 돈다.
② 그로 인해서 엔진의 전체 온도가 높아지고.
③ 에너지의 열손실이 극대화 되고 ⇒ 연비가 안좋아 지고.
④ 엔진의 모든 부품의 내구성이 짧아지고.
⑤ 결국 엔진이 잔진동이 심해지면서 거칠어 진다.

※ 접지가 불량하면
실제 온도와 맞지 않을 수 있다.
냉각온도가 높아지면서 작동한다.

※ EMS 만드는 회사 — ① 보쉬
② 지멘스
③ 오텔
④ 멜코.

〈냉각 휀 작동시 전압강하 원인 분석〉

① 발전기 B단자 전압
② 차체 접지
③ 냉각 수온 접지
④ 발전기 전류

※ WTS 종류(수온센서)
① 2가닥 — 5V, 접지(기본)
② 3가닥 — 5V, 접지, 온도게이지
③ 4가닥 — 5V, 접지, 온도게이지 접지분리.

※ 휀이 작동할때
TPS 센서 값이 움직이면 엔진 전반적인게 움직이는 거다.

스캐너 ⇒ 진단 필수 항목 + 냉각 수온센서 추가
⇒ 그래프 모드에서 경향 그래프 선도를 본다
⇒ 풀 부하를 주고 (에어컨 부하 제외)

〈센서 접지〉

※ ① CKP 접지
② 냉각 수온 접지
③ TPS 접지
④ AFS 접지

※ 그라운드의 파워베이스를 완벽하게 해놓고 센서접지를 매야한다

※ 센서접지는 해당 접지선에 매야 된다.
통합 ECU는 해당사항 무
① TPS-TCU-차속 접지가 공통
② 냉각수온센서 접지.

※ 배터리 코드 배터리 단자 사용.

15Cm
20Cm
30Cm
40Cm
50Cm
) 20개씩 만들어 놓는다.

※ ECU가 차체로 접지되어 있으면
센서 접지는 반드시 차체에 매어준다.
⇒ ECU랑 센서 접지 레벨이 틀려서 그런다.

※ ECU에서 굵은 접지선을 찾는다.
동력 접지를 찾는다. (ECU 동력 접지선은 굵다)
2개 정도를 차체에 직접 맨다.
원래 접지 포인트와 별도로 맨다.
⇒ 센서 접지의 접속.

※ 엔진에 붙어있는 접지선을 다시 개선한다.
※ <ECU 접지>
— 굵은 배선을 쓰면 10mm단자를 사용하여
압착해서 사용해도 된다.

— 원 접지 포인트와 별도로 맨다 (개조 접지는)
(다른 차체에 맨다)

— 원 접지 포인트와 분류를 하기 위해서
별도로 맨 것이다.

※ — 점화 코일 동력 접지로 낮춰서 센서 시그널 전압을 낮춘것이다
※ A. 동력 접지 — ① 점화 코일 접지
② 산소센서 히팅 접지
③ 열선 접지

B. 센서 접지 — ① CKP 접지 ④ TPS 접지
② 냉각 수온 센서 접지 ⑤ 차속센서 접지
③ AFS 접지

※ 접지선이나.

① 자동차의 모든 배선은 검정선이나 보이지 않는 배선을 사용한다.

② 접지선은 2.5 스퀘어 연조선을 사용한다.

③ 수축 튜브를 2중으로 씌운다 ⇒ ⊕전선

④ ⊕ 본선도 연조선을 사용한다.
단자를 압착해서 2차로 납땜을 한다.

⑤ 오색 배선을 사용하지 말고
단색선(검정)을 아끼도 된것을 사용한다.(전선가게에서)
① 검정
② 적색
③ 파랑색
④ 노랑색
4가지만 사용한다.

⑥ 금 세공하는 사람들이 사용하는 온열 납땜기를
사용한다.
— 조절 나오는 납땜기 사용
— 라지에다를 달궈서 납으로 때운다.

※ 회로우 S/W 로 스코프로 테스트 한다.
① 전원선 — ⊕프루브
② 접지선 — ⊖프루브
③ 전류 값을 재면 확인할 수 있다.

※ ① 발전기 B 단자
② 배터리 + 단자
③ 센서 전원
④ 배터리 ⊖ 접지 단자
⑤ 엔진 몸체
⑥ 발전기 몸체
⑦ 차체 접지.

※ 요즘 차량은 접지선이 볼트 2개에 두껍게 되어 있다.
해서 어설프게 볼트를 조이면
밀착이 잘 되지 않아 어스가 엄청 뜬다.

※ 어씽 케이블이 무거워 지는 차량은.
접지가 안좋다는 뜻이다.
어씽 케이블이
실외접지와 실내접지의 전위차를 없애주는 역할을 한다.
메인 케이블이 나쁘면 한다.
예) 무쏘.

※ 순간전압이 1V이상이면 W수는 엄청나게 차이가 있다.

※ 배터리가 뒤에 있는 차량은 무조건 접지를 한다.

※ 《파워 베이스의 피제 및 위력》

※ 10년 이상 노후차량 or 사고 차량은.
전기의 동맥경화 현상을 반드시 테스트 한다.(접지 테스트)
① ⇒ 엔진 트러블. 엔진의 떨림(아이들 부조).
② ⇒ 출력 부족(저하).
③ ⇒ 시동 꺼짐으로 이어진다.

효과 ⇒ ① 정숙성 (부드러워짐)
② 연비 향상 (에너지 효율이 높아진다)
③ 부품의 수명 연장. (발전기, 배터리)
④ 출력 향상
⑤ 엔진의 평균 전압 레벨이 낮아진다.

※ Engine oil 교환하러 오는 차량의 필수 검사 — 스코프 설정.
— ① 엔진 정지 (max 1.25V)
② 허브 베어링 (미세), 진동, 소음 (max 125mV) 좌)
③ 허브 베어링 (미세), 진동, 소음 (max 125mV), 우)
④ 라지에다 휀 전류 (max 25A)

※ 허브 베어링 진동 센서는.
좌, 우를 바꿔서 반드시 두번 테스트를 한다.
⇒ 좌, 우를 바꿔도 진동파형 폭이 똑같아야 한다.

※ 시동을 걸었다 껐다를 5회 반복 한다.
⇒ max 1.25V 화면을 피크전압이 넘어서면
→ 엔진 정지는 불량이다.
⇒ 100mV 이하면 정상이다.

※

※ 〈허브 베어링 검사〉
60km/h ~ 140km/h 까지 속도를 높여 본다.
좌, 우 상대평가를 한다 (진동폭을 보고)

⇒ ① 타이어 밸런스 교정
② 허브 베어링 교환
③ 드럼 연마 — 140km/h로 달렸다가 브레이크를 밟았을때
④ 등속 조인트 교환 진동폭이 커지면 ⇒ 디스크 불량이다.

※ 〈냉각 계통 검사〉 ⇒ 라지에다 휀 전류 (max 25A)
— ① 냉각 프러싱 ⇒ 전류가 흐른 시간을 잰다
② 냉각 호스 교환 ⇒ 정상일때 (여름 40초
③ 써모스태트 및 라지에다 교환 겨울 30초
④ 부동액 교환

〈연료 펌프 구동 전류 측정〉

차종 : I30

규정값 : 4A

엑추에이터 강제구동시 전류값

① 전류량이 규정값보다 낮을 경우

ex) 2A — 연료 펌프 구동 전원의 문제

(배선 접촉불량등의 선간전압 강하)

— 부하 감소

① 연료가 없거나

② 연료 누설 (연료 호스 파손)

③ 압력 조절 밸브 열림 고착

② 전류량이 규정값 보다 높은 경우

ex) 7A — 부하 증가

1. 모터 고착, 무거움

2. 압력 조절밸브 닫힘 고착

3. 연료 라인 막힘

※ 연료 휠터가 막힌 경우에는

전류값이 높게 나타난다.

ex) 싼타페CM 저압연료펌프의 경우

정상 : 5A

연료휠터막힘 : 7A

연료부족, 누유 : 3A

※ 모터나 발열체의 경우 ex). 냉각휀, 예열플러그
윈도우 모터 등등

최초 동일 전류를 분석 하는 것이 좋다.

⇒ ① 전류량이 규정값보다 낮을 경우
— 에너지원 점검

② 전류량이 규정값보다 높을 경우
— 모터 고착,
코일의 노후화
베어링의 무거움

< 가솔린 (MPI.GDI) 차량관리 (신차) >

1. E/G O/F A/C 교환
2. 항균 필터 교환

※ 50,000km 주행시 까지

3. 오토 미션 오일 교환
4. 브레이크 오일 교환
5. 연료 필터 교환
6. 수동 미션 오일 교환
7. 데후 오일 교환
8. 연료 라인 세정제 주입
9. 배터리 교환
10. 타이어 교환
11. 점화 코일 교환
12. 점화 플러그 교환
13. ETC 수리

※ 50.000~60.000km 마다 교환

14. 흡기 크리닝
15. 밸브 크리닝
16. 연소실 크리닝
17. 부동액 교환
18. 써모 스테트 교환
19. 라지에다 캡 교환
20. 전.후 라이닝 교환
21. 겉벨트 세트 교환
22. CKP. CMP 교환
23. 파워 오일 교환
24. 에어콘 가스 교환
25. ISC 모터 교환
26. 쓰로틀 바디 수리
27. 산소 센서 교환(앞.뒤)
28. PCV 교환
29. PCSV 교환
30. 알터네이터 풀리 교환

※ 100,000~120,000km 마다 교환

31. 알터 네이터 교환
32. 헤드 커버 교환
33. 소음기 교환
34. AFS 교환
35. 라지에다 교환
36. 냉각 휀 교환
37. 냉각 호스 세트 교환
38. 파워 베이스 작업

※ 200.000km~230,000km 마다 교환

〈디젤 차량 관리 (신차)〉

1. E/G O/F A/C 교환
2. 항균 휠터 교환

※ 50,000km 주행시 까지

3. 오토 밋션 오일 교환
4. 브레이크 오일 교환
5. 연료 휠터 교환
6. 수동 밋션 오일 교환
7. 대우 오일 교환
8. 연료라인 세정제 주입
9. 배터리 교환
10. 타이어 교환

※ 50,000~60,000km 마다 교환

11. 흡기 크리닝
12. 밸브 크리닝
13. 인젝터 크리닝
14. EGR 밸브 교환
15. EGR 쿨러 크리닝
16. DPF 크리닝
17. 파워 오일 교환
18. 작동액 교환
19. 써모스테트 교환
20. 라지에다 캡 교환
21. 전,후 라이닝 교환
22. 겉벨트 세트 교환
23. 타이밍 벨트 교환
24. CKP.CMP 교환
26. 에어콘 가스 교환

※ 100,000~120,000km 마다 교환

27. 알터 네이터 교환
28. 인젝터 교환
29. DPF 교환
30. 소음기 교환
31. AFS 교환
32. 라지에다 교환
33. 냉각 팬 교환
34. 냉각 호스 세트 교환
35. 파워 베이스 작업
36. 예열 플러그 교환
37. 터보 액추에이터 교환
38. 헤드커버 교환

※ 200,000~230,000km 마다 교환

< LPI.LPDI 차량 관리 (신차부터) >

1. E/G O/F A/C 교환
2. 항균 필터 교환

※ 50.000km 주행시 까지

3. 오토 미션 오일 교환
4. 브레이크 오일 교환
5. 연료 필터 교환
6. 수동 미션 오일 교환
7. 인젝터 크리닝
8. 배터리 교환
9. 타이어 교환
10. 점화 플러그 교환
11. 점화 코일 교환
12. ETC 수리

※ 50.000 ~ 60.000km 마다 교환

13. 흡기 크리닝
14. 밸브 크리닝
15. 연소실 크리닝
16. 부동액 교환
17. 써모 스테트 교환
18. 라지에다 캡 교환
19. 전.후 라이닝 교환
20. 겉벨트 세트 교환
21. CKP.CMP 교환
22. 파워 오일 교환
23. 에어콘 가스 교환
24. ISC모터 교환
25. 쇼로를 바디 수리
26. 산소 센서 (앞.뒤) 교환
27. 알터네이터 풀리 교환

※ 100,000 ~ 120.000 Km 마다 교환

28. 알터 네이터 교환
29. 인젝터 교환
30. 소음기 교환
31. ATS 교환
32. 라지에다 교환
33. 냉각 휀 교환
34. 냉각 호스 세트 교환
35. 파워 베이스 작업

※ 200.000 ~ 230.000km 마다 교환

16

발전기 (altarnator)

〈발전기〉 (alternator) [ɔːltərneitə(r)]
⇒교류 발전기.
(generator). [dʒénəreitə(r)]
⇒발전기(직류)
정의: 기계적 에너지를 전기 에너지로
바꿔주는 장치.
※ 발전기에서 연비를 향상시키기 위해서 전압을 낮춘다.(제한한다)
⇒신형 차량부터 (2010년이후)
⇒ 발전기가 필요이상 발전을 하면 연료소모가 크다.

※ Key on 상태로 2시간 방전후 시동을 걸면.
— 발전기가 발전하는 게 보인다.

※ 모든 배터리는 완전방전 시킨후 충전을 시키는 것이
수명을 늘릴 수 있는 방법이다.
⇒ 배터리 센서 장착 차량의 의도.
⇒ 전류 제한형 발전기의 의도.
※ 발전기 용량은 정격용량을 6시간 동안 안정적으로
출력할 수 있어야 한다. (90AH)

※ 발전기는 정격 용량의 10%정도를 더 많이 나오게 만든다.
⇒신품일때
기준 ⇒ ① 정격용량의 90%까지는 나와야 된다 (허용치)
평균값을 읽는다.

② 정격 용량이 다 나와야 된다
(정격 용량이 다 나와도 10%가 덜 나오는 것이다)
ex) 90AH 용량은 → 90A가 나와야 된다는 뜻이다.

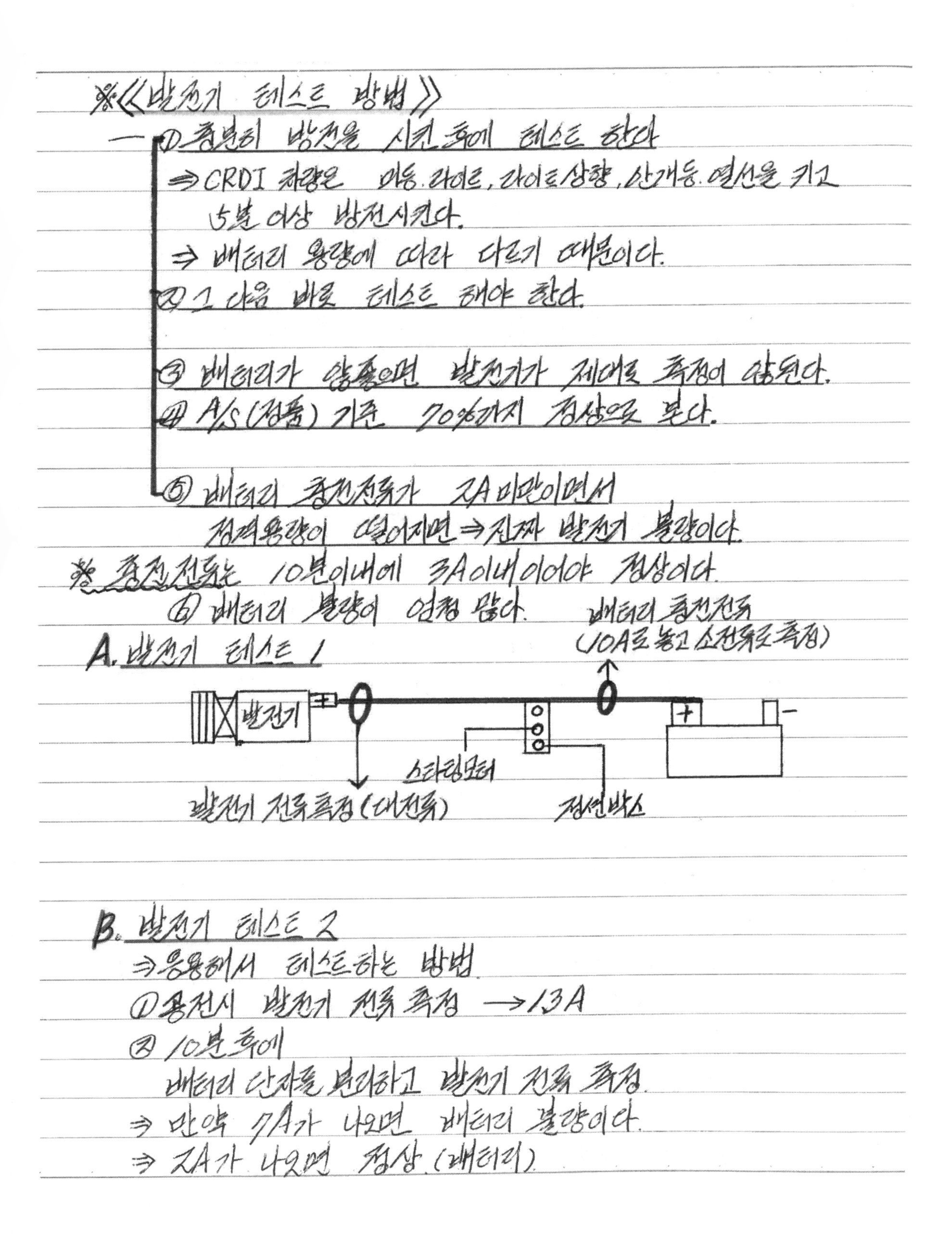

※《발전기 테스트 방법》

① 충분히 방전을 시킨 후에 테스트 한다

⇒ CRDI 차량은 미등, 라이트, 라이트상향, 안개등, 열선을 키고 5분 이상 방전시킨다.

⇒ 배터리 용량에 따라 다르기 때문이다.

② 그 다음 바로 테스트 해야 한다.

③ 배터리가 양호하면 발전기가 제대로 측정이 안된다.

④ A/S (정품) 기준 70%까지 정상으로 본다.

⑤ 배터리 충전전류가 2A 미만이면서 정격용량이 떨어지면 ⇒ 진짜 발전기 불량이다.

※ 충전전류는 10분이내에 3A이내 이어야 정상이다.

⑥ 배터리 불량이 엄청 많다.

A. 발전기 테스트 1

B. 발전기 테스트 2

⇒ 응용해서 테스트하는 방법

① 공전시 발전기 전류 측정 → 13A

② 10분 후에

배터리 단자를 분리하고 발전기 전류 측정.

⇒ 만약 7A가 나오면 배터리 불량이다.

⇒ 2A가 나오면 정상 (배터리).

※ 발전기 성능 검사

※ 테스트 방법

①－표준 전압 제거 방법

① 크랭킹을 2번 반복 한다 (연료, 점화 안되게 한후)

② 라이트 상향을 30분간 방전한다.

(미등, 라이트, 라이트 상향, 안개등, 열선을 키고)

②－시동을 걸고 모든 부하를 건다. (30초 정도)

③－2500rpm으로 20초 유지

④－부하 off.

※ 연결 ⇒ 대전류 메터를 발전기 B⊕선에 연결하여 테스트 한다.

※ 결과 ⇒ 정격 용량의 70% 이상 출력되면 정상이다.

※ 풀부하를 주고 배터리 전압을 볼때

전압강하가 12.5V 이하면 ⇒ ① 파워 베이스 불량

② 알터 네이터 불량.

③ 배터리 불량.

※ 전류 제한형 발전기는 공전시 풀부하를 주면 전압이 많이 떨어진다.

⇒ 7A가 나오면 → 배터리 불량이다.

※ 전류 제한형 발전기는 방전을 충분히 시키고 테스트 한다.

⇒ 미등, 라이트, 라이트 상향, 안개등, 열선을 단계별로 키고,

rpm을 2500rpm을 올려놓고,

측정해야 한다.

→ 평균값을 읽고 90% 이상 나와야 정상이다.

※ 발전기가 약하면 ① 엔진이 떤다.
② 엔진이 간헐적으로 부조한다.
③ 연비 불량.
④ 시동꺼짐이 발생할 수 있다.

※ 발전기 성능 부하 검사.
부하를 걸때도 한단계씩 올리고 내린다 (1초 간격으로).
⇒ 발전기의 대응 능력을 본다.
⇒
⇒ 미등, 라이트, 라이트 상향, 안개등, 열선, 브로워 최대, A/C.

※ 〈배터리 성능 검사〉
배터리 단자를 뺐다가 끼웠을때
— ① 3~4A 미만 ⇒ 정상. (충전 전류값이)
ex) 8A 이상 차이면 ⇒ 배터리 불량이다.

배터리 단자를 탈착 후 부착 했을때
맵값이 10mmHg 이상 이면 배터리 성능이 떨어졌다는 것이다
⇒ 배터리 불량 (무조건 교환)
⇒ 배터리는 교환시기 보다 성능이 중요하다.
⇒ 배터리가 망가지면 모든 것이 망가진다.
※ 배터리가 망가지면 모든게 망가진다 → 자동차의 메카트로닉스
※ 배터리 단자는 납단자를 쓰지 마라 (베라크롬조용 사용)

※ PWM 제어 (pulse With Modulation)

소리의신호, 맥박 각고, 이다고, 변화, 변조

⇒ 변화를 가진 펄스신호

⇒ 전류가 흐를때 on/off를 반복하면서 흐르는 방식

— ① 실반 제어

② 냉각 팬 제어

※ PWM 제어를 하는 이유 — ① 배출가스 저감.

② 액추에이터 내구성 강화.

③ 정밀 제어.

※ PWM 제어 ⇒ 펄스폭 변조방식.

⇒ 전류가 흐를때 on/off를 반복해서 흐르는 방식으로 PWM 제어 한다.

※ PWM 제어 차량은 배터리 불량으로 연비차이가 많이 난다.

PWM 제어 차량은

2000rpm에서 체크를 한다 ⇒ 냉각 계통검사 (CRDI 차량).

※ 〈암전류〉

웨이 스트레스의 관계 ⇒ 문제이 잘 안잡히는 이유.

※ 1A이상 암전류는.

발전기에서 불량일 확률이 90% 이상이다.

※<전기의 일량.>

$W = I \cdot V$ ex) 90AH(배터리) × 10V = 900W

전류를 지배하는 건. 솔레노이드의 권선비.

⇒ 흐르는 전류량이 바뀐다.

※모터가 무거워지면 전류가 더 많이 흐른다.

※<소스 전압> : ECU에서 내보내는 전압 및 전선
ECU에서 받는 신호선 (피드백 회로이다)

= 허 전압

= 레퍼런스 전압.

= 전류가 없는 전압.

= 출력 전압

= 신호선

= 시그널 선

= 출력 선

※ 상태가 나쁜 배터리는
발전기의 부하 부담을 크게 주며
발전기 소손까지 이어진다.

※ 로터 코일 = 필드코일. = 회전자 = 전자석 = 발전 유도기능

충전 장치 (charging system)

A. 제네레다 : 직류 발전기 (generator)
B. 알터네이터 (alternator) : 교류 발전기

알터네이터의 정의 : 기계적인 에너지를 전기에너지로 바꿔주는 장치

※ 스테이터 코일 결선 방식 (전압 제어형 발전기)
A. starr 결선 방식 — 현대, 기아
B. 삼각 결선 방식 — 대우

※ 알터네이터 구성 — ① 회전체 (Roter) (회전자) (필드코일)
② 고정자 (stator)
③ 슬립링 (slipring) : 정류자
④ 브러쉬 (bursh)
⑤ 레귤레이터 (regureator)
⑥ 몸체
⑦ 다이오드 (제너) = 렉티파이어 (정류기) (교류 → 직류로 변환)

로터 : 발전 유도 기능 (전자석)
스테이터 : 유도기전력 발생 (교류전류)
레귤레이터 : 전압조정 (저항)
렉티파이어 : 교류를 직류로 변환 (다이오드, 정류기)

※ 원리 : 엔진의 회전력을 벨트를 통해 발전기의 풀리에 연결하여 로터 (회전체)가 회전함에 따라 스테이터 (고정자) 코일에 전압 (전류)가 유도되는 원리다.

※ 발전기의 형식 분류
A. 전압 제어형 발전기 (L, S 단자, B^+단자)
B. 전류 제어형 발전기 (L, S, G, FR단자, B^+단자)
12V

※《발전기》 ~~(렉티파이어)~~ (정류기)

※ 스테이터 3상 코일에서 교류로 발전된 전류를 정류다이오드를 거쳐 직류로 발전된다

직류에서 — 코일 저항 ⇒ 자기 인덕턴스

교류에서 — 코일 저항 ⇒ 유도 인덕턴스.

※ 스테이터 코일 ⇒ 전기 수집 (전류 발생)

로터 코일 ⇒ 발전 유도 (전자석) (타여자 방식)

※ 발전기 L 단자 — Key off ⇒ 0V

측정 Key on ⇒ 2~3V (충전 경고등을 통한 전압)

시동 on ⇒ 충전 전압 (13.5~14.5V)

(로터 코일을 자화 시키는 전류)

※ 모터, 발전기 ⇒ 교류 노이즈가 가장 크다

⇒ 쉴드 처리가 되어 있는 이유다

※ Key on 시 발전기 점검.

— FR 단자 : 1.6V

L 단자 : 1.6V ⇒ if) 12V면 → 로터 코일 불량.

~~시동에서~~ S 단자 : 12V ~~펄스 파형~~

G 단자 : 5V 펄스 파형

※ 제네시스는 발전전압을 14.75V에서 → 15.8V로 올렸다. (정풀이)

※ 발전기 커넥터 type 구분.

① [▬▬] 2P : L-S, L-R, L-FR type.

차종 :

② [▬] 1P : L type

차종 : 무쏘

③ [▬▬▬] 3P : FR-L-C type (ECU 발전 제어).

④ [▬▬▬▬] 4P : L-S-G-FR

(regulator)
※ 레귤레이터 (전압 제어)
— 역할 ⇒ ① 회전수와 관계없이 전압조정
② 자기 진단 기능
③ ECU로 신호 전달.

(rectifier)
※ 렉티 파이어 (다이오드),(정류기).
— 역할 ⇒ 정류 기능
⇒ 발전된 교류 전압을 직류로 바꿔주는 역할.

※ 코일의 단선, 단락, 노화 점검.

정상 : 규정 저항값 이내.
불량 : ① 규정 저항값 이하 — 단락
② 규정 저항값 이상 — 노화
③ ∞ 저항값 — 단선 (절연)

※ 발전기 성능, 정밀 검사

A. 스코프 설정 — ① 배터리 전압
② 발전기 선간 전압
③ CMP 접지선
④ 발전기 전류. (대전류)

출처 - 어드벤처 (http://offroad.dreamwiz.com)
발전기 테스트.

1. 시동후 배터리 배선을 분리한다.
발전기와 분리.

2. 배터리 + 단자를 분리하고
발전기 측 전압이 14.7V 이상 나와야 한다.
(무부하 상태에서)
(1000rpm 이상에서 측정한다).

⇒ 1V라도 낮으면 → 정류기 문제
전압 조정 장치의 문제

3. 배터리에서 배선을 분리한 상태에서
풀부하를 주고 1000rpm 이상 가속한 상태에서
13.2V 이하로 떨어지면 안된다.

※ 계기판의 충전 경고등을 확인한다.
① Key on / 시동 off > 시 경고등 점등 ⇒ 정상

② Key on / 시동 on > 시 경고등 소등 ⇒ 정상.

⇒ 위의 두단계는 레귤레이터에서 로터로
정상적인 여자 단계를 마친 상태이면
레귤레이터는 정상으로 판단
⇒ Key on시 풀리에 자력이 발생하는지 확인

① 점화 S/W ON 상태에서
충전 경고등 미 점등 ⇒ Ⓐ 퓨즈 끊어짐
Ⓑ 레귤레이터 고장
Ⓒ 로터 코일 단선

② 엔진 시동 후에도 충전 경고등이 소등되지 않으면
⇒ Ⓐ 배터리 케이블 연결 상태 불량
Ⓑ 발전기 불량

③ 배터리가 과충전 된다
⇒ 레귤레이터 고장

④ 배터리가 방전되며, 전조등의 불빛이 어두워지고 시동이 꺼진다
⇒ 벨트 장력 부족
⇒ 와이어링 연결 상태 불량
⇒ 회로 단락 (발전기 내부 회로)
⇒ 접지 불량
⇒ 발전기 불량

⑤ 엔진 시동시 or 가속시 소음이 발생하면
① 벨트 장력 부족 및 노화(경화)
② 알터네이터 베어링 불량
③ 오토 풀리 불량

< 충전 경고등 >

① 충전 경고등이 시동후 소등되었다가
가끔씩 점등되는 현상이 발생하며, 시간이 지난 후로
빈도가 잦으면
⇒ 수명이 다 되었다고 판단. or
⇒ 충전 회로 배선 접촉 불량.

② 충전 경고등이 점등되지 않으면
⇒ 로터 코일 단선
⇒ 레귤레이터 회로 단선
⇒ 대우 차종은 (에스페로, 씨에로, 르망, 프린스(구) 등은
B+ 단선시 점등되지 않는다.
⇒ 충전 회로 배선 접촉 불량.
⇒ L 단자 단선.

③ 충전 경고등이 시동 후 약하게 켜이면.
⇒ 스테이터 코일 단락 or 누전
⇒ 여자 다이오드 일부 단선.

④ 충전 경고등이 시동 후에도 변화가 없으면
⇒ 정류 다이오드 단선 or 단락.
⇒ 시동 경보기 장착차량 중. 경보기 불량으로 인한
경고등 (접촉 누전).

⑤ 충전 경고등은 정상이나. 게이트 영역이 15V를 초과하여
계속 상승할
⇒ 과전압으로 최대한 빨리 교체
⇒ 전장품의 심각한 소손 및 ECU 고장
⇒ 레귤레이터 불량

⑥ 충전 경고등은 정상이나
15~16V를 유지하고 있음.
가끔 라이트 밝기가 갑자기 변하기도 함.
(라이트 불빛이 밝아졌다 흐려졌다 한다)
⇒ 레귤레이터 S단자 배선 접촉 불량.
⇒ 레귤레이터 불량.

⑦ Key on 시
L단자가 12V면 로터 코일 불량
(정상 : 2~3V).

〈발전기의 대표적인 고장원인〉

1. 발전기 내의 베어링 파손으로 인해
로터와 스테이터가 접촉되어
스테이터 코일부 파손

2. 레귤레이터 파손으로
과충전 및 출력 전압의 심한 변동 (전압 불안정)

3. 발전기 내부의 전력 전달용 브러쉬의 마모로 인한
접촉 불량.

4. 심한 습기에 의한 쇼트로의 코일 파손

5. 과다한 전력 소비.
(고출력 오디오. 고전력형 라이트 외)

※ 발전기 전압, 접지 상태 검사.
(L, S 단자 type) 2P 커넥터

⇒ ① 충전 전류가 불량할때
② 발전기 출력검사에서 출력이 부족할때
③ 공전에서 엔진 부조가 발생할때

A. 연결 방법. (스코프 사용)

1번 채널 < + 프로브 — 발전기 B+ 단자.
— 프로브 — 배터리 + 단자 중심부
⇒ + 선간전압.

2번 채널 < + 프로브 — 배터리 — 단자 중심부
— 프로브 — 발전기 몸체
⇒ — 선간전압.

3번 채널 < + 프로브 — 배터리 접지
— 프로브 — 발전기 커넥터 L 단자.

4번 채널 < + 프로브 — 배터리 접지
— 프로브 — 발전기 커넥터 S 단자

B. 분석

1. 선간 전압의 기준은 0.3V (300mV) 이하
⇒ 0.3V 이상이면 접속 불량 or 배선 불량.
(채널 1, 2번의 경우)

2. L단자 — 시동 에시 14V 정도 나와야 정상
계속 안나오면 ⇒ resistor with diodie 불량
시동 off, Key on시
⇒ 2V 이상 나와야 한다 — 정상 (1.6V)

3. S 단자 전압.

시동 on 시 — 14V 이상 나와야 정상.

시동 off, Key on 시 — 10V 이상 정상.

⇒ 나오지 않으면 — 배터리에서 S단자까지 배선 접속 불량이다.

⇒ 특히 S 단자의 접속 불량은 발전기 전압 과대 상승요인 이며 ECU 파손 사례가 있으므로 반드시 커넥터를 흔들어 본다.

※ ripple : 잔물결 모양으로 오글쪼글하게 짠 얇은 바탕의 평직물

※ 발전기 다이오드 (diodie) 검사 (리플 전압 검사)
(ripple

조건)
※ 발전기 출력 전류가 규정값 이내일때

A. 연결 (스코프 사용)

1 채널 —< + 프루브 — 발전기 B^+ 단자
— 프루브 — 접지에 연결 (배터리 -단자)

B. 파형 분석

max min

⇒ 리플 전압의 산과 골사이 P-P 전압은 (Peak-Peak)
500mV 이하여야 한다. (max-min)
그 이상이면 제너 다이오드 불량을 의심한다.

⇒ 다이오드 파형에 날카로운 잡음이 있으면
— 순정품의 오염을 의미하며
— 발전기 B단자에 콘덴서를 연결하여
잡음을 제거 할 수 있다.
(배전기에 사용하던 콘덴서 이용)

⇒ 발전기의 다이오드가 불량시
— 충전 불량
— 발전기 출력 부족이 나올 수 있다.

⇒ 기존 파형의 꼭대기 (peak) 와
전체적 윤곽을 살아서 상대 비교한다.

〈리플 전류 파형〉

정상 : X

(O)

다이오드 단선 :

다이오드 쇼트 :

〈10p에서 계속〉

※ L단자 : 배터리 → 퓨즈 → IG S/W → 충전 경고등(계기판)
→ 발전기 L단자 〈조정기(regureator) L단자〉

R단자 : 배터리 → 퓨즈 → 발전기 R단자.

※ Key off시 0V면 → L단자
12V면 → S단자.
Key on시 2~3V면 → L단자 (1.6V)
12V면 → S단자
시동 on시 12V면 → G단자.(펄스파형) ECU 제어선 (출력선)
5V면 → FR단자.(펄스 파형) ECU 피드백링 (입력선)

※ 시동을 걸어 놓고 B단자를 탈,부착해도 문제가 없다.
다만, 배선 쇼트에 주의 해야 한다.

시동을 걸어 놓고 L,S단자 커넥터를 탈거해도
문제가 없다.

시동 on 시
FR 단자 가 → ① 0V 부하가 큰 경우.(발전부하 작동)

② 12V 부하가 적은 경우(발전부하 off)

G단자 — ECU가 발전 부하를 조절하는 단자다.

※ 발전기 테스트 방법.

① 발전기 출력 전류 검사 (정격 출력 전류)
② 발전기 선간 전압 검사.
③ 발전기 배선 검사 (L, S, G, FR 단자)
④ 발전기 다이오드 및 브러쉬 검사.

1. 발전기 정격 출력 전류 검사 및 선간 전압 검사.

A. 연결 방법 — CH1 < +프루브 — ~~배터리 +단자~~ 발전기 B단자 > 전압강하 및 리플전압
(스코프) — -프루브 — 배터리 -단자.

CH2 < +프루브 — 발전기 B 단자 > ⊕ 선간 전압
— -프루브 — 배터리 + 단자.

CH3 < +프루브 — 배터리 -단자 > ⊖ 선간 전압
— -프루브 — 발전기 몸체.

CH4 < +프루브 — ~~배터리~~ > 대전류 프루브에 연결
— -프루브 —

⇒ 1000A 선택 → 0점조정 버튼을 2~3초간 누른 후 → 발전기 B단자 배선에 연결.

B. 테스트 방법.

① 시동 on → 워업.
② 미등, 안개등, 비상등, 라이트 하향, 상향을 순서대로 켠다.
③ 뒷유리 열선, 앞유리 열선, 시트 열선, 백미러 열선을 순차적으로 켠다.
④ 경로의 최대, 최저 온도의 에어컨을 켠다.
⑤ 공회전을 유지 한다. (20초)
⑥ 2500 rpm을 유지한다 (10초)
⑦ 에어컨, 열선, 등화장치를 순차적으로 끈다.
⑧ 공회전을 유지 한다.

C. 분석 (analysis)

① 발전기 출력 전류는 평균값을 읽는다. (2500rpm시)

② 발전기 출력 전류가 불량하면
시동 꺼짐.
공회전 부조.
연비 불량이 나타 날수 있다.

③ 선간 전압은 평균값을 읽는다.
300mV 이하면 정상이다. (풀 부하시).

④ 선간 전압이 불량하면 제일 먼저 수리 후.
발전기 및 배터리를 검사한다.

※ 발전기에 표시된 정격출력 보다 낮으면.
배선 불량 or 발전기 불량이다.

최대 출력 전류가 정격 출력 전류 보다
80% 이하면 발전기 불량이다.

7. 발전기 다이오드 검사 및 브러쉬 검사 (리플전압 검사)

A. 연결 방법 (스코프) CH 1 ＋프로브 — 발전기 B단자.
－프로브 — 배터리 －단자.

B. 테스트 방법
① 시동 on → 웜업.
② 무부하 상태
③ 규정 rpm (공회전 상태)
④ 산소 센서 피드백 상태
⑤ 배터리 상태가 양호 해야 한다. (완충전)

C. 분석 (analysis)
① p-p 전압 (max-min)이 500mV 이하여야 한다.
(리플 전압이 500mV 이하 정상)
(peak-peak 전압 max min).

② 파형의 심한 노이즈 발생은
브러쉬 마모 및 슬립링 접촉상태 불량이다.

※ 다이오드 점검.
① 정상 : 한쪽 방향으로만 전류가 흐름.
② 단락 : 양쪽 방향으로 전류가 흐름.
③ 단선 : 양쪽 방향 모두 전류가 흐르지 않음.

3. 발전기 배선 검사 (L, S단자).

A

A. 연결 방법 CH1 <+ 프로브 — 발전기 L단자
- 프로브 — 배터리 - 단자

CH2 <+ 프로브 — 발전기 S단자
- 프로브 — 배터리 - 단자.

B. 테스트 방법

① 시동 on → 워업.

② 무부하 상태

③ 규정 rpm (공회전 상태)

④ 산소센서 피드백 상태

⑤ 배터리 완충전 (상태 양호).

C. 분석 (analysis)

① 레귤레이터는 S단자에 배터리 전압을 인가한다.
즉 배터리 전압을 기준으로
전압을 조정한다.

② Key off 시 — L단자 — 0V
S단자 — 12V가 나와야 정상이다.

③ Key on 시 — L단자 — 2~3V (1.6V).
S단자 — 12V 가 나와야 정상이다.

④ S단자 접촉 불량시 과충전의 원인이 된다.(흔들어 본다)

⑤ 배선 불량인 경우 충전 불량이 발생한다.

< 발전기 시험 >

1. 발전기 출력 배선의 전압강하 시험

A. 준비 작업 ① key s/w off
② 배터리 ⊖ 케이블 분리
③ 발전기 B단자에서 출력 배선 분리
④ 전압계 와 전류계 연결

B. 테스트 ① 시동을 건다
② 전류계 눈금이 20A가 되도록 rpm을 높인다.
(약 2500 rpm 으로)
③ 전류값이 상승하지 않으면 부하를 건다.
④ 미등, 안개등, 라이트 하향, 상향, 열선, 최저온도의 블로워 최대

C. 판정 ① 규정값 : 0.2V 이하 (200mV)
② 규정 전압 이상이면 불량.

2. 발전기 출력 전류 시험

발전기의 출력 전류가 정격 전류와 일치하는지 확인하는 시험이다.

A. 준비 작업

① 배터리가 정상인지 확인한다.

② 출력 전류를 측정할때는 약간 방전된 배터리를 사용하는 것이 좋다. 완충된 배터리는 출력 전류 측정이 불확실 하다.

③ Key s/w off

④ 배터리 ⊖ 케이블 분리.

⑤ 전류계와 전압계 설치.

⑥ 발전기 B단자에서 출력선 분리.

(2~3W) 계기판 / 30A / Key s/w / L / R(S) / 20A / 80A / 배터리 / B+ / 전류계 / 전압계

B. 테스트

① 전압계를 보고 배터리 전압과 동일한지 확인
동일하지 않으면 퓨즈블 링크, 충전계통 배선 접촉불량 등을 점검한다.

② 라이트를 켜고 2분 정도 방전 시킨다.
완충된 배터리에서 측정값을 정확히 얻기 위해서 방전시킨다.

③ 시동을 건다 (풀 부하를 준다) A/C까지

④ rpm을 2000~2500rpm으로 가속한다.

⑤ 전류계, 전압계 눈금을 읽는다.

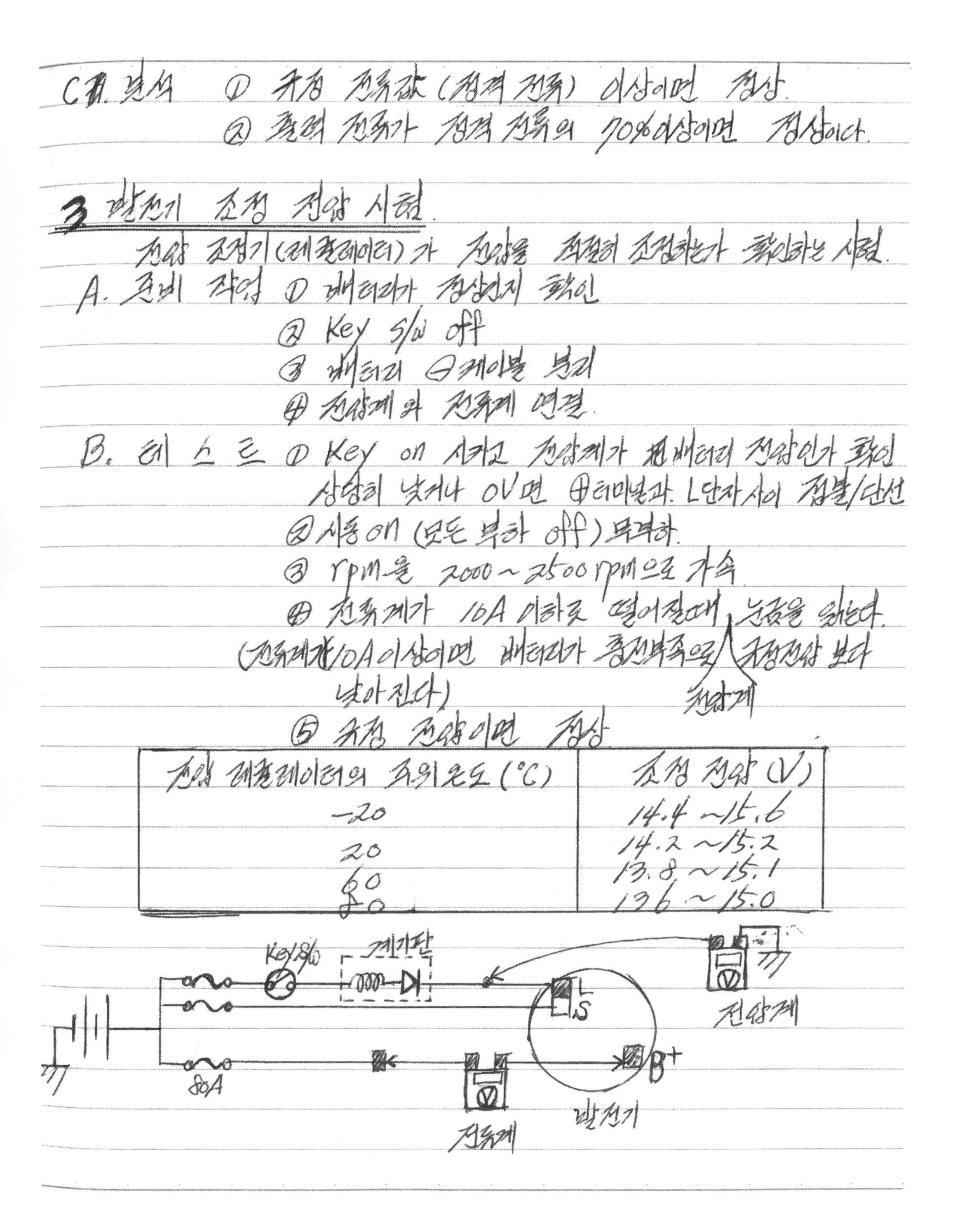

C. 판정 ① 규정 전류값(정격 전류) 이상이면 정상.
② 출력 전류가 정격 전류의 70% 이상이면 정상이다.

3 발전기 조정 전압 시험.

전압 조정기(레귤레이터)가 전압을 적절히 조정하는가 확인하는 시험.

A. 준비 작업 ① 배터리가 정상인지 확인
② Key S/W off
③ 배터리 ⊖케이블 분리
④ 전압계와 전류계 연결.

B. 테스트 ① Key on 시키고 전압계가 배터리 전압인가 확인
상당히 낮거나 0V면 ⊕터미널과 L단자 사이 접불/단선
② 시동 on (모든 부하 off) 무부하.
③ rpm을 2000~2500rpm으로 가속
④ 전류계가 10A 이하로 떨어질때 (전압계) 눈금을 읽는다.
(전류계가 10A 이상이면 배터리가 충전부족으로 규정전압 보다 낮아진다)
⑤ 규정 전압이면 정상.

전압 레귤레이터의 주위온도(°C)	조정 전압(V)
-20	14.4~15.6
20	14.2~15.2
60	13.8~15.1
80	13.6~15.0

《발전기의 구조》
〈얼터네이터 풀리〉

A. 종류 — 1. solid pulley
2. OAP (overrunning Alternator pulley)
3. OAD (overrunning Alternator Decoupler pulley)

B. 고장증상 : 1. 비 정상적인 벨트 소음.
2. 과도한 구동계 진동
3. 얼터네이터 충전 결함

C. 특성. 1. 일반 풀리는
진동을 흡수하는 기능이 없어
구동계의 속도변화시 벨트 떨림이 심하고
텐셔너 암의 진동이 격렬히 발생한다.

2. OAP는 오버런닝 기능이 있어서
엔진 정지시 또는 감속시에 얼터네이터를
관성 회전시켜 부드럽게 정지 또는 감속시킬수
있어서 벨트와 텐셔너 암의 진동을 줄일 수 있다.
원리는 베어링
내부에 일방향 클러치를 적용하여
한쪽 방향으로는 힘이 전달되고
반대 방향으로는 힘이 차단되어 감속시
역방향 힘에 의한 부하를 차단하는 것이다.
이로인해 벨트 구동부에 풀리나 베어링의 피로를
경감 시키고, 벨트의 미끄러짐 현상과 소음을
제거하여 부품의 내구성을 향상시키는 장점이 있다.

3. OAD는

가장 진보된 형태의 풀리로
베어링 내부에 스프링을 추가하여
엔진의 회전진동을 흡수하는 기능이 더해진 것이다.

벨트 및 텐셔너 암의 진동을 최소화 시켜서
구동 시스템 전체의 진동을 줄여준다.

《발전기의 구조》

〈발전기 커넥터별 종류〉

1. 1P L type
   차종: 무쏘
2. 2P L-S, L-R, L-FR type
   차종:
3. 3P L-FR-C type
   차종:
4. 4P L-S-G-FR type.
   차종:

5. B⊕ 단자. (출력 단자)
   : 알터네이터의 전압은 2가지에 의해서 결정된다.
   ① 로터의 회전수
   ② 필드코일(로터코일)에
   큰전류가 흐르면 흐를수록 더 높은 전압이
   출력된다.

〈구성〉

① 로터(rotor) : ∘ 발전 유도 기능 (전자석)
(회전자) : ∘ 전자석이 되어 벨트에의해 구동되며
회전하는 회전자.
※ (로터 코일 = 필드 코일)

② 스테이터(stator) : ∘ 유도 기전력 발생 (전류 발생)
(고정자) ∘ 유도 전압이 만들어 진다.

③ 레귤레이터(regulator) : 저항 - 로터의 자력세기를 조정해
(전압 조정기) 발전 전압을 조정.
14.3V ± 0.3V로 전압조정.

④ 렉티 파이어(rectifier) : 스테이터에서 발생한 유도전압의 교류를 직류로 정류 시키는 정류기
(정류기)
• 다이오드 — 교류 → 직류로 변환

⑤ L 단자 : 로터 코일을 자화시키는 전류

⑥ R. S 단자 : 배터리 전압 (12.4V)
레귤레이터가 이 전압을 기준으로 전압조정
ex) 단자가 접촉이 불량하면
→ over charge 현상이 된다.

⑦ G 단자 : 로터 코일 전압을 ECU가 조정하는 단자.

⑧ FR 단자 : 로터 코일 전압을 리모터링 하는 단자.

※ <단자별 테스트 전압>

단자.	Key off	Key on	시동 on
Ⓐ L 단자	0V	1.1~3V	12V
Ⓑ R 단자	0V	12V	12V
Ⓒ S 단자	12V	12V	12V
Ⓓ G 단자		5V	12V
Ⓔ FR 단자		1.6V	5V

※ 출력 전압은 12V 본다.

※ <정리>
① 로터 — 발전 유도 기능 (전자석)
② 스테이터 — 유도 기전력 발생 (전류 생산)
③ 레귤레이터 — 전압조정 (저항)
④ 렉티 파이어 — 교류를 직류로 변환 (정류기 - 다이오드)

<알터네이터 단자 설명>

※ L단자 (Lamp). — ① 시동전에는 Key에서 로터 코일에 전압을 인가해 로터 코일이 전자석이 되게 만든다.
② Key에서 3V 미만이다.
③ 충전 경고등에서 9V의 전압강하가 이루어진다.
④ L단자가 단선인 경우 — ① 계기판의 경고등 미점등
② 발전기 발전 불량
③ 로터 코일이 자화가 안됨

시동전 외부에서 전원이 인가되어 로터 코일이 자화되는 방식을 타여자 방식이라 한다.

시동이 걸리면 발전기 내부에서 발전된 전압으로 로터를 지속적으로 자화시키는 방식을 자여자 방식이라 한다.

시동 on — 발전된 전압 : 13.5V 이상 (정상).

※ S단자 (Sensing) — ① 발전기가 안정적인 전압을 유지하기 위해 S단자를 두고 있다.
② 배터리 뿐만 아니라 각종 컨트롤러나 센서등이 과전압에 의한 쇼크로 손상되는 것을 방지하기 위해 존재한다 (과전압 방지 기능).

S단자 : 배터리 ⟶ 퓨즈 ⟶ S단자 (상시전원)
R단자 : 배터리 ⟶ Key s/w ⟶ R단자.
(Key on시 전원).

※ FR 단자 : 로터 코일 전압의 제어상태를 모니터링 하는 단자.

① 달링톤 TR이 동작할 경우 FR단자 전압은 — 0V
→ 로터 코일이 전자석이 된 상태
→ 발전 부하가 작용한 것이다.

② 달링톤 TR이 off인 경우 FR단자 전압은 — 발전전압 (13.5V)
→ 발전 부하가 작은 상태이다
→ 로터 코일의 전자석이 해제된 상태
→ 발전기가 발전을 하지 않고 있는 상태
이렇게 FR단자의 전압 변화로, 로터코일의 작동상태(발전 부하)를 모니터링 할수 있다.

※ G 단자 : 발전 부하(로터 코일의 작동상태)를 조절 하는 단자 이다.
① ECU가 G단자를 접지 시키면 전압은 0V가 되고
→ 달링톤 TR이 off or 미약해져 로터 코일 전자석이 약해짐으로써 발전 부하가 작아진다.
(발전 전압이 작아진다)

② ECU 내부 TR을 off 시키면 (G단자 접지를 off 시키면)
G단자의 전압은 높아진다.
→ 달링톤 TR은 on 되어 로터 코일은 전자석이 된다.
→ 발전기는 지속적인 발전을 하고, 발전 전압은 높아지지만
발전 부하는 그만큼 커진다.
G단자를 ECU가 제어함으로써 필요에 따라
발전 부하를 조절할 수 있다.
(전류 제어형 발전기)

《발전기 테스트》

1. 발전기 출력 전류 검사.
2. 발전기 다이오드 검사
3. 발전기 접지 검사
4. 발전기 배선 검사.

1. 발전기 최대 출력 전류 검사.

① CH1 : 대전류 프로브 연결 1000A.
　　발전기 B⊕단자에 연결 후 영점조정.

② 시동 ON

③ 전기 부하를 준다.

④ 2500 rpm 유지

⑤ 평균 값을 읽는다 — 70% 이상 정상.

2. 발전기 다이오드 검사 (리플 전압 검사).

① CH1(+) : 발전기 B⊕ 단자.
　CH1(−) : 배터리 — 단자.

② 시동 ON

⇒ P-P 전압, 리플전압, max−min전압이
　500mV 이하 — 정상

⇒ 노이즈가 심하면 — 슬립링 접촉상태 불량.

3. 발전기 접지 검사.

① CH(+) : 발전기 B단자.
　CH(−) : 배터리 ⊕단자.

② CH(+) : 배터리 ⊖단자.
　CH(−) : 발전기 몸체.

③ 시동 ON 평균 값을 읽는다 0.3V 이하 정상

4. 발전기 배선 검사.

① CH1(+) : 발전기 L단자
   CH1(-) : 배터리 -단자
② CH2(+) : 발전기 S단자
   CH2(-) : 배터리 -단자.
③ Key on — S : 12V
              L : 1.6V (2~3V)

《발전기 정밀 검사 1.》

※ 발전기 점지, 다이오드(리플) 전압, 최대 출력 전류 검사.

연결 방법 ① CH1(+) : 배터리 +단자 > 전압 강하 (8.5V이상)
CH1(-) : 배터리 -단자
② CH2(+) : 발전기 B⊕단자 > 리플 전압 (500mV이하)
CH2(-) : 배터리 -단자.
③ CH3(+) : 발전기 B⊕단자 > + 서지 전압.
CH3(-) : 배터리 +단자 (풀부하시 300mV이하. 평균값을 읽는다.
④ CH4
④ CH4 — 대전류 (1000A). 최대 출력 전류 (정격 용량의 80%이상)

검사 방법 (측정)
① 크랭킹 3회 실시. (5초씩)
② 라이트 하향 켜고 2분간 방전.
③ 시동 on.
④ 전기적 풀부하 작동 (10초씩 유지)
전조등 ⇒ 미등 안개등. 라이트 하향, 라이트 상향, 비상등
열선 ⇒ 뒷유리 열선, 앞유리 열선. 시트열선. 백미러 열선 등.
에어콘 ⇒ 블로워 최대, 최저온도의 에어컨 작동

⑤ 2500 rpm 유지. (20초)
⑥ 에어컨, 열선, 등화장치를 순차적으로 off시킨다. (5초씩 유지)
⑦ 공회전 유지 (30초)
결 과 : ⇒ 발전기에 표시된 정격용량의 80%이상 측정되면 정상
규정용량보다 적게 측정 될수록
① 연비 감소, ② 배터리 수명단축 ③ 엔진 부조 (떨림)
④ 가속 불량 ⑤ 시동꺼짐 등이 발생할 수 있다

<발전기 최대출력 전류 검사>

※ 발전기가 정격 전류 만큼의 전류를 생성하고 있는지를 확인하는 검사입니다

※ 발전기 - 전압 제어형 발전기 - S, L 단자 : 2P
전류 제어형 발전기 - S, L, G, FR 단자 : 4P

측정 - ① 시동 on
② 전기 풀부하 작동 (에어컨, 열선, 등화장치)
③ 2500 rpm 유지

판정 - ① 발전기 전류는 최고값을 읽는다.
② 출력 전류가 발전기에 표시된 정격출력 보다 낮게 측정 되는 경우 먼저 배선 점검 후 발전기 불량 확인 합니다.
③ 발전기 출력이 부족하면 전기 부하시 - ① 충전 부족
② 연비 불량
③ 시동 꺼짐이 발생한다.

《발전기 정밀 검사 2》

※ 발전기 배선 검사

〈결 과〉

연결 방법	Key off	Key on	시동 On
① CH1(+): 발전기 L단자 CH1(−): 배터리 −단자	0V	1.6V	12V
② CH2(+): 발전기 S단자 CH2(−): 배터리 −단자	12V	12V	12V
③ CH3(+): 발전기 G단자 CH3(−): ~~발전기~~ 배터리 −단자		5V (레퍼런스 전압)	12V (펄스파형)
④ CH4(+): 발전기 FR단자 CH4(−): 배터리 −단자		1.6V	5V (펄스파형)

S단자: 배터리 − 퓨즈 → 발전기 S단자 (Key off시 12V)

R단자: 배터리 − 퓨즈 → Key S/W → R단자 (Key off시 0V)

1. 발전기 접지 검사
2. 스타트 모터 전원, 접지 검사
3. 엔진 블럭. 차체 접지 검사

1. 발전기 접지검사
CH1 (+) = 발전기 B단자 측정: 시동 on.
(−) = 배터리 +단자 분석: 0.3V이하 정상
CH2 (+) = 배터리 −단자 평균값을 읽는다.
(−) = 발전기 몸체

2. 스타터 모터 전원/접지 검사.
CH1 (+) = 배터리 +단자
(−) = 스타트 모터 ST단자.
CH2 (+) = 스타트 모터 몸체
(−) = 배터리 −단자.
측정: ① 인젝터 커넥터 탈거
② 크랭킹 (5초).

분석: ① 채널 1 → 1.5V 이하 정상
채널 2 → 0.2V 이하 정상
※ 파형의 평활한 구간의 평균값을 읽는다.

※ 불량시 연비불량. 시동꺼짐. 간헐적. 공회전 부조

3. 엔진 블럭, 차체 접지 검사
CH1 < + = 엔진 블럭 측정: 시동 on, 풀부하
− = 발전기 몸체 분석
CH2 < + = 차체
− = 발전기 몸체.

〈충전 장치 발전기 검사〉

◦ 발전기가 정격 전류 만큼의 전류를 생성하고 있는지를 확인하는 검사입니다.

Key off — 0V ⇒ L단자
— 배터리전압 ⇒ S단자
시동 on — 12V 펄스파형 측정 ⇒ G단자
— 5V 〃 〃 ⇒ FR단자.

※ 발전기 ┬ 전압 제어형 — S단자, L단자 ⇒ 2P
└ 전류 제어형 — S. L. G. FR단자 ⇒ 4P.

측정 — ① 시동 on
② 풀부하 작동 (A/C. 라이트. 열선 등)
③ 2500rpm 유지.

판정 — ① 발전기 전류는 평균 값을 읽는다.
② 출력 전류가 발전기에 표시된 정격 출력 보다 낮게 측정 되는 경우 먼저 배선 점검 후 발전기 불량을 판단한다.
③ 발전기 출력이 부족하면
전기 부하시 — ① 공회전 부조
② 연비 불량
③ 시동 꺼짐이 발생한다.

※ 다이오드 검사 (리플 전압 검사)

발전기 B단자와 배터리 ⊖단자 연결 — 시동 on
⇒ 리플 전압 (max-min)이 500mV 이하로 측정되어야 정상
→ 심한 노이즈 발생은 ⇒ 슬립링 불량

insulation : 절연 처리. (단열, 방음 처리)
인슐레이션 전선의 피복

coating : 고체의 표면을 얇은 막으로 입히는 것을 말한다.
(코팅)

insulation : 차단시키는 것이다.
전기를 통하지 못하도록 절연체로 코팅을 하면
인슐레이션 했다고 말할 수 있다.
열이 통과하지 못하도록 스티로폼로
둘러 쌓았다면 그것도 인슐레이션 했다고
말할 수 있다.
즉 "전기 또는 열을 통하지 않게 하는것"
부도체를 사용해 차폐, 격리하는 것을
절연이라 한다.

〈스타팅 모터 테스트〉

(등가회로)

B
ST
M
Key S/W
스타팅 모터
+
-
Battery
엔진
차체

※ 스타팅 모터 테스트 (전압강하 테스트)

조건 ① 인젝터 커넥터 탈거 or. 연료펌프 탈거
② 크랭킹을 하면서 전압을 측정한다.
(크랭킹시 최저 전압을 읽는다)

스코프 연결 1채널 ⊕프로브 – 배터리 +단자에 연결
⊖프로브 – 배터리 –단자에 연결
2채널 ⊕프로브 – 스타팅 모터 M단자에 연결
⊖프로브 – 스타팅 모터 몸체에 연결
3채널 ⊕프로브 – 배터리 +단자
⊖프로브 – 스타팅 모터 몸체
4채널 ⊕프로브 – 스타팅 모터 M단자
⊖프로브 – 배터리 –단자
5채널 ⊕프로브 – 스타팅 모터 B단자
⊖프로브 – 스타팅 모터 몸체
테스트 (크랭킹) 6채널 ⊕프로브 – 스타팅 모터 M단자
⊖프로브 – 스타팅 모터 몸체

1채널 2채널
최저전압: 10V 10V ⇒ 스타팅 모터 불량
7V 7V ⇒ 배터리 불량

(테스트 프로그램)

	1채널	2채널	3채널	~~4채널~~	
최저 전압	10V	6V	10V		⇒ + 케이블 불량

1채널	2채널	4채널	
10V	6V	10V	⇒ − 케이블 불량

1채널	2채널	5채널	6채널	
10V	6V	10V	6V	⇒ 스타팅모터 솔레노이드 불량

17

CRDI

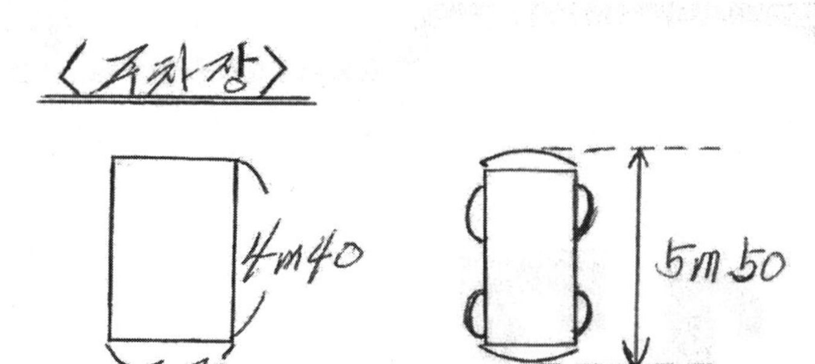
〈주차장〉
4m40
2m30
5m50

※ CRDI system은
전자 단위가 크기 때문에
데미지도 크고, 고객 반응도 굉장히 격상되어 있다.

※ CRDI Engine 형식.
⇒ D, A, J, KJ, U, S, R, U_2, A_2, S_2
① ② ③ ④ ⑤ ⑥ ⑦ ⑧ ⑨ ⑩

※ 0.75V = 100bar
1V = 200bar
1.5V = 380bar
2V = 580bar
2.5V = 770bar
3V = 960bar
3.5V = 1150bar
4V = 1333bar
4.5V = 1500bar

※ TCI
(turbo charger intercooler) ≠ N/A (자연 흡기 엔진)

※ 연료 압력 조절기 명칭
IMV – J엔진
PRV – R엔진
MPROP – A엔진
DRV – D엔진
※ 기준값 이하로 떨어지면 연료누설 및 조절 밸브 불량

※ 스톨 테스터는 정지 상태에서의 엔진 최대 부하를 만들 수 있는 방법이다.
이 경우 엔진 회전수 및 각종 출력값 등한 유사한 결과치가 나와야 한다.

※ 보쉬 ECU type에서는 레퍼런스 전압이 동일된다.
① 액추에이터 – 3.5V
② 센서 – 5V
③ 예외 CKP ┌ 인덕티브 방식 – 2.5V
└ 홀 방식 – 12V

⇒ 스톨을 걸어보면 안다.

< CRDI > ⇒ 엔진 회전력을 유량으로 제어한다 ⇒ 유량제어

※ 싼타페 WGT 출력 부족일때 점검 순서

공기 계통	연료 압력 제어계통 (연료 계통)	인젝터 / 연료공급
①	②	③

싼타페 WGT.

흡입 공기량 — 450 mg/st (정상)

풀스톨 — 2400 rpm (정상)

풀가속 — 4600 rpm (정상) — 900 mg/st (정상)

※ 450×2=900 (정상치)

싼타페 VGT

흡입 공기량 — 430 mg/st (정상).

※ DOHC, CVVT, 터보 ⇒ 궁극적으로는 흡입 효율을 높이기 위한 노력이다.

※ ~~오토~~ ⇒ 오토 미션이 드럼되면 출력이 떨어질수 있다

ex)	공회전	풀가속	풀스톨	
공기 계통	800 rpm	4580 rpm	1822 rpm	4000 rpm
	430 mg/st	810	567	736 mg/st

→ rpm 대비 공기량 값이 정상이다.

연료 계통	270 bar	1003 bar	940 bar	연료압력
	17.4%	33.3%	30.4%	연료압력 조절기

→ 연료 압력 제어 정상이다

예)	공전시	풀가속시	풀스톱시	4000rpm 유지
① rpm	800	4365	1404	3937 rpm
② 흡입공기량 (kg/h)	39	155	67	162. kg/h
③ 흡입공기량 (mg/st)	400	444 (min 295)	443 (min 348)	333 mg/st
④ VGT 듀티	75%	47.9%	38%	35.5%
⑤ 부스트 압력 (kpa)	98.6	79.7	96.3	78.5 kpa
⑥ 연료 압력 (bar)	265	1171	674	783. bar
⑦ DRV (%)	17.6	39.4	32.9	30 %
⑧ 분사량 (mcc)	7	30	32	14 mcc

⇒ 부스트 압력의 변화가 없고, 오히려 떨어지는 부스트압력으로 보아.

⇒ 터보 임펠러 고착으로인한 불량이다.

※ 흡입 공기량으로 인해 시동이 꺼질 수 있는 조건은 흡입 공기량이 절반 이하로 떨어져야 한다.

※ <KJ엔진> ① 카니발
② 테라칸
③ 봉고3
→ 시동꺼짐 — 연료계통

⇒ 풀가속후 또는 풀스톱후 연료 압력이 200bar 이하로 떨어지면 0능된다. → IMV 밸브 불량

※ IMV 밸브 듀티 ⇒ 공전시 — 32% (정상값)
예) 29%면 — ① 연료 필터 막힘
② 연료 라인 에어 누수
③ 인젝터 불량

※ 유티가 높이 나는건 상관이 없다.
유티가 줄어드는건 위험하다 — 1차 필터 막힘.

※ 유티폭이 크면 클수록 불안하다.

※ 1400 bar — 레일 압력
1431 bar — 목표 레일 압력
27.2 % — IMV(%)

32% ⟶ 27% : 5% 미만이면 새것 수준이다

※ 목표레일 압력 설정 값은 APS가 갖고 있다.

※ ECU 순서 — ① APS
② 목표레일 압력
③ 레일 압력
④ rpm

※ 풀스롤 했다가 놓을때
목표레일 압력 대비 레일 압력이 정확히 맞는지를 본다.

ex) 794 rpm – rpm
113 bar – 레일
216 bar – 목표
40.5 % – IMV
⇒ IMV 밸브 불량

해석 — 압력이 떨어져서 시동이 꺼지는 경우
(분석) 유티 펄스는 줘서 관로를 열었는데
실제로는 관로가 안열렸다.

IMV 듀티가 86%면 ⇒ ECU 제어 의지가 없다.
IMV 듀티가 25%면 ⇒ ECU 제어 의지가 있다.

점검순서 ① 저압 게이지
② 최대 압력 리크량 검사.
③ 고압 펌프 테스트.

※ IMV 밸브 ⇒ 32% 에서 1A가 흘러야 한다.

⇒ ① 전류값 측정
② 직접 테스트 해야 한다. (제어 범위 제어해야 한다)
③ 부하를 걸어줘야 한다.

※ 압력 제한 밸브는 깨서 용접해서 막는다. — 사용해도 된다.

※ D Engine — 가운데 선이 신호선 (출력선)
KJ Engine — 우측선이 신호선이다 (출력선이다).

※ CRDI는 응답성이 생명이다.
※ 리크가 많이 나오면 압축압력이 안나올수 있다

※ CRDI 차량은 (토크)
커넥터 핀 수정을 하지 않는다.
고전압 보호회로의 록크형식으로 되어 있다.

〈 헤드 소성법으로 조이는 방법 〉

ex) 싼타페
5토크로 조였다 ~~다시~~ 푼다.
다시 5토크로 조인후

※ 가스켓 스프레이 사용.

※ 캠팔로우가 망가지면 에어크리너 통에서 쇳소리가 난다.

⇒ 착화지연이 발생하면 해당실린더의 스톨 공연비에서 희박이 나올 수 있다.

※ CRDI는 크랭킹시에 300rpm 이상 나와야 된다.
⇒ 시동성 불량.
⇒ 속도는 압력에 비례한다.
⇒ 각속도에 비례한다.

※ 피스톤의 각속도가 느려지면 착화성이 불량하다.
~~연설량 테스트~~.

※ 배기 매니폴드 가스켓이 새도 (밀착이 안되도)
가속시 쇳소리가 난다 (특히 터보를 교환한 차량에서 너트를 신품으로
교환 해주지 않은 차량에서 흔히 나타난다)

※《동와셔 누설》⇒ 오일 주입구 캡을 열어본다
→ 오일 스트레이너가 막히는 경우가 발생한다

⇒ D, A, U 엔진 시리즈가 잘 막힌다.
⇒ KJ엔진은 막히지 않는다.
⇒ 정비점에서는 많은 찾는다.
⇒ 누설이 있으면 핑핑핑하고 금속성 소음이 들린다.

※ 벤츠 엔진은 동와셔에 검정색 그리스가 도포되어 있다.
⇒ 고착 방지
※ 동와셔 누설 테스트 방법.

⇒ 오일 주입구 캡을 열어본다.
⇒ 오일 주입구 특수 캡을 이용하여 AC로 진공을 건다.
⇒ 파형을 분석한다.
⇒ 오일 주입 구 캡의 종류는 2가지다.

※ 그랜드 스타렉스가 동와셔 누설이 많다.

※ 인젝터 동와셔가 뜨면.
— 폭발가스가 다 배기가스로 나온다.
— 블로바이 가스 발생이 많다.

※ 풀 스톨 rpm
A. WGT — 2500 rpm
B. VGT — 2700~2800 rpm
C. A엔진 — 2600~2700 rpm
d. KJ엔진 — 2500~2600 rpm
e. 그랜드스타렉스 — 2200 rpm
f. 쌍용 — 2100 rpm

※ CRDI 산소센서는 티타니아 소자다. (싼타페 CM)
펌핑 전류 측정 ⟹ 레퍼런스 전압

※ 티타니아는 (λ 센서)
ECU가 펌핑전류를 공급해서 저항 수치의 변화를 보는 것이다

※ 혼합기 희박 — 1.0 이상 ⇒ 1.1
혼합기 농후 — 1.0 이하 ⇒ 0.9
(희박) λ > 1 > λ (농후)

$\frac{\text{연소실 공연비}}{\text{이론 공연비}} = \lambda$

※ 티나이 람다 센서 — 후방 람다 센서

① 전원
② 접지
③ 센서신호 (레퍼런스 전압)
④ 펌프센서 (펌핑전류) — 소전류 프로브 연결
⑤ (VOA) 센서히터

※ 린번 차량
① 인터 페이스 모듈
② 람다 센서
> 같이 교환한다.

※ CRDI는 초희박 연소를 한다. — ① 공기 과잉률이 가솔린보다 높다.
② 공연비가 매우 높다.
③ 공기 과잉률이 1보다 크다 (λ > 1)
④ 희박하다. (산소농도가 높다는 뜻이다)

※ 공기 과잉률 $= \frac{\text{실제 흡입 공기량(연소실에)}}{\text{이론 공연비}}$ (실제 공연비)

※ 운행 중이던 차량이
스로틀 플랩이 없으면 — 7바퀴 만에 시동이 꺼진다.
스로틀 플랩이 있으면 — 3바퀴만에 시동이 꺼진다.

<CRDI 차량>
※ 주행중 가끔 시동이 꺼지면 ⇒ ① CKP
② CMP
③ 메인 릴레이 교환.
④ 파워 베이스

※ 보쉬 엔진은 주행중 CMP를 빼도 꺼지지 않는다.
델파이 엔진은 주행중 CMP를 빼면 시동이 꺼진다.

※ J엔진이
인젝터 폭조가 나가면 — ① EGR S/V 불량.
② ECU 점검.
인젝터를 교환하고 시동이 꺼져서 입고되면.
→ 인젝터 폭조가 나가있으면
⇒ EGR S/V를 교환해야 한다.

※ 보쉬 엔진 — 주 신호 : CKP　　J엔진 — 주 신호 : CMP.
보조신호 : CMP

※ CRDI ECU ③ "스로틀/액셀 위치 센서 2 이상" P0220
고장코드가 — ① "부스트 압력 회로 이상"
② "내부 부스트 회로 이상"
⇒ 크리닝 하면 정상으로 됨
⇒ ECU 내부에 물이 들어가면 위 고장코드가 점등된다.
(A/C 물) (히터 코어 부동액)

<연료 휠터, 펌프>

※ 연료 휠터 오버 플로우 밸브.
⇒ 스프링이 3Kg/cm² 로 제어하는데
막히면 6Kg/cm² 로 제어된다. ⇒ 리턴호스를 꽉 잡는다.
⇒ 6Kg f/cm² 로 안 올라가면 → 저압 펌프 성능 불량.

※ 저압 — 센서 제어 방식
-80 ~ -100 mmHg ⇒ 정상.
-400 mmHg 이상이면 — 기포 발생
⇒ 측정 이전의 막힘이 발생했다는 뜻.
(게이지 바늘이 떨면 ⇒ 저압 펌프 불량.
저압 펌프 type 에서

※ 저압 펌프 토출 압력 — 8bar
고압 펌프 토출 압력 — 목표 레일 압력과
실제 압력이 같아지면 ⇒ IMV 밸브 정상

※ 압력 제한 밸브 : 1750 bar가 넘어서면 0bar로.
⇒ 레일 보호용
⇒ 인젝터 보호용.
⇒ 누유 되는 것을 확인 해야 된다.

※ 연료 저압 펌프 (D엔진)
정상 : 5A
휠터 막힘 : 7A
연료부족, 누유 : 3A
(릴레이 빼고 테스트, 점프선 연결)

— 불량 하면 ⇒ ① 시동 지연
② 언덕에 올라가면 시동이 꺼진다.

※ 연료 휠터 교환 후 에어를 최대한 많이 빼준다.
※ 연료 휠터 교환시 시간차를 최대한 줄인다 ⇒ 시동이 안걸린다
ex. 싼타페 CM, 쏘렌토, 포터Ⅱ 등.
※ 연료 휠터 와 고압펌프 사이의 호스를 1초 간격으로
잡았다 놓았다를 40번 반복해서 연료압력이 ① 30 bar 차이면 ⇒ 정상
② 100 bar 차이면 ⇒ IMV 불량

※ 연료 휠터가 아무리 막혀도
공회전 영역에서는 영향을 주지 않는다.

※ <J엔진. 카니발2. 테라칸, 봉고3>
연료 온도 편차가 많으면 고압펌프 쇠가루를
반드시 봐야한다.
⇒ 고압펌프가 나갔을 확률이 높다.
① 쇠가루가 떠다니면 ⇒ 청소만
② 쇠가루가 가라앉으면 ⇒ 고압펌프 불량. (저압 펌프 불량)
③ 까만가루가 나오면 ⇒ 프라이밍 펌프 불량 (수분탄)

④ 고압 펌프에 T밸브의 오리피스 불량이 많다. (베큐리 관)
⇒ 고압펌프 불량.
⑤ 최대압 패리크 — 1400bar (인젝터)
1, 5Cm — 신품.
2, 10Cm — 양호
3, 20Cm — 허용치
4), 30Cm — 불량.

※ 1차 압력 -100mmHg (정상) ⟶ -200mmHg 면 휠터 막힘.

봉고3 1차 휠터가 막힐 이유가 없다
그런드 스타렉스가 잘 막힌다
⇒ 가속시 프라이밍 펌프가 쪼그라지는 현상. ⇒ 연료휠터 막힘
<item>
※ D엔진 ⇒ 연료휠터 와 고압펌프 사이에 연료압력계 설치.
⇒ 게이지 바늘이 떨리면 ⟶ 저압 펌프 불량.
⇒ 게이지 바늘이 튀면 ⟶ 고압측에 리크가 있다는 뜻이다.
⇒ 산정적으로 3bar가 나와야 한다. (공전시)

연료 압력 조절 밸브(펌프측)

〈IMV 밸브〉 (Inlet Metering Valve)
대기온도 20℃에 저항 표준 5.5Ω

※ 반복적으로 움직이는 S/V는 반드시 자화가 생긴다.
⇒ 쇳가루가 붙어있다

※ IMV 밸브.
— 스프링 장력이 세면 열림시간이 커진다.
34%로 → 늘린다.
31%로 → 줄인다.

※ 더미 저항보다 확실한건 IMV 밸브 고품을 끼우는게 확실하다.

※ IMV 밸브 max—min 전류량 차가.
— 150mA ⇒ 정상.
280mA ⇒ 불량.

※ IMV 밸브 종류 — 600번대 / 700번대

DRV 〈 시동성이 좋다 / 응답성이 좋다 | IMV 응답성이 늦다 | DRV, IMV
D엔진 | 보쉬 1, 2세대 | 3세대 | 4세대
| | 무의미한 제어? |
출구제어 | 입구제어 | 입, 출구제어 | 입구제어

출구제어
⇓
캠축에 응력이 작용
⇓
캠 샤프트 파손.

⇒ 고압을 만들어 놓고 압을 빼면서 제어
⇒ 에너지 많이 소모.

※ D엔진 – DRV – 출구제어 – 16.5 ~ 17%
A엔진 – MP-ROP – 입구제어 – ~~30 ~ 33%~~ 1350 ~ 1450mA
KJ엔진 – IMV – 입구제어 – 620 ~ 650mA
J엔진 – IMV – 입구제어 – 30 ~ 33%
R엔진 – PRV – ~~출구제어~~

※ 듀티(%)를 mA로 환산하는 방법.
ex) 30% → $30 \times \frac{1}{100} = 0.3$
$0.3 \times 12 = 3.6$
IMV의 저항은 2.5 $2.5\overline{)3.6}$ $= 1.44 \times 1000$
$= 1440$mA.

∴ 30% → 1440mA다.

※ 목표 레일 압력 / 레일 압력 > 편차가 ±5% 이내면 정상.

※ D engine.
– 연료 압력 조절 밸브는
ECU가 요구한 목표레일 압력에 실제 압력을 맞춘다.

IMV 공전시 –10cmHg (약 100mmHg)

연료탱크 ⇒ 연료필터 ⇒ 저압펌프 ⇒ 고압펌프

※ IMV 듀티 – ex) 31.4% – 26.1 = 5.3. (편차)
(공전시) (스톨시)
⇒ ①고압펌프 / ②인젝터 리크량 > ⇒은 정상이다.

※ DRV는 ⇒ 누설이 문제다.

※ IMV 듀티
- 듀티값이 20%까지 떨어지면 문제가 있다.
⇒ ① 고압 계통 리크량이 많거나.
② 고압 펌프 유량이 부족하거나.
③ 130km/h 속도에서 급가속 하면 체크등이 점등 될수 있다.
④ 풀가속시 1100~1400bar면 출력은 정상이다.

※ IMV 신형은 더미 저항보다 IMV 고품을 활용하는 방법이 확실하다.

※ 싼타페 연료 압력 레귤레이터 사양.
- ① 필터 내장형 (31400-27000) - 구형.
⇒ 레일측에 여지 필터 설치.

② 메쉬 필터형 (31400-27001) - 신형.
⇒ 레귤레이터측에 메쉬 필터가 적용 (가공 막힘)

※ DRV 밸브 ⇒ 전원을 주면 여는 쪽으로 작동 ⇒ 출구제어 (리턴 연료 제어)
MP-RoP ⇒ 전원을 주면 닫히는 쪽으로 작동 ⇒ 입구제어 (들어가는 연료 제어)
IMV ⇒ 급가속시 26%이하로 떨어지면 불량이다.

※ 연료 압력 조절 밸브 ⇒ 목표레일 압력 대비 레일압력을 맞춰주는 역할을 한다.

※ 풀 가속 유지 구간에서
목표레일 압력 대비 레일압력이
편차가 10bar 이내면 정상이다.

※ IMV 밸브 듀티가 높은건 괜찮은데 줄면 불량이다.
정상 ⇒ 32% (31~33%)

※ "연료 압력 모니터링 이상" 고장코드

— ① 레일 압력 조절기의 닫힌쪽 고착.

② 제어 회로 접지측 단락

③ 커먼레일 내부 압력이 급상승 하는 경우.

④ 레일 압력 조절기의 열린측 고착 및 밸브 시트 마모.

⑤ 인젝터의 연료 누설 과다.

⑥ 고압 펌프의 토출량 불량.

⑦ 저압 펌프의 연료 공급 부족의 경우 발생하는 고장코드다.

⑧ 압력 센서 불량. (0.2V = 260 bar)

⑨ ECU 불량

※ 연료탱크 —— 저압연료모터 —6bar→ 연료필터 —→ 고압펌프

(압력 게이지 설치)

3bar (안정적)

3bar 리턴 (오버플로우 밸브)

※ "EGR 제어 이상" 고장코드.

— ① AFS 불량

② 오커앗 밸브 물리는 현상. (내부 EGR)

③ EGR 파이프 누설.

④ 엠핑

⑤ EGR S/V 고착 및 뒤쪽으로 가는 배선이 차체에 단락(배선불량)

⇒ 고장코드를 삭제하면 바로 다시 점등되는 경우.

⑥ 타이밍이 과도하게 늦어져도 고장코드 점등 (타이밍 동기 검사)

※ DRV 밸브 ⇒ (공전시 16%) → (스톨시 45%)

⇒ 전원을 인가하면 열린다. → 출구 제어 (리턴 연료 제어)

※ Mp-RoP / IMV ⇒ 전원을 주면 닫힌다 → 입구 제어 (흡입되는 연료 제어)

⇒ 급가속시 26% 이하로 떨어지면 〈Normal open〉

→ IMV 밸브 불량.

⇒ (공전시 32%) → (스톨시 27%)

〈APS 고장 사례〉 삼정리 카센터. 2015. 7. 31

차종: 싼타페 2002년식, WGT. A/T

현상: 1200rpm으로 고정 있고.

고장코드: P0220 스로틀/액셀 위치 센서 2 이상.

가끔 정상으로 돌아왔다가. 다시 1200rpm으로 고정.

수리 — APS 교환 (128.000원) ⇒ 변화 없음 (같은 불량)

테스트 ① key on 상태, 커넥터 탈거 — 전압테스트 측정

APS	81 — 6	⇒ 1 — 4.96V	⇒ 4.96V	센서 전원
커넥터에서	80 — 1	2 — 4.96V	⇒ 4.96V	
측정.	79 — 2	3 — 0.00V	⇒ 0.002V	접지
	77 — 5	4 — 1.409V	⇒ 0.735V	APS-1
	76 — 3	5 — 0.00V	⇒ 0.002V	접지
	75 — 4.	6 — 0.002V	⇒ 0.352V	APS-2
		(결함 수치).	(정상값)	

수리2 — ECU 교환 ⇒ 변화 없음 (그대로).
(중고 50.000원) (39100 — 27220)

접지 확인, ECU 커넥터 물기 제거 ⇒ 그대로 마찬가지.
ECU 커넥터 → 20cm 제어지레버 방향, 회색커넥터 2개.
물기 제거후 ⇒ 정상으로 돌아옴.

원인 ⇒ 히터 코어 냉각수 누유로 인한 배선 단락 및 쇼트.
불량 (회색 커넥터 수리)
ECU 커넥터 수리.

※ 〈저압모터 위치〉
연료탱크 안 ⇒ 투싼, 스포티지
연료탱크 밖 ⇒ 싼타페, 트라제

※ 연료 정상
연료 압력은 정상인 경우.

※ 《시동 불능 이면》

— A. EGR 밸브 열림 고착.
⇒ 크랭킹시에 흡입 공기량이 절반이하로 않나온다.
⇒ 크랭킹시에 흡입 공기량이 줄어 있다.

B. 엔진오일 량 불량.
⇒ 겨울철에 엔진오일이 없으면 시동불능.
⇒ 압축비가 떨어져서.

C. 정확한 시기에 점화가 이뤄지는지 확인.
가솔린 — (정확한 시기에 정확한 불꽃이 튀는지 확인).
디젤 — (정확한 시기에 정확한 연료가 분사되는지 확인).
⇒ 타이밍 동기 확인 — ① CKP
② CMP
③ 트리거
④ 상대 압축 압력 — 대전류

※ 머플러에서들어오는 배기가스는 산소가 거의 없기때문에 착화를 할 수가 없다.

※ 시동의 3대 요건.
— ① 규정의 압축 압력
② 양질의 연료 공급 (연료 압력)
③ 정확한 타이밍과 강력한 점화.

《D엔진 및 A엔진 인젝터 진단모드》

※ 연료 계통 검사. 《압축 압력 및 연료계통 점검》

① 압축 압력 테스트 (엔진 정지, 연료 분사 중지)

⇒ 크랭킹때 엔진의 각속도로 실린더별 압축압력을 판별함.

결색 ⇒ 상대비교때 높은 회전수의 실린더가 압축불량이다.

② 아이들 속도 비교 테스트 - 각속도가 동일해야 한다.

(파워 밸런싱 중지)

⇒ 인젝터별 각속도 보정중지 상태로 엔진 rpm 측정.

결색 ⇒ 상대 비교때 낮은 회전수의 실린더가 불량이다.

③ 분사 보정량 비교 테스트. - 처음에 전체스캔에서 분사량을

(파워 밸런싱 작동) 본다음에 한다.

※ ex) 4 mcc 가 나오면 4개의 분사량이 많아서 전부 줄인것이다.

4 mcc - 400 μcc.

⇒ 각 실린더의 연료량 보정 상태를 확인함.

결색 ⇒ 평균 ±4 Q 이상의 보정치를 나타내는 실린더의 인젝터 불량.

※ ECU는 rpm을 맞추기 위해서 분사량을 보정한다.

※ 공전시 rpm 편차가 10 rpm이면 - ① 원웨이 클러치 불량

② 발전기 불량.

※ 고압펌프에서 흡입이 빠른데 저압에서 연료를 못밀어주면

기포가 발생한다 ⇒ 캐비테이션 현상.

기포가 빨려 들어오면 저압라인에 문제가 있다. (특히 J, A Engine)

※ 저압 라인의 1bar 압력은

고압라인의 100 bar 정도의 영향을 준다.

※ CRDI 검사

A. — 스캐너 검사 ① 자기 진단 (고장코드 확인)

② 압축 압력 및 연료 계통 검사

A. 압축 압력 테스트

B. 아이들 속도 비교테스트 (20rpm이상 편차는 불량)

C. 분사 보정 목표량 비교 테스트 (1미만 정상)

③ 스코프 검사 / 모드 연결

(특히, 압축압력, 밸브파형을 본다)

※ A engine은 구조적으로 3번 실린더에 문제가 많다.

※ ⇒ 3번 밸브 가이드가 논다.

※ 20만 Km 주행 차량은 무조건 엔진 마운트를 교환한다.

— 경화 현상

※ 서모톨 불량은 크랭킹 하면서 / 가속을 하면서 > 닫히는지 여부를 확인한다.

⇒ 특히, 포터2, 쏘렌토 차량에서 많이 나타난다.

⇒ 출력 부족 — 검은 매연

B. — 스코프 검사 ① CKP, CMP 타이밍 동기 확인

② 압축 압력 — 정상 / 밸브 파형 — 불량 > ⇒ 헤드 불량

③ 압축 압력 — ~~정상~~ 불량 / 밸브 파형 — 정상 > ⇒ 피스톤 문제다.

※ 가속을 했을때

고압이 떨어지는 원인 중 하나는 저압라인에 문제도 있다.

⇒ 반드시 저압 라인을 먼저 측정한다.

※ 인젝터 구동 파형. (인젝터 펄스).
인젝터 구동 전압 → 충전 전압 ⇒ 니들 밸브가 안 열림.

※ 인젝터는 낱개로 교환하지 않는다.
2개씩 교환한다. (교차로 끼운다)
밸런스가 깨지기 때문이다.

※ 디젤 카본을 실험 ─ 차가운 물컵에 / 뜨거운 물컵에 > 녹여본다.
⇒ 케미컬 사용은 엔진온도를 70~80°C 이상 높여 놓고
사용해야 효율성이 높아진다.

※ 파이롯 분사를 하는 이유.
─ ① 진동 감소, 소음감소.
② 사후 분사를 통해 촉매 막힘 방지 (연소)

파이롯 분사 → 약 40° (BTDC) 직전에서 분사됨.
주 분사 → ATDC

<item>
※ <인젝터 동와셔가 뜨면> ⇒ 엔진 프리싱
⇒ 폭발가스가 리바가스로 나온다 → 블로바이 가스 다량발생 → 스트레이너 막힘
→ 터보 고착
⇒ 엔진오일 주입구 캡을 열어본다. (핑핑핑 금속성 소음이 난다)
리바가스가 많이 나오면 압축 압력이 새는 것이다.
→ ①인젝터 동와셔 불량.
②피스톤 링 고착.
③실린더 내벽 마모

※ KJ 엔진은
스트레이너가 막히지 않는다.

⇒ 오일 순환계에 문제가 있으면 시동성에 문제가 없다
⇒ 메탈 베어링 고착 → 오일 스트레이너가 막혔다.

※ 싼타페 연료압력 레귤레이터 사양 (DRV).

— ① 필터 내장형 (31400-2W000) — 구형
⇒ 레일측에 엣지 필터 설치

② 레이저 필터 (31400-2W001) — 신형
⇒ 레귤레이터 측에 레이저 필터 적용.
⇒ 가끔 막힘

※ ex) 싼타페 — 증상 ① 급가속 및 등판 주행때
엔진 체크등과 함께 시동 꺼짐 현상 발생.

추정 원인 — ① 기계적인 연료 누유
② 전기 배선의 단선/단락.
③ 연료 압력 센서 불량.

고장 코드 : 연료 압력 모니터링 이상
세부코드(상세코드) : C009 연료 누유.

원인 ⇒ 급가속시
인젝터 한계가 백리크 양이 과도하게 나옴.

※ 《델파이 고압 펌프 테스트 방법.》

— ① 인젝터 커넥터 탈거 (통합 커넥터 탈거).
② IMV 밸브 단자 커넥터 분리. (Nomal open)
③ 스캐너로 연료 압력을 그래프로 띄움.
④ 3~5초 크랭킹
⑤ 1050 bar 이상 정상.

⇒ 1050 bar 이하면 — ① 연료라인 막힌 경우
② 연료 필터 불량
③ 고압 펌프 불량.

MDP 학습 — 초기화
⇒ 70Km/h로 저속적으로 3~5분 이상 주행하면 학습을 한다.

MDP를 초기화 시키면 ①시동은 걸린다
②노킹이 일어난다. (차량 원래의 모습이다).

※ MDP 파이럿 분사 조정 ⇒ 노킹 현상이 심하다.
└→ 파이럿 분사 때문에 존재한다.
인젝터가 노후화되서 분사량이 변하면 파이럿 분사를 해서 분사량을 맞춤.

		점화 순서
※	인젝터 1 # MDP 횟수	1
	인젝터 2 # MDP 횟수	3
	인젝터 3 # MDP 횟수	4
	인젝터 4 # MDP 횟수	2.

※ MDP 횟수 : 100회를 넘어가면 인젝터가 노후되서 무조건 수리해야 된다.
엔진이 system만 나옴.
⇒ 리셋 (reset) 방법.
— 인젝터 번호 입력하는 데로 가서 (스캔장비로)
숫자 끝에가서 엔터를 치면 초기화 된다. (4개 모두 한다).
— 그러면
ECU가 초기화 된다 ⟶ 학습을 초기화 해준다.

※ MDP 학습은 ⇒ 노킹 보정이다.
⇒ 분사량 하고 상관이 없다
⇒ 학습값이 (횟수가) 많으면 인젝터가 노후된건 사실이다.
⇒ 파이롯 분사 학습이다.

※ 카니발 인젝터 번호를 배열해 놓는다.

※ 공전시 5ppm 이상 차이가 나면 많이 나는 것이다.

※ U4에서는 냄새나는 차량이 별로 없다.

※ MDP 학습값 1 2 3 4

⇒ 1 3 4 2로 읽어야 된다.

※ 파라핀 이란?

파라핀계 탄화수소 또는 고급 포화탄화수소로 이루어진
파라핀 납 이나 유동 파라핀의 총칭을 말한다.
라틴어로 "친화력이 빈약하다"라는 뜻

① 파라핀 납은 무색 반투명한 고체로
고형 파라핀, 석랍 파라핀이라고 한다.
녹는점은 47~65℃ 이다.

② 유동 파라핀은 석유에서 얻은 윤활유의 유분을 잘 정제한것이다
무색으로 휘발성이 적으며
냄새가 거의 없는 액체로 연고, 화약 등
기제로도 이용된다.

※ 터보 차저 : 렉이 단점 ⇒ 배기 압력 이용
슈퍼 차저 : 중·저속에서 ⇒ 크랭크축 이용.

※ 흡입 공기를 과급해주는 장치. = 과급기
약 2.5배로 과급해 줌.

※ 터보 압력 측정.
⇒ 악셀 풀로 밟고 1.18V 나오면 정상.
⇒ 악셀 포지션 대비 1.6초 — 정상.

※ 《APS》 악셀 페달 센서 (accelerator Pedal sensor).
(악셀 페달 센서)

— ① 연료 분사시기 제어
② 가속시 잡음 및 편차가 없어야 한다 (중요)
③ ECU 접지 불량으로 인한 문제 다발생
④ 악셀 페달 출력 데이터 (600~800mV) 공전시

APS1 공전시 : 0.75V 풀악셀시 : 3.98V

APS2 공전시 : 0.38V 풀악셀시 : 1.94V

※ 악셀 포지션 센서를 위로 (강제로) 올려본다.
5V ⟶ 4V로 내려가면 ⇒ 노화된 것이다 ⇒ APS 불량.

<인터 쿨러>

※ 에어 크리너에 오일이 묻어 있으면
⇒ 인터 쿨러 파이프가 터진것이다.

※ 흡입 되는 공기의 온도를 냉각시켜 공기의 밀도를 증가시키고, 디젤 노킹을 방지한다.

※ 인터 쿨러는 거의 막히지 않는다.

※ 레일 압력 센서

커넥터 탈거시 : 5V , 0V , 0V

<fail mode> DCT 점등되면

D엔진(U3) — 450 bar (시동유지)

D엔진(U4) — 336 bar (시동유지)

A엔진 — 0 bar (시동꺼짐)

J엔진 — 2000 bar (압력 상승 후 시동꺼짐)

R엔진 — 360 bar (3000rpm 제한)

※ 1bar = 1.033 kg/cm²

※ D엔진 압축 압력 ⇒ 30bar (정상)

※ (커넥터 탈거시 : 5V, 0V, 0V)

(레일 압력 센서)

※ <RPS> 레일 압력 환산 공식.

※ 전세계 모든 압력센서는 3P다 (압전소자 방식, 전원, 접지, 출력)

$$\left(\frac{\text{출력 전압}}{\text{공급 전압}} - 0.1\right) \times$$

① 1875 (D)
② 2000 (A) or 2100
③ 2200 (KJ)

1.2V = 260 bar

⇒ 출력 전압은 대략 1V대가 나온다. (크랭킹 시)

※ 5V − 0.3V (평균전압) 빼고 계산.

※ 2.47V ⇒ 맥동이 없을 것 ⇒ 정상일때.

※ D엔진 → 압력 게이지 설치 (저압 연료 펌프 테스트) (연료필터와 고압펌프 사이에 설치)

⇒ ① 리턴 호스를 바이스로 잡으면 6bar로 올라간다. (시동걸고) (연료필터 리턴호스)
→ 안 올라가면 저압펌프 불량

② 공전시 연료 압력이 안정적으로 3bar가 유지되야 한다.
(2.5 ~ 3.5 bar 안정적 공급).

③ 스톨시 0.5 bar 이상 드롭되면 ⇒ 저압 모터 불량.
1 bar 이상 드롭되면 차에 괜스시 이상이 나타난다. ⇒ 무조건 불량.

④ Key on 시 연료가 종이컵으로 2/3가 나와야 정상이다.

⑤ 연료 라인에 에어가 유입되면 안된다.
크랭킹시 에어가 유입되면 → 연료 지속 → 시동불능 (CM).

⑥ 게이지 바늘이 떨리면 → 저압 모터 불량. (공전시)

⑦ 게이지 바늘이 튀면 → 고압측에 리크가 있다는 것이다.

⑧ 연료 필터 어셈블리는 2번에 1번은 교환해 준다.

⑨ 시동 꺼짐, 지연, 가속불량이 나타난다

⑩ 2개 솔로의 밸브 (2bar 스프링). ⟨ U3 − 필터에 장착 / U4 − 연료 펌프에 장착

※ 연료 압력 조절 밸브 ※ IMV-J엔진
= 레일 압력 조절 밸브 PRV-R엔진
= 펌프 압력 조절 밸브 MPROP-A엔진
= 연료 압력 레귤레이터 DRV-D엔진

※ 예) 공전시 35%가 정상인 차량이
⇒ 공전시 30~29%이면 연료계통 문제다.
원인 ① 필터 막힘
② 연료펌프 불량(저압펌프)
③ 인젝터 불량
<공전시> <스톨시>
※ ① 1450mA → 1100mA
② 850mA → 750mA
③ 35% → 27%
⇒ 기준값 이하로 떨어지면 연료누설 및 조절밸브 불량
<정비 한계값>
① A엔진 : 1000mA 이하 - Nomal open
② J엔진 : 26% 이하
③ J엔진 신형 : 650mA 이하
④ Nomal close : 27% 이하 - A엔진
⑤ D엔진 : 55% 이상
⑥ KJ엔진 : 650mA → 550mA이하 - 엑티언 U4 CRI
⑦ KJ엔진 : 26% 이하 - 카이런
⑧ J엔진(VGT) : 850mA → 750mA - 그랜드카니발 VGT, 봉고3 VGT } U4
※ 레일압력 조절 밸브
원리 : ① 리턴 제어
② 전류 제어(듀티 제어)
③ Nomal close 방식 - 60bar 스프링
④ start : 20% 제어, stall : 45% 제어, idle : 16% 제어

※《흡기 크리닝》

※ 긴 스코프로 흡기구를 긁어 본다.
(EGR 포트 반대편)

① 약품으로 수리하는 방법
② 어셈블리를 탈착 해서 A. 흡기다기관 크리닝
B. 레벨브 크리닝

※ 쇠가 녹는 온도는 1300°C.
카본이 타는 온도는 2000°C
카본이 희석된 DPF 재생 온도는 700°C — 후분사를 하는 이유.

※ 스월 밸브.
⇒ 스월 효과 → 피스톤 가운데로 연료가 모인다.
대우 → 가속만 하면 열린다.
현대 → 차속신호가 들어올때 열린다.

※ 《EGR 밸브》 (Exhaust Gas Recirculation Valve)

종류 — ① 진공 EGR
② 전자 EGR.
③ 모터 EGR.

※ EGR 검사하는 방법.
⇒ 가속후 ① 흡입 공기량
② EGR 듀티 를 연동해서 본다.

⇒ 가속후에는 연소실 온도를 낮추기 위해서 EGR 밸브를 작동하기 때문이다.

※ EGR 요구량 (맵) : ECU의 목표값

※ MAP : 저장하다, 설계하다. 설정하다.
MAping : 저장, 목표, 설계, 설정.

※ EGR 요구량 (맵) — ECU에 저장되어 있는 설정값
ECU가 목표하는 값
ECU에 프로그램 되어 있는 목표값

※ 언제
EGR이 작동되는 구간에 흡입공기량과
EGR에서 들어오는 배기가스량이 50 : 50으로 들어오도록
설계되어 있다 (신형차)
-구형은 6 : 4로 설계되어 있다.

※ 시동시에
크랭킹시에는 EGR 제어를 하지 않는다.

※ EGR 정지.
— 1) 공전할때 (1000 rpm 이하에서 52초 이상)
2) 연료 압력 제한 밸브가 고장일때
3) AFS가 고장일때
4) EGR 밸브가 고장일때
5) 냉각수 온도가 37℃ 이하 or 100℃ 이상일때
6) 배터리 전압이 8.99V 이하 일때
7) 연료 분사량이 42mm³ 이상 분사될때.
8) 엔진을 시동할때.

※ EGR 밸브가
— ① 열린채로 고착되면 ⇒ 시동불능 ⇒ 공기량이 처음 부터 낮다.
② 반 열린채로 고착되면 ⇒ 시동불량, 지연.

※ 전자 EGR은 6만 km 이상 운행하면
⇒ 무조건 샌다.
8만 km 이상 운행하면.
⇒ 무조건 열려 있다.

※ EGR 파이프가 파열되면
⇒ 부스트 압력 낮음 (고장코드)
⇒ 부스트 압력 높음 (고장코드) ⇒ 학습치.

※ EGR 밸브는 (작동은)

⇒ 50℃ 이상에서 열리면, 공전시에는 엔진의 진동이 심하므로 중속에서만 작동되게 설계되어 있다.

※ 밸브가 카본이 불량하여 조금 열려 있으면
배기 온도가 낮아지는 효과로 인해
엔진이 부조하며
점화 불량으로 인한 파형과 같다.

※ EGR cut 조건

- 1) 연료량이 42mg/st 이상 or 2950 rpm 이상 영역 진입시
2) 아이들 방치후 50초이상 지속시 (CU4 system은 3분이상 지속시)
3) 대기압이 90kpa 이하 고지대 일때 (약 1000m 고지 부터)
4) 외기온도가 15℃ 이하면서 고지대에서 주행시 - 백연 방지 목적
5) 외기온도 60℃ 이상시, 영하 50℃ 이하시
6) 냉각수온 110℃ 이상시, 15℃ 이하시
7) 배터리 전압이 9V 이하시
8) 초기 시동후 2.1초간 EGR 작동 delay됨
9) AFS 고장시
10) 차속이 105 Km/h 이상시 — 고속 주행시

※ EGR 호스와 메인진공 호스가 바뀔수 있다.
EGR 호스와 VGT 진공 호스가 바뀔수 있다.
⇒ 흡입 공기가 낮아진다.

※ 카니발2 → 시동 불능.
Inj 좌측 끊어짐(15A) ⇒ EGR 작동신.
⇒ EGR S/V 코일 단락으로 인한 과전류
⇒ EGR S/V 불량.

※ 하이 프레셔 EGR — Hp EGR
로우 프레셔 EGR — Lp EGR

① 실린더 밸브 파형.
② 실린더 상측 압력 테스트 > only AC로 봄.(스코프)
※ 압축 압력은 대전류로 보는게 더 정확하다.

※ EGR S/V 소전류 테스트 < 신품 / 재생.

※ 《배기 크리닝》

※ 크린 버닝 (clean Burning)
⇒ 핫 와이어가 이물질에 의해 오염될 경우 측정 정밀도가 떨어지는 것을 방지하기 위하여
핫 와이어가 스스로 가열되어 청소하는
자기 청정기능을 크린 버닝이라 한다

⇒ 카본은 450°C 정도의 온도에서 타서 없어지는데
이를 자기 청정기능, 크린 버닝이라 한다.

※ ㄱ 센서의 기능 ─① EGR 정밀제어
② 최대 부하시 혼합비 농후로 인한
매연을 연료량 제어로 감소시킴.

가변 흡기 장치 (SCV-Swirl control valve)

흡기 포트를 둘로 나눠 한 개의 통로를 여닫아
스월(swirl : 소용돌이)을 증가 시키는 것이다.

혼합기 효율의 문제는
고속에서는 흡입되는 속도가 빨라서
① 혼합기가 충분히 잘 섞이고
② 화염 전파속도도 충분히 빠르다.

그러나 저속에서는 흡입되는 속도가 느리기 때문에
스월밸브를 장착하여
저속 때는 한쪽을 닫고 흡입 속도를 올려
실린더 내에서 와류가 생기기 쉽도록 돕는다.

효과 : 저속, 저부하 시
S/V 밸브 닫힘 → 스월 증가 → 연료와 공기 혼합증가 (연소실내에서)
→ 매연 저감 → EGR 확대 적용

⇒ 3000 rpm 이하에서 닫힘
⇒ 공회전 및 저속구간에서 스월밸브를 닫고 (74%)
3000rpm 이상에서는 열어준다.

〈인젝터〉 인젝터 노즐 홀 = 머리카락 굵기다.

※ 인젝터 백리크가 다 발생 하더라도.
고압펌프의 유량이 커져서 그 만큼을 더 커버 할 수 있다.

※ 인젝터 구멍이 많아질수록 WGT−5홀
홀 수가 많아질 수록 ⇒ 무화도가 좋아진다. VGT−6홀
⇒고압이 더 커져야 된다.

※ 사라우드 인젝터 (엔터프라이즈)
⇒ 무화도를 좋게하기 위함.
⇒ 흡기 다기관에서 인젝터로 호스 연결됨.

※ 무화도.
⇒산소와 만나는 표면적이 많아야 연비가 좋아진다.

※ $U_3 \rightarrow U_4 \rightarrow U_5 \rightarrow U_6$
⇒인젝터 홀 구멍이 많아졌다 ⇒ 저항이 커진다.
⇒ 더욱 센 고압이 필요하다.

※ D엔진에서 부하가 걸려 있으면 무엇것을 입한다.
(밋션 D레인지에 있으면)

※ 공전시 분사량이 ⇒ 7~8mcc — 정상
6~7mcc — 리턴드 체중.
8−10mcc — 인젝터 불량.

※ 리빌드 할때
저격하 영역에서 연료량을 잘 맞춰야 된다.

※ 피에조 인젝터는 한방에 훅 맛이간다.

※ 인젝터는 완전히 별개의 모드로 생각하고 테스트 한다.

수동모드로 가서 공속모드를 반드시 본다.

※ 델파이 인젝터 몸통 조임 토크 ⇒ 400
고정 볼트 조임 토크 ⇒ 250
(자신이 없으면 200으로 놓고 조인다).

⇒ 한번에 250으로 조인다. (토크렌치 사용법)
⇒ 각도법으로 조여야 하기 때문.
⇒ 볼트는 반드시 새것으로 교체한다.
⇒ 동와셔는 새것으로 교환해야 한다

※ 공회전시. 인젝터 분사량이

— 정상값 보다 ① 많으면 (多) ⇒ 실제 차량의 분사량이 적다.
⇒ 연료누설, 인젝터 노후.
② 적으면(少) ⇒

※ 풀스로틀시 연료 분사량 → 57~60mcc
연료 압력 조절밸브 ⇒ 20% → 40%

※ CRDI는 rpm이 올라가는 것을 보고 분사량을 늘린다.
(ECU가).

※ 인젝터 ─ ① 보쉬 type ⇒ 80V로 제어.
② 델파이 type ⇒ ① 14V (분사V)
② 48V (충전V).
③ 파이롯 분사 ⇒ 250μS
④ 주 분사 ⇒ 480~560μS

〈J엔진 동적 백리크〉

※ 인젝터 백리크는 5분동안 (20cm) 20CC 미만이어야 한다.(동적 백리크)

※ 정적 백리크는 2cm 미만이어야 한다.
최대압 백리크 ─ 1400bar (인젝터).
─ ① 5cm ─ 신품
② 10cm ─ 양호.
③ 20cm ─ 허용치
④ 30cm ─ 불량.

※ 풀 가속시 백리크 ⇒ 상대 평가.

※ 인젝터 분사량이 적으면 ─ 엔진 떨림.
많으면 ─ 매연 발생.

※ "1번 인젝터 회로 이상" 고장코드 점등 ─ 상세코드 ⇒ 파워 밸런스 이상
⇒① 진짜 본선쪽 회로 이상
② 접지측 회로 이상
③ 파워 밸런스 이상.

※ CRDI 차량에서 엔진이 부조를 하는데
백리크가 많아서 부조할 확률은 30%정도 밖에 없다.

※ 시동시 (크랭킹시) 백리크가 많으면 100% 인젝터 불량이다.

※ <백 리크> leak : 새게하다, 새다, 누설하다.

A. 정적 백리크 : 인젝터 분사를 안시키고 본다.
기준 ⇒ 크랭킹 10초 동안

B. 동적 백리크 : 공회전 상태에서 5분동안 리크된 양을 본다.
(엔진시 본다. 가속시 백리크를 보는 것도 중요하다).

※ 압축 압력이 문제가 있을때

① 정적 back leak	多	少
② 동적 back leak	多	多
원인	⇓ 인젝터 불량	⇓ 압축압력 불량

※ <A Engine 최대 압력 백리크 검사>
① IMV 밸브 커넥터 빼고
② 인젝터 리턴 호스 빼고 테스트 호스 연결

<analysis>
⇒ 1000 bar 이상에서 25~30cm 미만 이면 — 정상.
⇒ 기준값 : 1200 ± 50 bar
① 압력
② 1200 bar 까지 도달시간.
③ 1200 bar 잔압유지
(800bar 까지만 유지하면 정상)

※ <고압 펌프 검사>
① 커먼레일을 막고 (마개로 4개를 모두 막는다).
② IMV 커넥터 빼고, 스캐너의 연료압력 항목 고정, 그래프 모드로 놓고
③ 크랭킹을 1500 bar로 올라올때까지 한다.
⇒ 유지를 해야 한다.

※ 〈압력 제한 밸브 검사〉

① 측공을 끼우고, 크랭킹 10초를 2회 반복.

⇒ 연료 호스에 연료가 나오면 — 불량.

※ 연료 압력 조절 밸브

⇒ 목표 레일 압력 대비 레일 압력을 맞춰주는 역할을 한다.

※《예열 플러그》

※ 스월 챔버 type은 예열 플러그가 나가면 시동 지연 및 시동 불능이 일어날 수 있다.

※〈예열 플러그 검사〉

A. 스코프 연결 — ① CKP (max 12.5V)
(모드 설정) ② CMP (max 10V)
③ 가열(예열) 전압 (max 25V) or 배터리 전압
④ 가열(예열) 전류 - 대전류 (max 100A) or 배터리 전류

B. 스캐너 연결 — 예열검사 (자동진단)

전류 ⇒ A. 예열선에 물리는 방법 B. 배터리에 물리는 방법 두가지다.

※ 테스트 방법 ⇒ Key off 후 바로 Key on → 예열 릴레이가 멈춘후 → 정지

※ 예열 플러그는 정특성이다.
즉 온도가 올라가면 저항값이 커진다
⇒ 그러면 전류값이 가파르게 떨어지면 떨어질 수록 정상이다.

52A 40A 58A 46A

(불량) (정상) A. 가열선에 연결 (편차 8A) B. 배터리에 연결 (편차 12A) ⇒ 정상치.

※ 배터리 전압 강하는 0.5V 이상 나면 정상이다.
※ 그래프 선도가 가파를 수록 빨리 달궈졌다는 뜻이다.
※ 얼마나 빨리 올라가서 얼마나 가파르게 떨어지느냐를 보고 정상 유무를 판단한다 (샘플링을 한다).
※ 편차가 20A 이상 떨어지면 정상이다.

※ 예열 플러그의 전류값은 차종별로 기준이 다르다.
⇒ 테스트를 해 보고 기준을 삼아야 된다.
ex) D엔진 ⇒ 50A - 정상　　쏘렌토 ⇒ 50A - 정상
스포티지 ⇒ 90A - 정상.
예외) 배터리 에서 전류를 측정하면 60A이상이 나와야 정상이다.

※ 예열 플러그 검사는 스코프와 스캐너를 동시에 봐야.
정확히 볼 수 있고, 전차종을 모두 볼 수 있다.

ex) 0V가 나오면 ⇒ ① 예열 플러그가 모두 나갔거나.
② ECU가 제어를 안했다는 것이다.
※ 예열 릴레이가 작동을 안했으면.
⇒ ① 냉각수 온도를 보고 (신형은 96°인 경우 제어를 않는다).
② 배터리 전압이 낮아도 예열을 작동하지 않는다.
③ 배선 불량.
※ 배선이 불량하면

※ U4 이상에서는.
예열 플러그가 나가면 흡기에 카본이 많이 낀다.

※ 흡입 공기량이 높아 질 수 있는 원인
⇒ 터보 이후의 누설 ① 검은매연이 나오면서 출력부족 ⇒ AFS값 낮아짐

② 검은매연이 안나오면서 AFS값이 높으면 ⇒ AFS자체 불량

※ AFS 수명 : 150,000km
⇒ 응답성이 떨어진다.

※ 매연이 안나오면서 공기량 값이 높으면
⇒ 무조건 AFS 불량 밖에 없다.

ex) 포터2 가속 불량 〈정상 데이터〉

(가속시)		〈정상 데이터〉
① 공기량	314 mg/st	1032 mg/st
② 레일 압력	1072 bar	1192 bar
③ 레일 목표값	1068 bar	1047 bar
④ IMV 전류	1207 mA	1202 mA

분석 ⇒ 흡입 공기량이 낮아서
ECU가 연료압력을 높이지 않는다.

원인 ⇒ 쓰로틀 플랩 진공 S/V 불량
⇒ 진공호스를 빼고 가속을 해 본다. (쓰로틀 플랩)
— 가속을 했는데 흡입 공기량이 줄어드는 사례
⇒ 흡기 막힘, 배기 막힘
⇒ 스톨을 3초이상 해야되는 이유

※ ④ 흡입 효율 = $\dfrac{\text{실린더당 흡입 공기량 (공전시)}}{\text{배기량 / 실린더수}} \times 100$

〈흡입 공기량〉.

※ AFS는 사용과정에 영향을 주지 않는다. (CRDI).

※ 풀가속시 흡입 공기량 = 공전시 흡입공기량 X 부스트 압력.

※ 흡입 공기량이 낮아질 수 있는 원인.

- ① 흡기 막힘. — 에어크리너 뚜껑을 연다 (막혀있었으면 바로 공기량증가)
- ② AFS 이후에서 터보관까지 누설. — PCV호스를 롱로우즈로 잡아본다.
- ③ 터보의 고착. — 거의 일어나지 않는다. (⇒공기량 상승 변화가 없으면 : 정상, 있으면 : 흡입쪽 불량)
- ④ EGR 밸브 열림 고착 (특히 전자 EGR)
- ⑤ 스로틀 플랩 닫힘 작동 불량. — 시동을 걸어놓고 공전시, 가속시 본다. (진공 S/V 불량)
- ⑥ 캠 팔로우 불량 — 펑펑 소리가 많이남.
- ⑦ 유압 태핏 불량 (캠 팔로워 불량)
- ⑧ 배기 막힘 — 촉매 이전의 볼트 2개를 풀고 공기량 값을 본다 (올라가면 ⇒배기막힘)
- ⑨ 진공 호스가 바뀌면 공기 유량이 적어진다. (EGR 진공)
- ⑩ CKP 불량 ⑪ 압축압력 불량 ⑫ 밸브불량 ⑬ 타이밍불량 ⑭ 인젝터 불량 (분사량이 적음)

※ 전자 EGR 밸브 커넥터를 빼면 닫힌다.

⇒ 두드리지 말것

⇒ QC에 활용

※ 배기가 막히면 ECU가 터보를 거의 제어하지 않는다 (VGT S/V 듀티)

※ 겨울철에는 촉매가 재생 능력이 떨어진다.

※ 싼타페 CM은 AFS가 내구성이 현격하게 좋아졌다.

※ ① 흡입 효율 = $\frac{\text{max때 흡입 공기량(4000rpm에서)}}{\text{공전시 흡입 공기량}} \times 100$

※ ② 흡입 효율 = 공전시 흡입공기량 X 부스트 압력.

~~※ ③ 흡입 효율 = $\frac{\text{MAX-P 흡입공기량(풀가속시)}}{\text{공전시 흡입 공기량}} \times 100$.~~

※ 흡입 효율성 검사
— ① 터보 장치
② 공기 계통
③ EGR 작동 상태
④ 흡기 카본 누적 (시동은 걸린다)
⑤ AFS 불량유무

※ 4만 km 이후 차량은 무조건 AFS를 교환해 주는게 좋다.
(아날로그 type)

※ 응답성 검사
A. — ① 急 가속시 — 2S 이내 < 현대, 기아 ⇒ 900 ~ 4400 ~ 4300 rpm
쌍용 ⇒ 900 ~ 3700 ~ 4000 rpm

② 急 감속시 — 3S 이내 < 현대, 기아 ⇒ 900 ~ 2300 ~ 2400 rpm
쌍용 ⇒ 900 ~ 1900 ~ 2000 rpm

B — 올라가는 상승 곡선이 ① 부드럽게 올라가면 ⇒ 정상
② 굴곡지게 올라가면
⇒ 40 km/h 이상 중속영역에서
주춤거림이 있다.

※ 急가속시 유지구간 2S 이상에서 드롭이 일어나면
⇒ 공기 계통 문제다. — 거의 AFS 불량이다.

※ 공전시 실린더당 흡입 공기량이
⇒ 350 mg/st이면 — ① EGR 열림고착
② AFS 자체 불량.
③ 터보 이전의 누설.

공전시 흡입 공기량보다 수치가 높게 나오면
⇒ 터보 이후의 누설.이다.

※ 가솔린. LPI. LPG → 공전시 흡입공기량은 25% 충도된다. (1/5을 채운다)
CRDI 차량 공전시 흡입공기량은 100%다.

※ 승용 디젤 흡입 공기량이 300 mg/st 에
⇒ 스로틀 플랩을 제어한다.
⇒ 잘 망가진다.

※ CRDI는 흡입 공기를 꽉 채워 놓고.
— ① 분사 시간
② 연료 압력) 으로 rpm을 제어한다 (rpm 불안정)
(연료 압력 조절 밸브)

※ 차종별 공전시 실린더당 흡입공기량 mg/st

① 싼타페 WGT.VGT ⇒ 430~450 mg/st

② 쏘렌토, 스타렉스(2.5) ⇒ 580~610 mg/st

③ 투싼, 스포티지 (D엔진) ⇒ 500~530 mg/st
(산소 체적이 잘다는 이유)

④ 봉고3.(2.9) J엔진 ⇒ 630~650 mg/st

⑤ 그랜드 스타렉스 (VGT) ⇒ 610~616 mg/st

⑥ 쏘렌토 R (2.2) ⇒ 530~550 mg/st
R (2.0) ⇒ 470~480 mg/st

⑦ 그랜드 카니발 (VGT) ⇒ 700 mg/st

⑧ 프라이드 U엔진 ⇒ 370~380 mg/st.

※ 엔진 출력이 안나와서 공기량이 적은지?
공기량이 적어서 출력이 안나오는지? 〉 구분이 쉽지 않다.

※ 가속시 연료 압력 조절밸브 듀티를 보고 판단한다.
듀티를 거의 제어하지 않으면 ⇒ 공기계통 불량
듀티를 충분히 제어 하면 ⇒ 연료 계통 불량 이다.

〈가속시 공기량이 줄어듦 (CRDI 차량)〉

ex) 싼타페 WGT 차량

rpm — 4436rpm

실린더당 흡입공기량 — 454mg/st, 304mg/st

⇒ 유지 구간에서 공기량이 줄어듦
가속을 해도 공기량이 전혀 늘어나지 않고
오히려 공전시 공기량보다 줄어든다
(가속 rpm은 4000rpm 이상 올라간다)

⇒ 원인
① 터보 액츄에이터 진공호스가 뒤 바뀌었거나.
흡기 저항 발생
② 터보 이전 흡기 막힘
③ 터보 액츄에이터 불량

⇒ 터보 이전 호스가 터지면
공전시 흡입 공기량은 정상
가속시 흡입 공기량 부족
가속시 흡입 공기량이 늘어나지 않는다.

※ 저속 영역에서는 통로를 좁혀 배기가스 흐름을 빠르게 하고 (초기 응답성 향상)
고속 영역에서는 통로를 넓혀 배기유량을 최대화하여 엔진 출력을 향상시킨다
터보 랙을 감소시킨다

* 가변 터보의 원리 (VGT)

⇒ 가변 베인의 각도를 바꿈으로서
가변 베인 사이의 최단 거리가 변화되는
배기가스 통로의 면적을 가변 시키는 것이
가변 터빈 노즐의 작동 원리다.

⇒ 배기 가스 통로의 면적이 작아지면
저속 회전 영역에서 응답성이 향상되고.

⇒ 배기 가스 통로의 면적이 커지면.
고속회전에서 효율적으로 터빈을 회전시킬 수 있다.

이렇게 폭넓은 범위에서의 성능 확보가 가능하다.

* 웨이스트 게이트 (WGT)

엔진의 회전수가 상승함에 따라 연소가스의 유량이
증가하여 터빈 휠이 받아들이는 팽창 에너지가 커진다.

괴급 터보는 가능한 한 엔진의 회전수가 낮은 상태에서
작동 하도록 설계되기 때문에
고속 회전 영역에서는
과잉된 배기 에너지의 일부를
터빈 휠로 이끌리지 않도록 바이패스시키는
구조가 필요하다.
여기에서
과급 압력을 엔진이 허용 가능한 최대 압력을
초월하지 않도록 제어한다.

※ 터보의 회사 ① 가레트 (Garrett)
② 보그너 (Borg warner).

< 터 보 > VGT, WGT. (Variable geometry turbocharger.
가하학

※ VGT 액츄에이터 (%).
40% 대 — 부스트 압력은 150 Kpa ⇒ 정상

ex) 부스트 압력이 120 Kpa 이라면. VGT는 40%대고,
⇒ 배압 누설.

※ 배압 누설 — ① EGR 밸브 열림 고착
② EGR 밸브 파이프.
③ EGR S/V
④ VGT S/V > 진공호스 빠짐.
등의 원인이다.

※ 터보 성능이 저하가 되어도. 풀 스롤때 공기량은 나온다.

※ 1500 rpm 영역에서 → 공기량이 600 mg/st 정도는 나와야 된다.

※ VGT 액츄에이터 정상 수치
— VGT 듀티 40% ⇒ 150 kpa
″ 30% ⇒ 165 kpa
″ 20% ⇒ 185 kpa
″ 10% ⇒ 200 kpa

※ VGT 듀티 10% ⇒ 출입문을 10%만 닫았다는 것이다.

※ VGT 듀티 75%는 가변 베인을 75% 만큼 닫고 있다는 것이다.

※ minimum flow 셋팅 (가버너 초기 셋팅).
※ 샤프트 모션 : 축방향 모션을 잡아주는 것이 ⇒ 스러스트 베어링이다.

※ 풀 스톨 때는 정상이고.
풀 가속시에만 흡입효율이 부족하면 ⇒ 터보불량.

테스트 : ① 머플러 볼트를 풀어놓고
⇒ 촉매가 처리 용량이 떨어져도.
② 에어크리너 뚜껑 열고.
③ 스로틀 흡입 진공호스를 빼놓고.
테스트 한다.

※ 고속 주행후 아이들 상태 유지 후 시동 off (쇠 고변)
⇒ 그렇지 않으면 터보가 잘 망가짐
엔진오일 자주 갈아주지 않은 차량도 터보가 잘 망가짐.

※ 흡입 효율이 ① 공회전시 – 정상 이고.
② 풀가속시 – 비정상이면 ⇒ 터보 불량.
③ 풀스톨시 – 정상

※ 터보 압력.
– 게이지 압력 ⇒ 웨이트 게이트 스프링 상수 – 0.8 bar
(nomal 상태) WGT – 1.1 bar
⇒ 터보가 작용하지 VGT – 1.3 bar.
않은 상태 (ex) 터보 가버너 불량 ⇒ 풀가속시 nomal 상태의 압력이 나오면)
※ 터보 압력은 풀가속시 보다 풀스톨때 많이 나온다.
터보 압력은 불량 ⟶ 정상 ⇒ 이면 정상이다.
※ 부스트 압력이 0.9 bar면 (풀가속시).
0.8 bar
0.9 bar ⇒ 진공상태다 – 터보 임펠러 고착.
– 점검 메세이 나옴.

※ 주행 중 가속 불량 현상.

— 가속때 진공해제가 늦어지면서 VGT 베인이 좁은 상태로 가속되면서
부스트 압력이 과다하게 올라간 경우
⇒ VGT S/V 불량.

※ 공전시 — 70% 제어 (정상일때)
가속시에는 듀티가 떨어지면서 베인 상태를 넓혀
부스트 압력을 상승시킨다. — 정상

※ 가속했다 놓았을때 진공이 제대로 해제되지 않으면.
베인이 좁은 상태에서 배기 압력이 커짐으로서
인터쿨러에 과다한 부스트 압력이 걸리게 된다.
⇒ 그러면 주행중 울컥거림이 심함.
EGR 불량으로 인한 가속시 울컥거림 보다 심하다.
⇒ 고장 코드 : 부스트 압력 과다.
⇒ 고장 코드 점등시 3000rpm 으로 림프 걸림
⇒ 목표 부스트 압력 보다 실제 부스트 압력이 크게 상승한것이다.

※ ① APS
② VGT S/V 듀티
③ 부스트 압력

83%
76%
40%
20%

※ VGT S/V 불량 ⇒ ① 연료차단 — 비실행
② EGR 중지 — 실행
출력 부족 ⇐ ③ 연료 제한 — 실행
④ 체크 램프 — 비점등

※ 터보가 망가지면 최고속도가 제일 많이 떨어진다.

(공전시) (스톨시)
※ 싼타페 CM 이전은 트라제XG, 싼타페(구) 은 WGT — 65% — 35%
VGT — 50%
⇒ System적으로 안정화가 안된 상태다
⇒ CM 이후에는 VGT 듀티가 75% (공전시) 다.
※ 가속도가 높으면 압력이 상승하고, 열이 상승한다 (대중의 원리)

※ VGT S/V 듀티 신호는 나오는데 부스트 압력이 안올라가면.
⇒ 터보 불량이다. ─ ① 가버너 로드가 잘움직이는지 육안으로 확인.
② 터보 임펠러 손상유무 육안 확인.
③ 터보 샤프트 유격 (엔드플레이) 확인
⇒ 0.3mm 이내 정상.

※ 터보의 종류 ─ ① 스쿠프 터보
② 갤로퍼 터보
③ 스포티지 터보
④ 싼타페 터보
⑤ 무쏘 터보
⑥ 스타렉스 터보.

※ NA 터보.
⇒ 흡입 관로의 길이를 늘리면
관성력이 커져서 터보의 압력이 높아진다. (고속주행에 유리하다)

※ VGT의 원리 : 베르누이의 원리 ⇒ 분무스를 막는 원리다.
저속운행하면 카본이 많이 낀다.
⇒ 공전시에는 70% 만큼 닫고 있다가
가속을 하면 20% 만큼만 닫고 있다는 뜻이다.

<item> ※ 그랜드 스타렉스 ⇒ 진공 가버너가 잘나간다. (약방의 감초)
VGT 가버너의 진공력이 떨어진다 (진공 마이티백 사용)
⇒ 정품 터보 가격 ─ 960,000원
공임 ─ 300,000원
Vat ─ 126,000원
) T: ₩ 1,386,000원.
⇒ 수리를 권장해라 ─→ 가버너만 나온다 ⇒ 89,000원.
⇒ 3대분을 준비해 놓는다.
⇒ EGR 진공호스와 바뀔수 있다 (항상 참고 체크 한다)

※ VGT S/V 듀티 신호는 나오는데 부스트 압력이 안올라가면 (가속시)

⇒ 터보 불량이다

— ① 터보 가버너 로드가 잘움직이는지 육안으로 확인.

② 터보 임펠러 손상유무를 육안으로 확인.

③ 터보 샤프트 모션 (엔드플레이) 확인 — 0.3mm 이내 정상.

0.3mm 이상이면 → 스러스트 베어링 불량 — 터보불량

※ 흡입 공기량이

⇒ 공전시는 — 정상 > AFS 불량이 아니다

가속하면 — 낮아진다 ⇒ 터보 불량이다 (가버너 불량)

※ VGT 시스템 작동 금지 조건 (8가지).

1. 엔진 회전수가 700rpm 이하인 경우
2. 냉각 수온이 약 0도 이하인 경우
3. EGR 관련 부품이 고장인 경우
4. VGT 액추에이터가 고장인 경우
5. 부스트 압력 센서가 고장인 경우
6. 흡입 공기량 센서가 고장인 경우
7. 스로틀 플랩 장치가 고장인 경우
8. 가속페달 센서가 고장인 경우

가변 용량 터보 차저를 ECU는 제어하지 않는다.

※ 〈VGT 듀티값 S/V〉 스톨시 기준 : 35~45%

30~50% (정상으로 본다)

※ 스톨시 min값이 중요하다.

엔진 형식	공전시	스톨시
U 엔진	60%	40%
S 엔진	80%	50%
A 엔진	65%	45%
J 엔진	50%	45%

※ 우리나라 에서는 1993년 싼타페에 처음으로 VGT 장착
①출력과 연비를 높이고
② 배기가스를 줄이고
③ 터보 랙을 줄여서 초반 가속성능을 개선하였다.
※ WGT 볼 베어링 터보는 저널 베어링 보다 응답성이 30% 빠르다.
※ 샤프트 모션 : 축방향 모션을 잡아주는 것이 ⇒ 스러스트 베어링이다.
※ minimum flow 셋팅 ⇒ 가버너 초기 셋팅.
① 초기 성능. ②전체적인 터보 성능에 영향을 미친다.
③장비로 세팅을 한다.
※ 터보는 초당 4000번 이상을 회전하는 고속회전체 이다.
※ 컴프레셔 휠 파설은.
총알이 총열의 강선을 따라 회전하듯 강력한 힘으로 하우징을 뚫고 나갈수 있다.
※ 터보 회사 ⇒ ①garrett ② Borgwarner

※ 3000rpm cut(제한) <fail 시킴>
① DCT 점등 — "부스트 압력 높음 or 낮음" ⇒ ①터보 불량
②VGT 엑츄에이터 불량
⇒ VGT 엑츄에이터 불량
③ 진공 호스 불량
④ 진공 불량
② P 0488 : "LP-EGR 성능 이상"
HP-EGR 진공라인과 LP-EGR 진공라인을
같이 사용하는 이유로
HP-EGR S/V 진공라인 문제로
LP-EGR이 작동 불능 — 페일 세이프 됨
정확하게는 HP-EGR 쿨러에 장착된 진공가버너 불량

정상일때 진공 : - mmHg

※ 봉고 3.

문제의 배선 — ① 연료 압력 조절밸브 배선

⇒ 밋션 옆 커넥터가 탄다 (하단).

② AFS 배선

⇒ 엔진 진동시에 프레임 중간에서 끊어진다.

③ ECU 커넥터에서 배선이 자주 빠진다.

(카니발도).

※ 봉고 3 — 매연 ⇒ ① 인젝터 교환

② 흡기 청소.

③ EGR 밸브 교환.

④ ECU 업그레이드.

⑤ AFS 교환.

※ 봉고3 구형만 코치로 들어감. 비번을 입력 (⇒인젝터 비번).

예) 4X900 (X 빼고) ⇒ 4900 ⇒ 비번 (비밀번호).

※ 쏠렌토

⇒ 스타팅 모터를 개선품으로 바꿔 준다.

⇒ 210 rpm 이상 나와야 된다.

매연 (smoke)

※ 검은 매연 → 출력 부족 → 공기 부족, 연료과다 (공기와 주로 불).
→ 연소가 이루어진 연소.
⇒ 연소실 안에 연료 대비 공기가 모자람 (연료가 많았거나).
⇒ 흡기, 배기쪽 문제다. (흡, 배기 저항, ACV 불량).

흰 매연 → 오일연소, 부동액 연소, 화염 전파가 상실된
(20%) (80%) 경우를 말한 연소
→ 연소가 안 되서 나오는 연소.

※ 인젝터 동와셔가 뜨면
⇒ 폭발가스가 리바가스로 나온다.
⇒ 블로 바이 가스 발생이 많다.
⇒ 엔진 오일 주입구 캡을 열어본다. (피핑핑 금속성 소음이 난다).

※ 냉간시 백색 매연 → 부동액이 샐 수 있다.
→ 헤드 가스켓 문제다 (4번).

<매연이 발생하는 차량. 점검>

1. 엔진의 파워 밸런스.
① EGR 부설과 인젝터 동와셔 상태확인
② 흡기쪽 ACV 탈거 후 확인
③ 배기 머플러 탈거 후 확인

2. 부조 하는지

3. 진동이 있는지.

4. EGR 과 흡입 공기량과 연동관계

5. 터보의 과급량과 제어 관계.

② 흑연 진단. 흑연 : 불완전 연소.

1. 연소 공기부족 - A. EGR 고착
① 저속에서 부조
② 가속불량 동반.

B. 공기누설
① 고속, 부하시
미세 가속불량 동반

2. 무화 불량 (인젝터)
- A. 동와셔 밀착 불량

B. 파이럿 분사 불량
IQA 인젝터 다량발생. 육안 매연 없으나
C. 분사 노즐 불량 검사 불합격.

Tip) AFS 불량으로 공기량 값이 나오지 않으면
연료 보정이 이루어지지 않으므로
매연은 나오지 않는다.

※ 매연이 안나오면서 공기량 값이 높으면
⇒ 무조건 AFS 불량 밖에 없다.

〈R엔진〉 스톨시 연료/공기량 기준.

2011년식 이상 대부분 스톨 제한
⇒ 브레이크 S/W 단선 시키면 가능 (자격을 갖는다)

		스톨시	공전시
연료 ⇒	회전수	2300 rpm	800 rpm
	레일 압력	1400 bar	313 bar
	레일 조절 밸브	42~45 ~~bar~~ %	21%
	연료 조절 밸브	30~33%	28%
공기 ⇒	실린더당 흡입공기량	1200~1300 mg/st	462 mg/st
	부스트 압력(BPS)	2.2~2.5 bar	1.0 bar
	VGT 듀티	60~70%	80%

(1.0bar에서 2.3bar까지 올라는 시간 2.1초)
(이때까지 제어하는 VGT 듀티)

※ 스톨 테스터는
정지 상태에서의 최대 엔진부하를 만들 수 있는 방법이 된다.
이 경우 엔진회전수 및 각종 출력값 또한 유사한 결과치가 나와야 한다.

※ 〈연료압력 조절 밸브 스톨 데이터 정리.〉

조건 : 스톨 테스트 실시 — 2400 ~ 2500rpm 기준

엔진 형식	정상범위	정비 한계값(고장)
D (U3)	40~45%	50%이상
D (U4)	(레벨) 40~45%	50~55%
	(보쉬) 27~25%	23~20%
A (U3)	1100~1050mA	1000mA이하
A (U4)		
A (2008년 8월이후)	22~25%	27%이상
J (HK델파이)(U3)	27%이상	25%이하
J (HK델파이)(U4)	750~700mA이상	650mA이하
상용 (U4)	550~580mA이상	500mA이하.

※ 연료 압력 조절 밸브 기준 데이터

엔진 형식	정비 한계값(고장) 공전시	스톨시	스톨시 압력 및 rpm	
D엔진 (U3)	16%±2	45%±2	1200bar±50	2400rpm
D엔진 (U4)	16%±2	45%±2	1450bar±50	2500rpm
	32%±2	30%±2		
R엔진 (U5)	20%±2	45%±2	1400bar±50	2300rpm
	32%±2	30%±2		
A엔진 (U3)	1400mA±50	1100mA	1300bar±50	2500rpm
A엔진 (U4) (그랜드스타렉스)	20%±2	45%±2	1400bar±50	2200rpm
	38%±2	35%±2		
A엔진 (126PS) (08년 8월 이후)	20%±2 (Nomal close)	25%	1400bar±50	2300rpm
A엔진 (133PS) (A2 엔진) (2012년 이후)	40%±2	35%±2	1400bar±50	2200rpm
J엔진 (U3)	32%±2	27%±2	1400bar±30	2500rpm
J엔진 (U4) VGT (그랜드카니발, 봉고3)	870mA±50	750mA±50 (700mA)	1500bar±50	2500rpm
U엔진	20%±2	48%±2	1500bar±50	2800rpm
	38%±2	32%±2		
U2엔진				
쌍용 U3				
쌍용 U4		580~550mA 이상 (500mA 이하)		

1. 서압 게이지를 걸어. 가속시 서압이 얼마나 걸리는지를 본다 (차량마다)

18

촉매(산화, 환원) / (DPF) 매연

<에코스 스로틀 바디(ETS) 리셋>

⇒ 학습량이 과도할때.

① 배터리 분리 (15분정도) - Key를 빼고

② Key on 후 바로 Key off 후 Key 뽑기.

③ 조수석에서 딸깍 소리나면 리셋 끝.

④ 시운전 학습.

<배기 가스 강의>

1. 1회 농후. 정의
2. 2회 이봉우
3. 3회 촉매기와 병합
4. 이봉우 분석 7단계
5. 최신형 엔진 촉매전 – 3개월

※ 요즘 차량은 배기가스를 기준으로 해서 만든다.
배기가스 장비의 활용은
수리 전, 후 데이터를 가장 설명하기 좋다.

〈촉 매〉

※ 촉매가 활성화 되면 4~6배 가량의 배기가스를 줄인다.

※ 확인 방법

촉매를 탈착해서 작업등을 비추고
촉매 막혔을 본다.

※ 촉매가 없으면
배기가스가 최소 6배~12배의 유해가스가 배출된다.

※ 촉매는 2쪽이다.
1쪽은 산화 : 산소를 붙여주는 역할
한쪽은 환원 : 산소를 분리시켜주는 역할

⇒ 산화. 환원 촉매 — HC. CO. NOx.

※《불완전 연소를 하면 나오는 배기가스》

※ ① CO↑, HC↑ ⇒ 연료 농후 — 인젝터 불량.

② HC↑ ⇒ ① 실화.
(생 휘발유 / 타지 않은 휘발유) ② 적은 공기량 / ③ 과다 연료) ⇒ 점화 계통 불량

③ CO↑ ⇒ 공연비 희박 ⇒ 밸브 불량.
(덜탄 휘발유) 희박할때 많이 나옴.

④ NOx ⇒ 기계적인 불량
ex) ① EGR 불량
② 촉매 불량

※ 배출가스 장비로 CO를 보고
⇒ 메인 듀티값을 맞춘다.

※ ① 배기 가스 — 송영배 기능장
② 땅에서 구름까지 — 80%
③ 이봉우 — 전자제어 프로되기, 본색 7단계.

※ 인젝터 분사 파형
산소 센서 파형 > 을 보고 분석한다 (스코프 파형).

《배기 가스 기준》

※

	정비기준	검사기준
① CO (0에 가깝게 나온다) (덜탄 휘발유).	0.5%를 넘으면 안된다 (0.3%이하)	1.1% 이하
② HC (생 휘발유↑) (타지 않은 휘발유)	50ppm 이하. (20~30ppm이하)	220ppm
③ NOx	~~50ppm 이하~~ 200~300ppm이하	1200ppm 이하.
④ CO_2.	13%	13%
⑤ O_2	1%	
⑥ λ	1	
⑦ AFR (공연비)	14.75:1	

(Air fuel Ratio) : 혼합기 비율
⇒ 부족성 < 수치가 높으면 — 희박 (ex) 22.9:1 ⇒ 희박)
수치가 낮으면 — 농후

⑧ 매연 (CRDI)	10% 이하	20% 이하.

※ 산화 하면 — 공연비 피드백 제어를 하지 않는다.

※ 견례의 라이더 공식.

연료	가솔린	경유	LPG	메탄
이론공연비	14.7:1	14.8:1	15.8:1	17.4:1

$$\lambda = \frac{\text{실제 흡입된 공기량}}{\text{이론 공연비 } 14.75:1} = 1$$ 이면 완전연소됨.

※ λ > 1 ⇒ 희박
λ < 1 ⇒ 농후

(작으면) λ < 1 (~~희박~~) → 농후
(크면) 1 < λ (~~농후~~) → (희박)

(질소산화물)
※ NOx ⇒ 연소실 열과 밀접한 연관이 있다.
⇓
표시방 걸린다. (연소실의 온도를 낮추면 저감된다)
⇓
EGR 장착해서 15~20% 감소
⇓
나머지는 (NOx는) 촉매에서 산화 환원 시킨다.

⇒ NOx를 검고 EGR의 불량 유무를 알수 있다.

⇒ 희박 할때 — 연소실 온도가 ↑ 상승한다.
농후 할때 — 연소실 온도가 ↓ 내려간다. (연소실 온도를 낮추어 준다.)

앞 / 뒤

촉 매

전단온도 / 후단온도

⇒ 온도차가 많이 날수록 건강하게 작동을 한다는 뜻이다.

※《배기 가스로 알수 있는 것》
— ① 점화 계통 불량
② 혼합비의 상태
③ 배기 계통 누설.
④ 기계적 마모. (cam 양정 마모를 알수 있다).

※
※
※ 농후 < ① 연료 정상 공기가 적게 들어간다.
② 공기 정상 연료가 많이 들어간다.

희박 < ① 연료 정상 공기가 많이 들어간다.
② 공기 정상 연료가 적게 들어간다.

※ AFR (혼합기)로 해결 《혼합기 상태로 알 수 있는것》
— ① 흡입 공기 (도둑 공기)
② EGR 밸브 열림 고착.
③ PCV, PCSV > 불량
④ 헤드 불량 ⇒ 밸브 밀착 불량, 캠 양정 마모

※ PCV 불량. (가속건).
⇒ 주행중 흰연기가 나왔다 안나왔다 하면. PCV 불량이다.

※ 헤드 커버 내의 흡기호스가 막히면
PCV 밸브가 작동시 (가속시) 불을 수 있다.
⇒ 대기압 호스 불량.
⇒ 헤드 커버 불량.

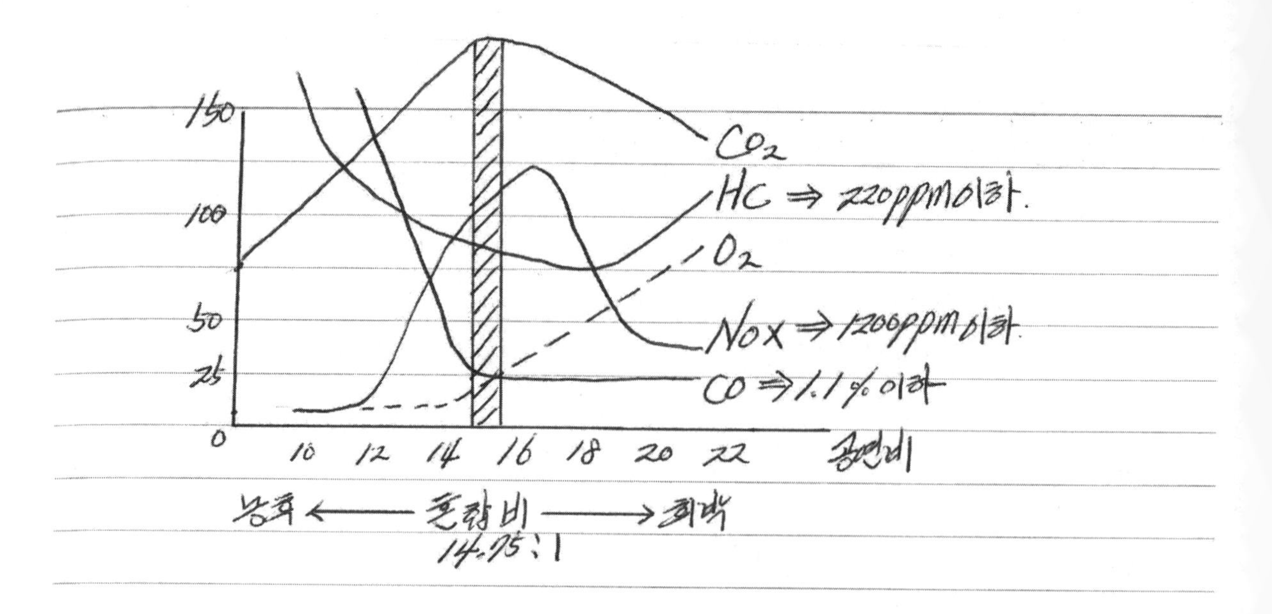

※ 대기 중의 공기 ⇒ 질소 – 78%
산소 – 20.8%
기타 – 1.2%

※ 촉매 백금, 로듐, 파라듐 } 촉매제.

C_8H_{18} ⇒ 휘발유

※ CO_2 ⇒ 13.5%↑이면 정상이다.

※ O_2 ⇒ 0.98~1.1%면 정상이다.

※ 신차 ⇒ CO – 0%
HC – 0ppm (0~20ppm: 1년된 차량)

※ CO < 농후: 多 – CO_2화 되지 못함 (산소가 부족하기 때문).
희박:

※ CO + CO_2 = 13% 이하면 산소센서 이후에 가스켓 누설
CO + CO_2 = 13% 이하 이면서
O_2 = 5% 이상 이면 ⇒ 소음기 터짐.

※ Nox 수치가 높으면 엔진이 열받고 있다는 것이다.

※ <배출 가스 제어 관련 단품 센서>

① APS
② TPS
③ 산소 센서
④ AFS
⑤ EGR 밸브

※ 배기 가스 색상별 분류.

① 청연
② 백연
③ 흑연
④ 수증기.

〈촉매 막힘 점검〉

증상 ⇒ ① 가속 불량 (가속시 울컥거림)
② 시동 꺼짐
③ 출력 부족 (오르막 길에서)

점검 방법 ① AFS 파형
② TPS 파형
③ 산소센서 파형 (FR) B_1S_1
④ 산소센서 파형(RR) B_1S_2

테스트 ⇒ 가속 해본다
2000rpm 가속 (5초 유지)
풀가속 (3초 유지)

① 산소센서 파형이 전.후방 모두 피드백을 하면
촉매의 담체가 없거나 뚫려 있다 (열간시)

TPS

AFS

촉매 막힘
가속불량.시동꺼짐

정상

<CRDI. 매연>

B. 흰색 매연 — 화염전파가 안된 연소. (경유를 끓인 연소).
(백색 매연) — 연소가 안되서 나오는 연소 (경유가 끓여져서 나온다)
— 오일 연소, 각동액 연소 (경유가 데피져서 나온다)
(20%) (80%)
— 물이 혼유되면 데워 나온다.
※ EGR쿨러, 헤드 가스켓
— 폭발되지 않은 연소.
— 인젝터 분사 각도 불량 (동와셔 고장), 인젝터 과다분사

※ 냉간시 백색 매연 — ⇒ 예) 카니발 주행중 가속이 안된다 → 되었다 하면 정상이다. / 각동액이 안줄었다. / ⇒ 헤드 가스켓 문제다 (4번)

※ U3 — 공전시 검정매연 ⇒ 터보가 나갔. (흡, 배기는
U4 — 공전시 흰색매연 ⇒ 터보가 나갔. (흡. 배기 크리닝은 무조건 해야한다.

※ 터보가 나가면 기본적으로 흰매연이 나온다
⇒ ECU가 분사량을 늘리지 않는다.
※ 과도한 터보 불량 — 흰매연
어설픈 터보 불량 — 검정 매연

※ 흰매연이 나오고 ① 주행중에는 안나오고
② 신호 대기시에만 나오면 ⇒ EGR 쿨러 불량.
흡기 매니폴더 흡기호스를 뺐을 때 안쪽에 수분이 있으면.
⇒ EGR 쿨러 불량.

※ 백색 매연이 주행중 계속 나오면 ⇒ 오일이 타서 나오는 차량
⇒ 인젝터 동와셔 불량 or 터보 불량
※ 예) 쏘렌토 CM 시동을 걸고 나서 흰매연이 나오면 ⇒ 예열플러그 불량.

〈CRDI 매연〉

A. 검정 매연 — 연소실안에 연료대비 공기가 모자람. (연료가 많았거나)
(흑색 매연)
— 출력 부족
— 공기 부족. 연료과대 (공기 위주로 봄).
— 연소가 이루어진 연소.
— 화염 전파가 일어났다.
— 흡기막힘. 배기막힘 문제 (흡, 배기 저항 문제).

※ 검은 매연 조건.
⇒ 연소실에서 공기가 부족할때
⇒ 흡기. 배기 저항 및 막힘
> 매연 발생

※ 터보 이후의 누설 — ① 검은 매연 — AFS값 높아짐.
— 출력 부족
② 검은매연이 안나오면 — AFS 불량

※ AFS 와 터보사이에 공기누설
— 매연 안나옴 — AFS값 낮아짐.
— 출력 부족.

※ 오일이 많이 먹는 차량은 100% 촉매 막힘.

※ 청색 이면서 매연이 과다 발생하면
— 인젝터 흑색이다.

※ 커버링 코드가 뜨면 100% 매연이 나온다.

※ 스포티지 DPF 재생 실패
원인 — ① 차압 센서 배선 단선
② 차압 호스 파손
③ DPF 불량.

※ DPF 재생 조건 — 연기 풀려하

※ 주행중에 흰연기가 나왔다 안나왔다 하면
— ① 맵값이 올라간다.
② 흡기 누설, 퍼지 검사
③ PCV 불량
⇒ Engine 프리싱을 한다 (PCV 밸브 청소)

※ (바이스
홍 코우조, 액체식 케미컬 ⇒ 특공 준비.

※ 델코 시리즈 (현대 EF, 에쿠스, 뉴EF) ⇒ 서비스 속도가 느리다.

※ PCSV가 불량하면. (① 흡기 ② 연료) ⇒ 둘 중 하나를 같이 수리한다.

A. 연료 과잉만 하면 — ① 시동 지연, 시동꺼짐. ⇒ ① 베르나.
② 출력 부족 ② 세피아
③ 열 받으면 시동지연 ③ 누비라 시리즈.
계열이 심하다.

B. 퍼지가 열려 있으면 연소실은 희박하다.
C. 퍼지 호스를 잡았을때 인젝터 분사시간이 줄면 ⇒ 불량.
D. 주행중 가속시 시동이 꺼질수 있다. (고속도로 에서)
E. 에쿠스 차량은. 퍼지 호스를 빼서 진공게이지로 본다. (반드시)

DPF (Diesel Particulate Filter)

정의 : 배기가스 중의 PM을 포집하여
후분사를 통한 DPF전단의 DOC촉매를
550~600°C로 상승시켜 PM을 연소시키는
필터다.

※ PM (particulate Matter)
: 고체 상태의 미세한 물질
(입자성 물질, 검댕이)

※ DOC (Diesel oxidation catalyst)
: 디젤 산화 촉매
⇒ ① CO, HC를 80% 정화
② 매연 연소 온도 확보 (550-600°C)
촉매 발열온도.

※ DPF 강제 재생 모드 조건
① 냉각수온 70°C 이상
② 변속레버 P 위치
③ 공회전
④ 전기 풀부하
⑤ 에어컨 최대

※ DPF 과다포집의 원인
① 인젝터 동와셔 밀착 불량
② EGR 고착
③ 터보이후의 흡기호스 터짐

※ 현대, 기아 U5 기준 DPF 재생 조건

1. 주행거리 500~600Km 초과시 가동
2. Soot 축적량 16.5g 포집시 가동
3. 차량 시동 후 15시간 경과시 가동.

※ R엔진 DPF 870,000원

위 세가지 조건중 한가지라도 충족하면
DPF 자기청정기능 (일명 자기재생)을
수행하는 것으로 알려져 있다.

※ 모하비 S2 엔진은 soot 축적량은 16.5g이 아니라
25g 포집시 가동된다

예) 18년형 투싼IX가 2000km 주행후
P200300 "DPF 효율 저하" 경고등이
점등된 이유는
도심 시내 주행과. 저속으로만 주행했기
때문에 자기 재생기능을 하지 못한이유다.

※ 위 차량 같은 경우는 정비소에서 강제재생을
주기적으로 해주는 방법이 최선이다.

※ 강제 재생 조건(DPF)
① 냉각 수온 70°C 이상
② 변속레버 P
③ 엔진 공회전
④ 전기 풀부하 작동 (A/C, 블로워최대, 전조등, 열선 등)

19

ABS

<ABS>

※ ABS 휠센서 고장코드.

— ① 톤휠 갯수

② 쇳가루

③ 레퍼런스 전압 — 불량 — ABS 모듈 불량.

— 휠 스피드 센서가 탄것은 ⇒ 베어링 불량.

※ 무선 파형이

⇒ 베어링 유격이 생기면 위의 파형이 나온다.

20

스코프 모드 설정 (Oscilloscope)

1. 타이밍 동기, 압축압력, 흡배기 저항 검사.
2. 점화시기, 정밀 압축 압력 검사.
3. 흡기 매니폴드 압력 (맵값) 검사
4. 실린더 흡입 편차 (밸브) 검사
5. 스톨 공연비, 점화 2차 검사.
6. 스톨 공연비, 인젝션 제어 검사.
7. 인젝터 순차성 검사(인젝터 분사시간 제어 편차 검사)
8. ISC 제어 (시동, 패스트아이들, 아이들, 부하보상) 검사.

※ ① 머리는 생각하고
② 눈은 파형을 보고
③ 손은 일을 하고
④ 엉덩이는 진동을 감지하고
⑤ 귀는 소리를 듣는다.

※ 스코프
⇒ 기계적인 작동조건을 파형으로 환원해서 보기 위함.
그러면 원리가 확실해진다.

⇒ A. 기계적인 불량을 확인하는 것이다.
① 압축 압력
② 캠변 파형 (실린더 흡입 편차)
③ 타이밍 동기 파형
④ 흡, 배기 막힘 파형
⑤ 오일 순환계

B. 센서류의 이상 유무 확인 (센서의 오작동 유무 확인)
시그널 이상 유무 확인

C. 시뮬레이션
액츄에이터 기능.

D.

주의사항 : ① 탐침을 아끼지 마라.
② 한번 꺾였던 탐침은 다시 펴지 마라.
③ 복합 측정을 하라. (그룹 측정) (멀티 측정)
< 연관성 검사
동기성 검사

④ 배터리가 노후되면
배터리 ⊖단자에 연결하면
노이즈가 생기거나 파형이 지저분하게
표출된다.

※ 1. 〈타이밍 동기, 압축 압력, 흡배기 저항 검사〉

⇒ 스타팅 모터 소모 전류를 이용 (크랭킹 시).
⇒ 압축 압력 검사는 5분이상 걸리지 않는다. (10분 이상?)

A. 스코프로 설정 — ① CKP
② CMP
③ 상대 압축 압력 편차 (대전류)
④ 흡기 매니폴드 압력 (맵값)

B. 스캐너 설정.
⇒ 시동 지연 불량 검사.

테스트 방법 — ① 크랭킹 10초씩 3회 반복 (반드시 중간에 10초씩 쉰다)
② 배기 막힘은 촉매 장착 위치에 따라 10초씩 3회 이상을 해야 나타날 수도 있다.
③ 모든 부하를 끄고 테스트 한다. (무부하 상태)

테스트 조건 — ① 모든 인젝터 커넥터 탈거 (용량 커넥터 탈거)
⇒ 시동이 걸리지 않게 하는 조건.
② 악셀 페달을 밟지 않고 크랭킹 한다.
⇒ 흡기, 배기 막힘을 보기 위해서.

<analysis> (알수 있는 것들) — ① 압축 압력 (상대 평가).
② 타이밍 동기, CKP, CMP 불량유무
③ 흡기 막힘 (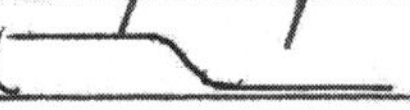) ⇒ 맵값 선도가.
④ 배기 막힘 () ⇒ 맵값 선도가.
⑤ 맵값 확인 (정상 : 210 ~ 230 mmHg)
⑥ OCV 불량 유무
⑦ 시동 지연 및 불량 검사 (정상 : 1초)
⑧ 접지 불량, 스타팅 모터 불량 ⇒ 파형 선도에 노이즈가 끼면 (압축파형)
⑨ 헤드 가스켓 불량 ⇒ 연이은 실린더의 압축압력이 안나오면
⑩ 메탈 베어링 불량 유무
⑪ 배터리 불량유무 ⇒ 10 mmHg 이상은 불량

※《타이밍 통기로 알수 있는 것들》

① 타이밍 넘음.
② 타이밍 통기는 스코프로 통기 시점을 확인한다.
③ CKp. CMp 센서 감도 문제 확인
④ 풀리이 휠 통기 변형 및 틈음 확인 (솔리드 판 변형)
⑤ 에어갭 이상 (CMp 통기 변형)
(진폭이 넓어졌다. 좁아졌다 하면 X)
⑥ 엔진 회전수 계산 ($\frac{60{,}000}{\text{한사이클 주기시간}} \times 2$)
⑦ 파워 베이스 결함 유무 (접지 레벨이 뜨면)
⑧ 배터리 불량 유무 (CMp 파형에서 통기 부분이 나타나면)
⇒ CMp 파형 → 배터리 전원 전압 불량
⑨ 공전시에 타이밍 통기를 보면 한두코정도 차이가 날 수 있다.
⑩ 시동 지연 및 불량.
크랭킹 해서 시동이 걸릴때까지의 시간이 0.5S면 ⇒ 정상
⇒ 1초를 넘어가면 시동성이 불량하다는 것이다.
⇒ 이때 CKp 파형에 노이즈가 심하면
→ 역화 또는 시동지연이 발생한다.
⇒ 진폭이 커지는 데 까지가 시동시간으로 보면된다.
⇒ 엔진이 < 450 rpm 미만이면 시동이 꺼졌다는 뜻이다
450 rpm 이상이면 시동이 걸렸다는 것이다.
⑪ 타이밍 벨트 장력 검사 (공전시).
⇒ 악셀 페달을 탁. 탁 탁 했을때
통기시점이 변하면 장력 늘어짐이 있다는 것이다.
⑫ OCV 밸브 검사.
⇒ 가속을 하면서 본다 — 통기의 변화량이 잘 움직여야 한다.
⇒ CVVT가 불량하면 — 중속 영역에서 진다.

※〈맵값을 보고 알수 있는 것들〉

— ① 흡기 막힘 (‾‾‾‾‾‾＼______) max 754mmHg → 50~60mmHg 정도 떨어지면 ⇒ 정상

② 배기 막힘 (‾‾‾‾‾＼/‾‾‾‾‾)

③ 기계적인 문제 인지 (맵값이 300mmHg이상이면)

④ 점화 결함 인지. (맵값이 기준치 보다 30~50mmHg 정도 높으면)

⑤ 연료 계통 문제 인지 (맵값이 기준치 보다 30~50mmHg 정도 높으면)

⑥ 밸브 파형 (Ac. peak 높고 보면)

⑦ 배터리 불량인지 (10mmHg이상이면 배터리 불량)

⑧ 부하량으로 엔진부하인지, 미션부하인지 단박에 볼수 있다.

⑨ 주행중 시동이 꺼진다면 → 맵값을 먼저 본다.

⑩ 산소센서가 정상 피드백 하지 않으면
맵값이 30~100mmHg 까지 올라간다.

⑪ 맵값이 오르락 내리락 하면 (공전시) 사이사이 정상으로 돌아오고.
⇒ 유압 태핏 결함.

⑫ EGR 포트가 새면
- 맵값이 높은 채로 춤을 춘다.
- 산소센서는 농후 패턴을 그리고
- 연료 분사 시간을 줄인다.
- ⊖ 학습을 한다.

⑬ 타이밍이 늦으면 80mmHg 이상 올라간다. (맥조는 일정한다)

⑭ PCSV가 불량하면 맵값에 영향을 주지 않는다.

※ 상태 압력의 전류값이 상승하면 엔진이 무겁게 돈다는 것이다 ⇒ 기복이 심하다.

※ <크랭킹시 스타터 모터의 소모 전류를 보고>

— ① 엔진의 무거움을 알 수 있다.

② 압축에 수가 높거나 낮으면

③ 디젤 — (240A) 정도가 정상이다. (무부하 크랭킹시)

ex) 메탈 베어링이 무거우면 350A 정도 나온다

⇒ 불량하면 100A 이상 올라간다

가솔린 — (180A) 정도가 정상이다 (무부하 크랭킹시)

ex) 메탈 베어링이 무거우면 230A 이상 나온다.

⇒ 불량하면 50A 이상 올라간다.

※ CRDI는 흡배기가 막히면 파형 선도가 줄어든다.

※ 상태 압력 선도가 낮아지면 — ① 흡기 막힘

② 배기 막힘 이다.

⇒ 막히면 줄어든다. (크랭킹 10초씩 3회 반복)

※ <배터리(Battery) 성능 검사.>

⇒ 엔진 상태가 정상인데 → 맵값이 올라가 있으면

⇒ ① 배터리 ⊖ 단자를 탈거 해 본다.

② 맵값이 10mmHg 이상 떨어지면 ⇒ 배터리 불량이다.

③ 충전 전류값이 3~4A 미만이면 ⇒ 정상

3~4A 이상이면 ⇒ 배터리 불량이다.

④ 배터리는 교환 시기보다 활성화 성능이 더 중요하다.

⑤ 배터리가 망가지면 모든것이 망가진다.

⑥ 배터리 단자는 납단자를 사용하지 마라.

(메라 크루즈용으로 사용)

※ 맵값 상승 요인 ─ ① rpm이 떨어지면 맵값이 올라간다.
② 연료가 희박하면
③ 배터리가 불량하면 맵값이 올라간다.

※ 전 세계 모든 차량의 90%는 맵값이 250mmHg 미만이다.

※ 연료가 희박 → map값 상승↑ → 불완전 연소 → ⊕학습을 한다.
연료가 농후 → map값 하락↓ → 완전 연소 → ⊖학습을 한다.

※ 〈차종별 map값 기준치〉

─ 1. 시리우스 Engine ─ 250mmHg(정상)
─ 260~270mmHg (실차 편차치)

2. 쏘나타. I.II.III. SOHC ─ 240mmHg (새차일때)
250mmHg (실차 보편치)

3. 그랜저 XG 2.5 ─ 240mmHg

4. 에쿠스 3.0 ─ 240~250mmHg.

5. 아반떼 β계열 ─ 210~220mmHg (티뷰론, EF쏘나타 β엔진 포함)

6. 싼타모 LPG ─ 200~210mmHg (1, 2, 3 세대)

7. 레조 LPG ─ 250mmHg (새차일때)
─ 280~290mmHg (헤드 불량일때)
─ 260~270mmHg (실차 편차치)

8. 누비라 II DOHC ─ 250mmHg (국산차중 매니폴드 단면적이 제일 크다)

9. 베르나 ─ 210~220mmHg

10. 신차는 공전 rpm이
600rpm 대에서 ─ 180~190mmHg

11. 뉴 그랜저 3.0 ─ 250mmHg
─ AFS (열간시) ⇒ 37~43Hz (정상일때)
─ 230 (정상일때)

12. 2V6 Engine ─ 240mmHg (정상).

※ 흡기 막힘이 있더라도 (쓰로틀 바디)
상측 압력은 1 Kg/cm² 정도 밖에 차이가 안난다.
⇒ 맵값이 떨어지면
상측 압력은 1 Kg/cm² 정도 상승한다.

※ 상측 압력 선도에 노이즈가 크면
— ① 접지 불량.
② 스타팅 모터 불량.

※ CRDI는 막히면 줄어든다 (흡기선. 배기선).

※ A. 흡기 막힘 — ① 상측 압력 (ⅠⅠⅠⅠⅠ.)
② 맵값 (ー＼＿＿) 50~60 mmHg (정상)
B. 배기 막힘 — ① 상측 압력 (ⅠⅠⅠⅠⅠ.)
② 맵 값 (ー＼／ー)

※〈진공계 연결 방법〉
— ① 연료 압력 레귤레이터 진공호스를 빼고 T자 연결
(다만, 연결 호스를 연결하고 10cm 미만으로 잘라서 연결)
② PCV 호스를 빼고 연결
③ 하이드로 백 진공호스에 연결 (특히 신형 차량) NF소나타 이후.
④ 특정 실린더에 영향을 주지 않는 곳에 연결.
⑤ 서지 탱크 뒤쪽에 연결 하는게 좋다.
⑥ 서지 탱크 진공 포트에 연결.

※ 진공값이 서지 탱크 부위별로 다른지 확인한다.

※ 실린더 흡입 편차 – 대칭적 파형.

– 압축 압력이 한 실린더가 낮으면 그다음 연이은 실린더는 압축 압력이 높게 나타난다.

– 피스톤의 각속도가 빨라지기 때문이다.

– 그런데 그다음 실린더 그래프 선도가 (max-p) 같거나, 낮다는 것은 그 다음 실린더도 압축압력이 낮다는 것을 반증하는 것이다.

※ 연이은 실린더의 압축 압력이 낮게 나오면 ⇒ 헤드 가스켓 불량

※ 〈타이밍 벨트가 넘으면 — 가솔린〉

⇒ 맵값을 동반해서 동기검사를 본다.

⇒ 무조건 캠이 돈은 거다. (물먹어서 컨로드가 휜것 제외)

— ① 연비가 불량하다.

② 분사량이 늘어난다 (2.3ms → 2.8ms로)

③ 맵값은 과도하게 높다 (52.3Kpa)(52.3×7.6=397mmHg)

④ 一 학습을 하고 (-14.1%)

⑤ 산소센서는 농후 패턴에 중간값을 그리고.

⑥ 점화시기는 지각되어 있다 (지각폭은 봐야 된다)

⑦ ISC 값은 최대로 논다 (39.8~41%)

⑧ 동일하게 압축압력이 안나온다.

⑨ 점화시간이 모두 짧아져 있지만 정상범위 이내에 있다.

— 공연비 보정 제어 -14.1% ⇒ 이부분을 빼지 않고 산소센서를
공연비 학습 제어 -15.6% 보면 농후로 그리는 패턴이다.

※ 싱크로 상태 (CKP/TDC) ⇒ success

⇒ 타이밍 동기가 정상이다는 뜻.

※ 2) 점화 시기, 정밀 압축 압력 검사

⇒ 점화시기 — 타이밍 라이트로 댐퍼풀리의 노칭마크를 본다.

⇒ 스캐너에서는 CKp를 보고 연산한 점화시기 이기 때문에 믿을 수가 없다.

A. 스코프 설정 — ① 트리거 파형 (10V)

② 압축 압력 (실압) (16.7 kg·f/cm²)

③ 상대 압축압력 편차. (250A)

④ 실린더 흡입 편차 (760mmHg)

⑤ 크랭크 케이스 압력.

B. 스캐너 설정 ⇒ 시동 지연, 불량 진단 검사

※ 테스트 조건 — ① 인젝터 모든 커넥터 탈거 (통합 커넥터 탈거)

⇒ 시동이 걸리지 않게 하는 조건

② 악셀 페달을 밟지 않고 크랭킹.

⇒ 흡, 배기 막힘을 보기 위함.

※ 테스트 방법 — ① 크랭킹 10초씩 3회 반복 (중간에 10초씩 쉰다)

② 모든 부하를 끄고 테스트 한다. (무부하 상태에서)

※ analysis — ① 압축 압력 (실압)

(알수 있는것들) ② 점화시기

③ 밸브 파형

④ 흡, 배기 검사.

⑤ 시동 불능, 지연 검사.

⑥ 피스톤 검사.

※ 파형을 볼때 제일 중요한 것은 규칙성이 있는지를 본다.

※ full 화면을 먼저 보는 이유는.
⇒ 추세와 경향을 먼저 보기 위함이다.

※ 압축 압력 테스트에서
압력은 피스톤의 속도 (각속도)에 비례한다 (딱총의 원리)

※ 실압 측정.
— 연소실 체적이 튜브 체적 만큼 늘어난다.
— 압축비가 떨어진다.
— 압축 선도가 낮아진다 (튜브 체적 만큼)

※ 압축 압력 파형이 높은 이유
— 압력이 낮은 실린더의 각속도가 빠른 이유로
그다음 실린더의 압축 압력은 높아진다.

※ 실압의 음압 파형이 안나오면 피스톤의 압축 압력이
안나오는 것이다.

※ V6 Engine 실압 테스트.
기존 방식은 뒤 뱅크 점화 플러그를 모두 빼낸다 "다.
① CMP
② 실압 연결 : 16.7kgf/cm² (max) – 2번 CYL.
③ 상대 압축 압력 편차.
④ 트리거 파형
analysis ⇒ 처음은 낮고 높은 선도가 그대로 유지 되면 ⇒ 정상.
⇒ 압축 압력 선도가 높아졌다 낮아졌다 하는 이유는.
→ 밸브가 돌면서 밀착이 불량하기 때문이다.

※ 밸브가 도는 이유는

⇒ 스프링의 끝과 끝의 장력이 틀리니까 밸브가 돈다.

※ 트리거 휠의 설정

⇒ 점화 코일의 3P 중 멘가의 작선 비선에 잡는다.

※ 압축 압력이 저하된 경우

— ① 타이밍 벨트가 파손된 경우.

② 실린더 헤드 및 밸브, 가스켓 파손 때

③ 피스톤 간극 과다. or 파손시

※ 시동의 3대 요건 — ① 규정의 압축압력

② 양질의 연료 공급 (연료압력)

③ 정확한 타이밍과 강력한 점화.

※ 실상 ⇒

⇒ 점자가 뜬만큼 압축 압력에서 빼고 계산한다.

※ ① CMP ⇒

② 트리거 파형 ⇒

③ 실압 ⇒

④ 맵값

analysis ⇒ 크랭크 축 슬리드 판이 회전 반대 방향으로 돌았다는 것이다.

※ 타이밍 동기 불량.

① 슬리드 판 type ⇒ 뒤집어서 끼울 수 없다 (반달키 때문에)
(크랭크축 앞쪽) ⇒ 그렇다면 슬리드 판이 먹어 있을 수 있다.
⇒ 스프로킷, 크랭크축 교환, 슬리드 판 교환

② 엔진 블럭에 CKP가 있는 type ⇒ 보링을 해야 한다.
⇒ 크랭크 축 교환.

③ 플라이 휠에 CKP가 있는 type
⇒ 플라이 휠 교환.
⇒ 플라이 휠 링기어 교환 후 용접을 한다.
(링기어 끼우는 마크가 있다).

※ 3) 흡기 매니폴드 압력(맵값) 검사

A. 스코프 설정 - ① CKP
② CMP
③ 산소센서(지르코니아)
④ 흡기 매니폴드 압력(맵값)

B. 스캐너 설정 - 진단 필수 항목
or. 공기량, 맵값검사.
(냉각 수온센서 추가).

※ 테스트 조건 - ① 웜업. (85℃ 이상)
② 규정 rpm (공전 rpm).
③ 무부하. (미등, 라이트 A/C. 열선)
④ 산소센서 피드백 (희박하면 맵값이 높다)
⑤ 배터리 부하 제외.

※ 테스트 방법 - 공회전(20초) ⟶ 오토미션 작동. (R→N→D→N 10초씩)
⟶ A/C 작동 (10초). ⟶ 에어컨 off (10초)

⇒ 공회전 ⟶ 오토미션부하 ⟶ A/C on ⟶ A/C off
(20초) (10초씩) (10초) (10초).

analysis ⇒ ① 기계적인 문제인지 (300mmHg 이상이면)
② 점화 문제인지 (30~50mmHg 정도 상승)
③ 연료 문제인지 (30~50mmHg 정도 상승)
④ 배터리 불량인지 (10mmHg 이상 상승)
⑤ 엔진 부하인지 / 미션 부하인지 > 단계에 알수 있다.
⑥ 산소센서를 보고 실화인지. (신호가 파인다).

※ 〈맵값으로 system을 만들자〉

① 맵값이 높다는 것은 기계적으로 문제가 있다는 것이다.
② 맵값이 높으면 엔진이 좋을 수가 없다. (엔진이 거칠어진다)
③ 맵값이 높으면 흡입력이 떨어졌다는 뜻이다.
④ 모든 차량은 맵값이 220~240mmHg 정도가 정상이다.
⑤ 270mmHg 이상이면 엔진 상태가 안좋다는 뜻이다.
⑥ 300mmHg 이상이면 기계적인 문제다.
⑦ 정상 보다 30~50mmHg가 높으면 점화, 연료계통 문제다.
⑧ 맵값이 300mmHg 이상일 경우 풀스롤을 걸었을때
⇒ A. 산소센서가 희박을 그리고
인젝터 분사시간이 적으면 ⟶ 흡기 누설 이고,

B. 산소센서가 희박을 그리고
인젝터 분사시간이 정상이거나 많으면 ⟶ 인젝터 불량이다.

⑨ 맵값이 정상보다 30~50mmHg가 높고,
점화 파형에서 4000rpm으로 서서히 가속 했을때
종지 전압이 서지전압 보다 높아지면
⇒ 연료 계통 불량이다 (해당 실린더 희박)

⑩ 산소센서 파형이 파이면 실화가 일어난다는 뜻이다.
⑪ 풀스롤을 했을때
산소센서 파형이 희박 하면서 위로 파이면 ⟶ 연료 계통 불량
산소센서 파형이 농후 하면서 아래로 파이면 → 점화 계통 불량이다.
⑫ 맵값이 400mmHg 이상 이면 ⟶ ① 헤드 불량
② EGR 밸브 불량이다.
⑬ 맵값이 채워지는 시간이 20초 이상이 되면
⇒ 하이드로 백 진공호스가 막힌 경우다 (실 막힘)

⑭ 시동 꺼짐이 있는 차량은 제일 먼저 맵값을 본다.

P →(30초) R →(30초) N →(30초) D →(30초) N →(30초) A/c on →(30초) A/c off

※ 정상 ① R > D ② A/c 부하 > R > D (가솔린)

① R > D ② A/c 부하 < D (CRDI)

※ 뉴 그랜저 2.5 출력 부족 ⇒ 3종 — 2.5, 3.0, 3.5) 컨버터 용량이 다르다.

※ 풀스톨 때 — 2500rpm ⇒ 정상

⇒ 컨버터 용량을 3.0 ⇒ 2100 rpm

3.5 ⇒ 1900 rpm

※ 압축 압력, 연료 압력, 점화 세기) ⇒ ECU가 못 본다.

⇒ 딜러는 엔진을 가지고 빼나가는 정비를 해야 한다.

⇒ 기계적인 문제는 고속 영역에서 영향을 주지 않는다. 정속이후에 증상이 좋아진다.

⑮ 시동 꺼짐은 단기통 부조에서는 꺼지지 않는다. 다기통 부조에서 꺼진다.

⑯ 배터리 터미널 단자를 분리 했을때 와 장착했을때 맵 값이 10mmHg 이상 차이가 나면

⇒ ① 배터리 불량.

② 전지 검사를 병행해서 본다.

③ 배터리는 교환시기 보다 활성화 성능이 더 중요하다.

⇒ 불량이 흘러나고 생산했던 불량들이 수명이 짧아졌다.

⑰ 맵값이 300 ~ 350mmHg 이상일때 ⇒ 밸브 불량

※ 4) 실린더 흡입 편차. (밸브)

A. 스코프 설정 — ① 점화 2차.
② 트리거 피엠
③ 실린더 흡입편차.
④ 산소 센서.

B. 스캐너 설정 — 공기량. 맵값 검사.

테스트 조건 — 증상 발생 시점에 따라 냉간 측정 및 열간 측정 구분.
시동 on.
웜엄
무부하.
산소 센서 피드백.

테스트 방법 — ① 공회전 (20초) → 서서히 가속 (3000 rpm까지) (20초) → 공회전 (30초)
② 빠르게 가속을 해본다.
(모든 부하를 주고난 후 테스트를 한다)

analysis → 밸브 파형을 보는 것이다
연소실로 들어가는 공기의 흡입 선도를 보는 것이다.
연소실에 유입되는 공기의 흡입편차를 보는 것이다.
파형의 제일 밑부분을 기준으로 뜨는 정도를
상대 평가로 본다.
실린더 흡입편차에서
윗 부분은 매니폴드 형상에 따라 다르다.
아랫 부분이 피스톤이 빠는 정도를 표시하는 것이다.

※ 맵값 — ① 스로틀 밸브에서 유입되는 공기.
② 피스톤이 흡입하는 공기.

※ 전체 부조에서
가장 영향력이 큰 것이 밸브 불량이다.

※ 맵값이 높으면 기계적인 결함이다.

※ 밸브 누설이 발생하면 점화시간이 짧아진다.
(실화 범위 안에서)
※ 타이밍이 늦으면 점화시간이 4개가 모두 짧아진다.

※ 실화가 일어나면 산소센서가 파인다.
※ 가속을 해서 산소센서 파형이 반응하는 시간이 200mS 이내면
⇒ 정상이다. (200mV ~ 600mV).
※ 가속을 한후 산소센서 파형이 반응하는 시간이 300mS 이내면
⇒ 정상이다 (~~20~~600mV ~ 200mV).

※ 풀 스로틀시 12mS 이상 분사하면 ⇒ 정상.

※ TPS를 열기 시작하면서 농후로 가면 ⇒ 정상.
TPS를 놓고 나면 산소센서 파형이 떨어지면 ⇒ 정상.
— 안떨어지고 농후로 가면 ⇒ 윌필름 현상.

※ 가속을 해서 2000~2500rpm 구간에 산소센서 전폭이 짧아지면
⇒ 산소센서 자체 불량
⇒ 정속 구간에 차가 멈 하지는 현상이 나타난다.

※ 가속하는 순간 두두둑하고 소리가 나면
바로 정지를 누른 후 파형을
풀어서 점화 2차 파형을 본다.
⇒ 점화 시간이 정상이면 → 다른 문제다.

※ 모든 기계적인 문제는
풀스로틀을 걸어서 가속을 하게 되면 부조증상이 줄어든다.
(정속이후에는 증상이 사라진다)

※ 기계적인 문제는 보편적으로 가속을 하면 (서서히)
증상이 사라진다.

※ 점화나 연료계통 부조는 증상이 계속 나타난다(버버버버벅~)

※ 스코프로 보는 점화 파형이 진짜 점화 파형이다.
(가장 정확한 점화 파형이다)

※ 가속 후에 밸브 파형을 보는 것도 중요하다.
보편적 적으로 밸브 파형이 뜨면 밸브 스프링이 노는 것이다.
⇒ 밸브는 무시해도 된다.

※ 실린더 흡입편차를 보는 것보다 선행되어야 하는것은
맵값을 보는 것이다.

※ 밸브 파형은 우측 하사점을 기준으로 삼각형을 그려본다.

※ 정상일때 밸브 파형은 높, 낮이가 똑같아야 된다.
※ 밸브 파형의 하단은 밸브 시트가 뜬것이다.
※ 밸브 파형에서
가장 낮은게 기준이다.
밑선에서 떠 있는 만큼 밸브 불량이다.

※ 밸브 파형은 점화나 인젝터에 영향을 받지 않는다.
⇒ 진공 게이지도 영향을 받지 않는다.

※ 밸브 파형에서
— 하단부의 편차는 ⇒ 배기쪽 밸브.
상단부의 편차는 ⇒ 흡기쪽 밸브.

※ 상단부가 오르락 내리락 한다면 ⇒ 인젝터 불량.
⇒ 흡기 밸브 뒤에다 연료를 분사하기 때문에.
밸브의 밀착도가 달라질 수 있다.

※ 흡기 누설이 있어도
밸브 파형의 하단부가 뜰 수 있다.

※ 〈서서히 가속해서〉
— 공속이후에 정상으로 돌아오고 (1500rpm 이후)
— 산소센서 파형이 깨끗해지면
⇒ 무조건 헤드 불량이다.
⇒ 점화 불량때의 맵값 정도 올라간다.

※ —— ① 맵값이 높고.
② 산소센서 파형이 가속시 농후해지고
중속 영역 이후에는 깨끗해지고.
③ 점화 파형은 정상 (점화시간)
④ 인젝터 정상. (서지전압도 잘올라가고).
⑤ 냉간시 부조 증상 심함.
⑥ 열간으면 정상으로 돌아오면.
⑦ 공전시 산소센서 파형이 파이고.
⟹ 무조건 밸브 불량이다.

※ 가속 할때는 정상이고.
가속 했다 놓았을때 펑펑펑펑 하면 ⇒ 헤드 불량이다.

※ 부조도 없는데 맵값이 올라가면 ⇒ 타이밍 불량이다.

※ 밸브 파형은
냉간시 테스트 하면 더 정확히 볼 수 있다.

※ 맵값은 가스켓이 새도 잘올라 간다.

※ 실린더 흡입 편차 (밸브 파형)

① 고점들의 차.
② 저점들의 차
〉에 의한 변별력.

A. W type ⇒ 흡기 밸브 불량 (고점들의 차)
B. ∧ type ⇒ 배기 밸브 불량 (저점들의 차).

※5) 스톨 공연비, 점화 오차 검사

A. 스코프 설정 — ① TPS
② 산소 센서
③ 트리거 픽업 -1CYL
④ 점화 오차

B. 스캐너 설정 —
풀가속, 스톨 공연비 제어 검사.

테스트 조건 — ① 웜업.
② 규정 rpm
③ 무부하.
④ 산소센서 피드백

테스트 방법 — ① 급가속 3회 반복 (10초씩 쉬고) ⇒ MT
② 공회전 ⟶ 엔진 1500rpm 스톨 ⟶ 풀스톨 ⇒ AT
(30초) (5초) (5초)

analysis ⟶ Engine의 출력을 알아보는 검사다
① 연료 계통 문제인지 〉구분 할 수 있다.
② 점화 계통 문제인지
③ 출력 저하를 확인 할 수 있다.
④ 응답성 검사
⑤ 흡입 효율 검사 (공기량).
⑥ 풀스톨시 산소센서가 농후하면 연료계통은 정상이다.
⑦ 풀 스톨시 증지전압이 상승하면 연료계통 문제다.
⑧ 연료 펌프 불량 유무.

※ 기계적인 불량이다면 ⇒ 서서히 가속해라.

0 ~ 2000 ~ 4000rpm : 올라갈수록 증상이 호전된다.

서서히 서서히

기통간 공연비가 상쇄되기 시작한다 ⇒ 기계적인 문제다.

헤드 가스켓 누설 — 없어짐

점화 불량

인젝터 불량 〉— 계속된다.

※ 풀 가속시 ⇒

① 인젝터 분사시간이 늘어나지 않고

산소센서 파형이 희박하면 ⇒ 공기 계통 문제다.

② 인젝터 분사시간이 늘어나고

산소센서 파형이 희박하면 ⇒ 연료 계통 문제다.

※ 풀 스로틀 영역에서는 연료를 더 분사한다.

※ 모든 기계적인 문제는 2000rpm 이상 올라가면 호전된다.

⇒ rpm이 2000rpm 주기로 좋아진다 (상쇄되기 시작한다).

⇒ 그러면 기계적인 문제다. — ① 흡기 막힘

② 배기 막힘

③ 헤드 불량 (밸브 불량)

④ 피스톤 불량 (압축 상태)

⑤ 흡기 누설

⑥ 타이밍 동기 (점화 시기) 불량

⑦ EGR 밸브 불량

⑧ 오일 순환 계통 불량

⑨ CKP, CMP 불량.

※ 점화 불량은 2000rpm을 넘어서도 두우두두 하는 현상은 계속된다.
인젝터 불량도 2000rpm을 넘어서도 두우두두하는 현상은 계속된다.

⟹ 연비, 출력을 높이는 방법이다.

※ 스톨 공연비 검사에서

① 풀 스톨 구간에 산소센서 시그널이 농후를 유지하면서 아래로 파였으면.
⟹ 점화 불량.

② 풀 스톨 구간에 산소센서 시그널이 희박을 유지하면서 위로 파였으면.
⟹ 인젝터 불량이다.

③ 점화 파형에서 점화시간은 같고 끝전압이 올라가면 (가속시)
⟹ 연료 계통 불량이다.

A. 퍽퍽, 퍽퍽, 퍼퍼퍼벅 하고 소리가 나면 ⇒ 인젝터 불량.
B. 우 ~ 우 ↗ 웅 하고 소리가 나면 ⇒ 연료 펌프 불량.

④ 1500rpm 이상 밟은 다음 부터는.
산소센서 시그널이 깨끗해지면 무조건 ⇒ 헤드 불량이다.

※ Signal : 신호. (일정한 부호, 표지, 몸짓, 소리)

※ 기통간 공연비 불량 — 특정 실린더의 점화가 실화된다.
— 점화 시간이 없다.

※《점화 파형 검사》

- ① 점화 불량 검사.
- ② 연료 계통 불량 검사.
- ③ 제어 계통 검사.
- ④ 헤드 가스켓 불량 (피크전압이 좋고, 점화시간도 약간 좋으면)

※ 트리거가 안정적이면 플러그와 배선은 정상이다.

※ 열이 많으면 프라즈마 현상이 일어난다. (전기의 길을 만드는 것이다)

- ⑤ 타이밍 불량 (전체적으로 점화시간이 짧아진다.)

※ 점화 파형을 볼때 —— 모든 부하를 주고 본다. (열선 부하 제외) (미등, 라이트, 라이트 상향, 안개등, A/C, 열선)

① 병렬로 놓고 본다.

② 최소 번라인을 본다.

③ 실화 범위 기준 ⇒ 0.8 mS

④ DIS type은 ⇒ 0.6 mS 이하일때 부조를 한다.

⑤ 연속적인 부조 ⇒ 0.4 ~ 0.8 mS

⑥ 간헐적인 부조 ⇒ 0.8 ~ 1.0 mS

⑦ 피크 전압은 ⇒ 12~24 KV가 정상이다.
⇒ 이상이면 점화 불량이다.

⑧ 직렬로 놓고 보는 이유는 (4000 rpm으로 서서히 가속할때).
끝전압 보다 피크 전압이 낮으면 ⇒ 연료 계통 불량이다.
⇒ 해당 실린더가 희박하다는 뜻이다.
⇒ 인젝터 불량일 경우가 많다.

⑨ 점화 파형에서 오실레이션이 없으면
⇒ 점화 코일 불량이다.
⇒ 점화 코일의 점화 에너지가 불량하다는 뜻이다.
⇒ 부하를 받을때 힘이 없다
⇒ 언덕길을 못올라간다.
⇒ 공전시 부조가 없다가 가속시 부조를 한다.
⇒ 코일의 에너지가 줄었다는 뜻이다.

※ 4000rpm 까지 서서히 가속할때

A. ⇒ 점화 파형에서 끝전압이 올라가면 (피크 전압 보다)
⟶ ① 해당 실린더가 희박하면 (인젝터가 불량해서)
② 흡기쪽 누설이 심하면
③ 밸브가 망가져도 간헐적으로 끝전압이 올라간다.

B. ⇒ 올라 갈수록 증상이 호전되면, ⇒ 가스켓 누설.
(rpm이) (없어지면).
올라 갈수록 증상이 계속되면 ⇒ ① 점화 불량
② 인젝터 불량.

※ TPS를 열기 시작하면서 산소센서 파형이
농후로 가면 ⇒ 정상

※ TPS를 놓고 나서 산소센서 파형이 떨어져야 하고.

※ 가속해서 반응시간이 200mS 이내면 정상이다.

※ 즉시가서 농후해야하고 유지해야 한다.

※(5-1) 흡기 누설 검사

A. 스코프 설정 – ① TPS
② 산소센서
③ 산화선 (1CYL)
④ 인젝션 (3CYL)

B. 스캐너 설정
– 엔진 웜업.
– 흡기 누설 / 퍼지 / EGR검사.

테스트 조건 – ① 엔진 웜업, 공회전

테스트 방법 – ① 엑체식 캐미컬 순차적 분무
⇒ AFS → 에어덕트 → 쓰로틀 바디 → 각종 연결호스
→ 각종 진공가버너 → 흡기매니폴드 가스켓
→ 인젝터 오링

흡기누설 검사 ⇒ AFS 이후 → 하이드로백 진공호스 → 쓰로틀 바디 가스켓.
⇒ 특히 대우 차량
ISC 밸브 몸통 → PCV 밸브 및 호스 → 각종 진공호스 연결부위
진공가버너 → 맵센서 → 인젝터 오링.
→ 매니폴드 가스켓 (충분히 뿌려 준다)

※ 기회는 단 한번 뿐이다. (모든 준비를 다 해서 한방에 끝낸다.)

※ (5-2) PCV 회로 검사

A. 스코프 설정 – ① TPS
② 산소센서
③ 인젝터 전압 (1CYL)
④ 인젝터 전압 (3CYL)

B. 스캐너 설정.
– 흡기 누설/퍼지/EGR 검사.

테스트 조건 – 엔진 웜업, 공회전 산소센서 피드백.

테스트 방법. – 롱노우즈 바이스 플라이어 준비.
PCV 호스 잠금 유지 ⟶ 잠금 해제 유지
(30초) (30초)
⟶ 엔진오일 주입구 캡 열림 상태 유지
(30초)
⟶ 주입구 캡 닫음 상태 유지
(30초)

※ PCV 밸브 ⇒ ① 주행 중 흰연기가 나오다 안나오다를 반복한다면
→ PCV 밸브 불량.
② 마티즈 → PCV가 망가져 있으면 rpm이 높다.

※ 엔진오일 주입구 캡을 열었을때 음압이 발생하면 안된다.

※ 타바가스가 다량 발생되면 ① 실측 압력
② 크랭크 케이스 압력
③ 오일 주입구 캡 압력 테스트를 한다.

※ (5-3) PCVS (PCSV) 제어 검사

A. 스코프 설정 — ① TPS
② 산소 센서
③ 인젝터 (1CYL)
④ 인젝터 전압 (1CYL)

B. 스캐너 설정.
— 흡기누설 / 퍼지 / EGR 검사.

테스트 조건 — 엔진 웜업. 공회전. 산소센서 피드백

테스트 방법 — 롱노우즈 바이스 플라이어 준비.
PCSV 호스 잡음 유지 → 잡음 해제 유지
(30초) (30초)

※ (5-4) EGR (밸브) 제어 검사.

A. 스코프 설정 — ① TPS
② 산소 센서
③ 인젝터 전압 (1CYL)
④ 인젝터 전압 (3CYL)

B. 스캐너 설정
— 흡기 누설 / 퍼지 / EGR 검사.

테스트 조건 — 엔진 웜업, 공회전, 산소센서 피드백

테스트 방법 — 롱로우즈 바이스 플라이어 준비.
EGR 진공호스 잡은 상태로 탈거 유지
(30초)
⟶ EGR 진공호스 원위치 복원 유지
(30초)

※ 6) 〈스톨 공연비, 인젝션 제어 검사〉

A. 스코프 설정 – ① TPS
② 산소 센서
③ 인젝터 전압(1CYL)
④ 인젝터 전압(3CYL)

B. 풀가속, 스톨 공연비 제어 검사.
– 스캐너 설정

테스트 조건 – ① 엔진 웜업
② 규정 rpm
③ 무부하.
④ 산소 센서 피드백.

테스트 방법 – MT ⇒ 빠른 가속 3회 반복 (10초씩 쉬고)
AT ⇒ 공회전 → 엔진 스톨 1500rpm → 풀스톨
(30초) (5초) (5초)

※ 검사 모드를 3번 가져간다.
① 급가속을 한다음, 산소센서가 안정화 된 다음.
② 급가속을 하고 다시 산소센서가 안정화 된 다음.
③ 급가속을 한다.

※ TPS가 열기 시작하면서 농후로 가면⇒정상
TPS가 놓고 나서 산소센서 파형이 떨어지고.
가속해서 산소센서 반응시간이 200mS 이내면 정상.
분사량이 스로틀시에 12mS 이상 분사하면 정상이다.
혹시가서 농후해야 하고 유지해야 한다.
<답은 나만알고 있으면 된다>

※ 가속 순간에 투두둑 하는 소리가 나면 점화를 보고 테스트 한다.
⇒① 빠르게도 가속을 하고 ② 천천히도 가속을 해본다 > 점화를 볼때는 다 받아들이고, 내가 아니라고 생각하면 뺏어낸다.

※ 밸브가 누설이 발생하면, 실화 범위 안에서 점화 시간이 짧아진다 (모든 부하를 주고)

※ 타이밍이 틀면 4개가 모두 짧아진다.
⇒ 빠르게 가속하면 안느껴진다
느리게 가속하면 느껴진다.

※ 실화가 일어나면 산소센서가 파인다

※ 7) 인젝터 순차성 검사. <인젝터 분사시간 제어 편차 검사>

⇒ 제어 계통에 문제가 있느냐, 없느냐 하는 문제 확인.

⇒ 인젝터 순차성 검사를 보면 → 99점

⇒ 점화 순차성 검사를 보면 → 20점.

A. 스코프 설정 — ① CKP　　　B. 스캐너 설정

② CMP　　　→ 진단 필수 항목.

③ 인젝터 전압 (1CYL)

③ 인젝터 전압 (3CYL)

테스트 조건 — 엔진 웜업, 공회전 측정 rpm, 무부하 상태, 산소센서 피드백.

테스트 방법① — ① CKP

② TPS

③ 맵센서 or AFS 의 출력 단자에 단락시킴.

④ 전수 테스터기를 이용.

analysis ⇒ ① 인젝터 분사시간이 빠지면 ⇒ CKP 정지 불량.

② 인젝터 분사가 더블 분사를 하면 ⇒ TPS 불량.

③ 인젝터 분사 시간이 늘어나면 ⇒ AFS 불량.

테스트 방법② — 공회전 → 1500 → 2000 → 2500 → 3000rpm → 공회전

(30초) (20초) (20초) (20초) (30초)　30초

A. CKP에 문제가 있으면
→ ① 인젝터 분사가 빠진다 (공전시)
② 한 사이클 내에서 인젝터 순차성에 이빨이 빠진다.
③ 인젝터 전압을 4개모두 설정해서 본다.

⇒ ① CKP 접지레벨이 떠도 순차성에 이빨이 빠진다.
② 정상이면 ECU 불량이다.

B. TPS에 문제가 있으면
→ ① 인젝터가 추가 분사를 한다 (인젝터 4개가 더블분사를 한다)
② 분사 시간이 없어진다 (rpm이 불어지면서 fail 된다.)
분사가 이유없이 변해지면 ① 아이들 S/W (아이들 on 상태에서)
② TPS 관련 불량이다.
③ 아니면 ECU 불량이다.

④ 접지 불량이면
→ ① 공통 실린더 부조이면서
② 맵값이 높고
③ 이유없이 엔진이 거칠어지고.
④ 냄새도 엄청 난다.

C. MAP. AFS에 문제가 있으면
→ ① 인젝터 분사량이 늘어난다 (분사시간이 길어진다)
② 한 사이클 내에 분사량 편차가 나면 안된다.
(같은 회전수에, 같은 공기량이 흡입되기 때문이다)
③ 냉각 수온 센서 접지 아니면
ECU 불량이다.

시동을 걸어 놓고 공회전 상태에서

① ckp에 전구테스터기를 댄다 부조할때 점지
⟹ 인젝터 분사가 빠진다.
인젝터 순차성에 이빨이 빠진다 (한 사이클 내에서).
ckp 점지 레벨이 떠도 순차성에서 이빨이 빠진다.
아니면 ECU 불량이다.

② 아이들 S/W에 전구테스터기로 가져다 쇼트시킴.
⟹ 인젝터가 추가 분사를 한다
인젝터 4개가 모두 더블분사를 한다.
분사량이 많아진다 (rpm이 높아지면서 fail된다)
분사가 이유없이 보태지면 아이들 S/W or TPS 관련 불량.
(아이들 on 상태에서)
아니면 ECU 불량이다.
아니면 점지 불량이다 ⟹ ① 공통 실린더 부조이면서
② 맵값이 높다.
③ 이유 없이 엔진이 많이 거칠어지고.
④ 냄새도 많이 난다

③ MAP나 AFS에 전구테스터기를 가져다 대면
⟹ 인젝터 분사량이 늘어난다.
한 사이클 내에 분사량 편차가 나면 안된다.
(같은 회전수에. 같은 공기량이 흡입되기 때문이다)
냉각 수온 센서 점지.
AFS. MAP.
점지 시그널.
아니면 ECU 불량이다.

※ <파워 베이스 검사 (마을린)>

※ 발사 펄스가 빠질때
몇 rpm에서 빠지느냐가 중요하다.

ex) 900rpm에서 펄스가 빠지고
타이밍이 흡축스 구간에 맞춰져 있다면
⇒ 타이밍 체인 불량이다.

※ ECU가 Engine을 제어할때 필수 항목

① 공기 유량센서 (MAP. AFS)
② 엔진 회전수 (CKp. CMp)
③ 산소 센서 (B1S1)
④ 인젝터 분사 시간
⑤ 점화 시기 ⇒ EMS가 제어한 값
⑥ ISC (ETS)
⑦ 엔진 부하
⑧ 공연비 상태
⑨ 공연비 순시 보정 (인터 그레이트(대우)
⑩ 공연비 학습 – 공회전 -1.4% (중간값 0%)
⑪ 공연비 학습 – 중부하 99.7% (중간값 100%)
중부하 학습 데이터는 가속하면 128로 간다.

※ ECU는 점화시기를 베이스 전류가 끝나는 점을 읽는다.

※ 연료 – 공연비 제어
A. 인젝터 분사시간의 피드백 신호는 산소센서다.
B. ISC의 피드백 신호는 AFS다.
C. 점화 시기의 피드백은 ① CKp. CMp
② 베이스 출력 (베이스 제어)
③ 엔진 회전수
④ 노크 센서다.

※ 점화시기 제어는 한사이클 에서는 같은시기에 제어를 한다.
※ 노크 센서의 진동폭이 한계치 이상이면 점화시기를 당긴다.
※ 진동은 점화를 한 후에야 나타나야 하는데 이전에 나타나면 노크 센서 체크등을 띄운다

① 베이스 파형

② 노크 센서

(비정상) (정상)

※ 시동을 걸지 않고 Key on 상태에서 점화시기를 보면 초기 점화시기를 알 수 있다.

※ 초기 점화시기는 BTDC 5°에 맞춘다.

※ 특정 실린더에 문제가 있으면 ⇒ 점화시기만 제어를 한다.

※ ISC를 과도하게 열면 어느 특정 실린더의 문제는 아니다.

※ 8) ISC 제어 (시동, 페스트아이들, 아이들, 부하 걸상) 검사

A. 스코프 설정 - ① TPS
② ISC, ISA 제어(열림)
③ AFS
④ CMp.

B. 스캐너 설정
- ① 엔진 회전수 제어 검사
② 점화 시기 제어 검사.

테스트 조건 - 증상 발생 시점에 따라 냉간측정 및 열간측정 구분.

테스트 방법 - ① Key (off 10초 - on 10초)
② 시동
③ 공회전 20초
④ A/T 부하 (R 5초 → N 5초 → D 5초) → N 5초)
⑤ A/C 부하 (on 10초 → off 10초)
⑥ 엔진 시동 정지.

analysis - ISC를 과도하게 열면.
⇒ ① 어느 특정실린더의 문제는 아니다.
② 흡기 누설은 아니다.
③ 산소센서가 피드백하면 - ISC를 과도 하게 연다.

ISC에 카본이 끼면 부하량이 올라간다.
스톨을 걸면 엔진 부하량이 4배가 증가한다.
정상일때 엔진 부하량이 18~20% 미만이다.

특정 실린더에 문제가 있으면
⇒ 점화 시기만 제어를 한다.

※ 엔진 부하량 = $\frac{AFS \cdot TPS}{rpm}$ (TPS=1)

※ 점화시기가 1° 틀려지면 ⇒ 15~20rpm이 빨라지거나 늦어진다.
ex) 10°가 틀어지면 ⇒ 200rpm이 틀려진다.
⇒ ISC를 과도하게 열 수 밖에 없다
⇒ rpm이 떨어질테고 ⟶ rpm을 보상하기 위해서

※ ECU 버그(불량) 중에 (특히 대우차량이 (레간자))
ISC 모터가 작동을 안하는 경우가 많다.

※ 점화시기 (공전시)
정상 편차 ⇒ 3° 미만

※ 가속할때 ISC를 여는 이유는
감속할때 대쉬포트 역할 때문이다 ⇒ 시동꺼짐을 방지한다.

※ 스프링의 길이가 11mm이면 정상
(1mm — 나사산 하나 차이)

※ 냉간시 시동불량차는 반드시 시동신호를 봐야한다.
시동 신호 ⟶ 시동 릴레이

※ ISC, ETS > Key on시 여는 신호가 나와야 한다.
⇒ECU가 제어를 하고 있다는 뜻이다.

※ 가속초기에는 ISC를 열어주고 (대쉬포트 기능)
ISC가 제어되고, 플러그가 젖으면
⇒흡기가 막힌 것이다.

※ ① 흡기 누설 검사.
② PCSV 검사. (퍼지검사)
③ EGR 검사를 선행하고.
⇒ 스텝모터 불량을 본다.

※ 아이들 S/W가 off 되어 있다는 것은
엔진 회전수를 제어하지 않는다는 것이다.
→ 반드시 아이들 S/W는 on 되어 있어야 한다 (공전시).

※ ECU는 스텝모터를 제어하는데 rpm은 떨어진다.
⇒ 흡기 누설, 퍼지, EGR 검사에 이상이 없으면
⇒ 스텝모터 불량이다.

※ 크랭킹 제어
Key off 후 Key를 on하면.
ECU가 ISC모터를 0.164S 동안 밸브를 여닫는다.
⇒ 이게 안되면
⇒ 플러그가 젖어서 시동이 안걸린다.

※ ECU가 ISC모터를 제어하지 않으면 시동이 안걸린다.
이때 악셀을 밟으면 시동이 걸리나
ECU가 ISC를 제어하지 않으면 다른것도 제어하지
않기 때문에 악셀을 밟아도 시동이
안걸릴 수 있다.

※ 아이들 S/W가 off 되면서 (on → off로 바뀌면서)
점화 시기를 조정한다 (ECU가)
⇒ 공전시 부조를 본다.

※ 스로틀 바디 교환 후 반드시
15분 이상 배터리 단자 탈부착 — 학습값 리셋
헤드 교환 후에도 학습치 리셋을 해준다.

※ 델코 시리즈 (현대 EF, 에쿠스, 뉴EF) ⇒ 서비스 데이터 속도가 느리다.

※ 단기통 실화는
ISC로 보상을 하지 않는다.
점화시기로 보상을 한다.

※ 공회전 속도 제어 — rpm 제어의 종류
① 크랭킹 아이들 제어 (cranking idle)
② 패스트 아이들 제어 (fast idle)
③ 아이들 업 제어 (idle up)
④ 대쉬포트 제어 (dashport)

※ ISC가 40%면 ⇒ 스로틀 밸브 카본 누적
⇒ 정상 기준치 — 28~35%

※ ISC 듀티 ⟶ ⊖듀티 값 ⇒ 열림 제어
⇒ ECU가 ⊖제어를 한다.
그래서 듀티값은 -듀티값을 표출한다.

※ Key on ⟶ 시모빌라이저 인식 ⟶ 연료모터 작동 (2~4초 동안)
50 rpm 이상 신호가 들어오면 ⟶ 연료펌프 릴레이 on
(요즘에는(2013) ECU 버그가 없어졌다)

저자 이 정 훈

경력

- 1994. 10. 자동차전기정비기능사 2급 자격취득(한국산업인력공단)
- 1997. 09. 자동차정비업(3급) 창업(대전광역시 소재)
- 1999~2010. 오토마트 공매보관소 사업
- 1999~2013. 애니카랜드(지방권 최우수업체 선정)
- 2001. 12. 자동차정비산업기사 자격취득(한국산업인력공단)
- 2003. 02. 방송통신대학교 경역학과 졸업
- 2014~2019. 자동차정비 개인교습강의(CRDI, 스코프)
- 2015. 자동차정비전문정비업을 위한 전용 신축건물 완공
- 2014~현재. 10년타기 정비센터 프랜차이즈

※ 이해가 필요한 부분은 E-mail_bmwhj745@naver.com에 남겨주세요

정비지침서에서도 찾을 수 없다!

현장정비사의 비밀노트

초판 인쇄 | 2022년 5월 23일
초판 발행 | 2022년 5월 30일

지 은 이 | 이정훈
발 행 인 | 김길현
발 행 처 | (주)골든벨
등 록 | 제 1987-000018 호
I S B N | 979-11-5806-578-2
가 격 | 35,000원

이 책을 만든 사람들

편 집 · 디 자 인 | 조경미, 남동우
웹 매 니 지 먼 트 | 안재명, 서수진, 김경희
공 급 관 리 | 오민석, 정복순, 김봉식
제 작 진 행 | 최병석
오 프 마 케 팅 | 우병춘, 이대권, 이강연
회 계 관 리 | 문경임, 김경아

㊅ 04316 서울특별시 용산구 245(원효로1가 53-1) 골든벨빌딩 5~6F
• TEL : 도서 주문 및 발송 02-713-4135 / 회계 경리 02-713-4137
편집 디자인 02-713-7452 / 해외 오퍼 및 광고 02-713-7453
• FAX : 02-718-5510 • http : // www.gbbook.co.kr • E-mail : 7134135@ naver.com